安徽省新时代育人质量工程项目（研究生教育）
中国科学技术大学研究生教育创新计划项目　经费支持

一流规划教材

研究生系列教材
信息计算机类

领域专用计算
结构与应用

DOMAIN-SPECIFIC COMPUTING
ARCHITECTURES AND APPLICATIONS

王　超　宫　磊　李　曦　周学海　编著

中国科学技术大学出版社

内 容 简 介

领域专用计算架构设计,通常从领域专用算法出发,通过分析算法应用的计算、访存、通信等特征,提出适合该算法应用的异构加速器体系结构,以满足目标应用有关功能、性能、能效等诸多方面的严格要求.本书从领域专用计算结构与应用两个方面讨论此类系统的系统级设计方法,主要涉及机器学习、数据挖掘、神经网络、图算法等各种新型应用的加速器硬件平台、分布式系统,涵盖了 RISC-V 开源指令集等内容,描述了基于面向特定领域专用计算架构的系统设计方法,并展现了学术界围绕领域专用加速架构的最新研究成果.

本书可作为计算机系统结构专业方向高年级本科生、研究生"计算机体系结构""智能计算系统"等相关课程的教材,也可作为从事领域专用系统方向研究人员阅读的参考书.

图书在版编目(CIP)数据

领域专用计算:结构与应用/王超等编著. —合肥:中国科学技术大学出版社,2024.6
ISBN 978-7-312-05887-5

Ⅰ. 领…　Ⅱ. 王…　Ⅲ. 计算机系统—高等学校—教材　Ⅳ. TP303

中国国家版本馆 CIP 数据核字(2024)第 043178 号

领域专用计算：结构与应用

LINGYU ZHUANYONG JISUAN：JIEGOU YU YINGYONG

出版	中国科学技术大学出版社
	安徽省合肥市金寨路 96 号,230026
	http://press.ustc.edu.cn
	http://zgkxjsdxcbs.tmall.com
印刷	安徽省瑞隆印务有限公司
发行	中国科学技术大学出版社
开本	787 mm×1092 mm　1/16
印张	17.75
字数	464 千
版次	2024 年 6 月第 1 版
印次	2024 年 6 月第 1 次印刷
定价	58.00 元

前　　言

　　领域专用计算是近年来计算机科学和工程领域备受关注的概念,指的是针对特定应用领域的需求,定制和优化专用硬件与软件的计算体系结构,以达到相较于通用计算方法更高的性能与效率.与通用计算相比,领域专用计算更专注于解决特定领域的问题,系统的设计内容会针对特定应用领域的特点和需求进行优化,从而在特定任务上取得更高的性能或效率.定制和优化的过程涉及硬件方面的定制设计,如针对特定算法或操作的专用硬件加速器,也涉及软件方面的定制开发,如针对特定领域需求编写的优化算法和代码等.

　　当前,领域专用计算在各个领域都有广泛的应用,这些应用涵盖了从科学研究到工业生产的多个领域.较为典型的,在人工智能和机器学习领域,针对神经网络等复杂算法,可以设计专门的硬件加速器,如图形处理器(GPU)、张量处理器(TPU)等,以加速训练和推理过程;在图像和视频处理方面,领域专用计算同样发挥着重要作用,专用硬件可以加速完成图像处理、视频编解码、图像识别等任务,提高性能和效率;在以人工智能和图像视频处理为基础的新兴计算场景中,如自动驾驶和智能交通,领域专用计算可以用于感知、决策和控制等方面,提供实时的高性能处理,以确保车辆安全和交通流畅.

　　国内外常见的培训资料或教科书往往在宏观层次上介绍较为通用的定制方法和设计思想,关于如何结合不同种类实际计算场景特点将领域专用计算方法进行灵活运用的相关讨论较为欠缺.一些领域专用计算相关的经典教材,如 Jörg Henkel 等编著的《Domain-Specific Processors：Systems，Architectures，Modeling，and Simulation》、Martin Fowler 等编著的《Domain-Specific Languages》、Martin Kleppmann 等编著的《Designing Data-Intensive Applications：The Big Ideas Behind Reliable，Scalable，and Maintainable Systems》,通常单一面向硬件设计或软件设计,缺乏针对同一系统内底层硬件与上层软件协同优化的分析与讨论,且由于成书年份较早,书中理论和方法的覆盖范围与时下最受关注的算法和应用领域存在一定差别,基于新型器件和半导体工艺的硬件加速技术也未被囊括其中.领域专用计算及其设计理论和方法是制造业发展升级的核心技术，尤其是在当前各类计算密集型和数据密集型算法不断涌现的人工智能时代背景下，对减少能源消耗和硬件成本具有关键意义，迫切需要大量高层次专门人才投身这一领域，但目前国内高校的相关教育比较薄弱，实践性人才培养能力相对不足.

针对国内外经典教材在实践性方面的欠缺，结合我们多年的教学和科研实践，通过对该领域技术方法和发展方向的梳理，本书站在计算机科学与技术视角上，以不同算法应用领域的定制需求为线索，分门别类讨论了各自的领域专用系统设计问题.书中涵盖了神经网络、数据挖掘、图计算等主流算法类型，宏观理论结合具体案例，以基于可编程门阵列（Field Programmable Gate Arrays，FPGAs）构建领域专用加速器微结构和加速系统为线索，在不同章节中详细讨论了不同算法场景下的系统优化分析思路和具体的软硬件定制方法.由于篇幅所限，关于不同应用领域在不同硬件平台下的方法思路难以做到一应俱全.针对单独应用的更加细致、全面的领域专用系统定制方法，感兴趣读者可以进一步参考陈云霁等编著的《智能计算系统》、Shuvra S. Bhattacharyya 等编著的《Handbook of Signal Processing Systems》等.

本书的出版，凝聚着中国科学技术大学计算机科学与技术学院高能效智能计算实验室很多老师和同学的心血.其中，王超负责整理第 1～4 章，宫磊副研究员负责整理第 5～8 章，李曦教授负责整理第 9～11 章，周学海教授负责整理第 12 章和第 13 章.此外，李浩然、蔡豪语、高迎雪、杨洋、李松松、娄文启、王轩、王茹力、杨洋、赵洋洋、方海杰、滕文斌、邹哲源、贺裕兴、梁翘楚、庞继泽、高汉源等同志也参与了书稿的整理工作.本书的素材参考了大量国内外相关教材、课件和学术论文，在此对所引用文献的作者表示衷心感谢，对遗漏的信息源作者表示歉意.由于作者水平有限，书中一定还有不当之处，敬请读者批评指正.如有任何意见和建议，欢迎发邮件至 cswang@ustc.edu.cn.

本书的编写工作得到中国科学技术大学研究生教育创新计划教材出版项目的支持，并得到国家自然科学基金项目、科技部重点研发计划项目、中国科学院青年创新促进会的支持，在此一并表示诚挚感谢.

中国科学技术大学

王　超

目　　录

第1章　领域专用计算概论

1.1　领域专用计算背景与现状

随着日益剧增的海量数据信息的产生以及数据挖掘领域的广泛应用,人们已经进入了大数据时代.大数据时代带来的不仅仅是机遇,更多的则是挑战.如何高效稳定地存取数据信息以及加快数据挖掘应用的执行已经成为学术界和工业界亟需解决的关键问题.在新兴的大数据领域,机器学习、数据挖掘、人工智能算法作为下一代应用的核心组成部分,吸引了越来越多的研究者的关注.利用现有的软硬件手段来开展新型算法体系结构的设计已经成为了当下的一个研究热点.

大数据时代环境下加速新型算法与以往有着很大的不同.在大数据时代环境下,很多因素使得越来越多的用户放弃了原有的基于 CPU 的单节点处理平台而转向利用其他平台和手段来加速数据挖掘/机器学习应用的执行,其中的一些因素列举如下:① 数据海量:很多应用领域潜在的数据规模极其庞大,这使单机处理数据变得很不现实;② 数据高维度:某些数据挖掘应用中,实例数据的特征数量繁多,机器学习算法为了处理这些数据可能需要对数据特征进行分割;③ 模型和算法复杂:一些高精度的机器学习算法通常有着较为复杂的模型表示,并往往需要大量的数据计算;④ 推理时间约束:某些数据挖掘应用如语音识别、视觉物体探测等有着实时性的要求,使得单机处理无法满足需要;⑤ 多级预测:某些机器学习算法能够表示成多级管道的形式,管道中的多级分类器需要并行工作,而单节点 CPU 处理平台往往无法满足这一需求.

为此,2017 年 Hennessy 和 Patterson 在图灵奖获奖演讲中,提出了领域专用计算架构(Domain-Specific Architectures)的概念,认为领域专用计算将带来计算机体系结构新的黄金时代.长期以来,计算机体系结构设计人员以通用计算为主,然而随着领域应用的爆发,需要为各种新型应用和算法构建各种专用的计算设备,以达到计算架构性能、能效、可扩放性等诸多方面的需求.

市面上存在着很多种不同的加速平台,我们可以利用这些平台来实现能够较好处理海量数据以及获得较高效率的机器学习算法.总的来说,这些加速平台可以概括为四类,它们分别是:自定义逻辑电路(如 FPGA/ASIC)、通用图形处理单元(GPGPU)、云计算平台和异构计算平台.这些加速平台往往表现出不同的并行粒度,适用于不同的应用场景,并且也能够相互结合形成异构系统来充分发挥不同加速器件的处理能力.

加速平台单单依靠硬件系统是远远不够的,它还需要一系列配套的软件系统作为支撑.现今还存在着很多不同的软件系统,它们适用于不同的加速平台,如适用于云计算平台的Hadoop、Spark、DryadLINQ、Pregel 和 PowerGraph 等,适用于 GPGPU 平台的 CUDA、OpenCL 和 OpenACC 等.这些软件系统既充分利用了加速平台的能力又方便了用户的使用,利用这些软件系统,用户只需要按照相应的规范和提供的接口来编写软件应用就能够获得不小的加速效果.

云计算平台以及 GPGPU 是目前使用最多的通用加速平台;FPGA 与 ASIC 则往往用于对特定的问题实现特定的加速器来实现硬件加速;而对于将 CPU、GPU 和 FPGA 共同利用起来的异构计算平台,如 Axel、OptiML 和 Lime 等,虽然它们在理论上应该有着很好的加速潜力,但由于实现难度过大,目前还处于研究阶段,还存在着很多问题,因此并没有被普及利用起来.对于云计算平台,目前其构成形式主要是大规模数量的基于 CPU 的单个节点的计算集群,它主要利用粗粒度的任务级并行来加速应用执行.而 GPGPU 则主要利用了细粒度的数据级并行,FPGA/ASIC 主要利用了细粒度的数据级并行以及管道流水线的方式来加速应用.云计算平台的软件系统主要包括了基于 Map-Reduce 编程模型的 Hadoop、Spark等以及基于图计算的编程模型 Pregel、PowerGraph 等;对于 GPGPU,其软件系统则是基于SPMD 的 CUDA、OpenCL 和 OpenACC;对于 FPGA 和 ASIC,目前并没有一个适合的编程模型以及并行平台,开发者需要针对不同问题和不同算法来充分挖掘加速潜力以利用硬件描述语言 Verilog 或 VHDL 实现相应的硬件结构.

对于云计算平台和通用图形处理器,由于机器学习算法数据密集型与计算密集型等特性,目前通用的 CPU 处理这些问题的效果不是很理想,并且由多 CPU 构成的云计算平台的数据通信开销也成为阻碍效率提升的绊脚石;而 GPU 在处理关联程度比较高的数据时往往也无法获得较好的效率,并且往往有着较大的功耗.因此利用 FPGA 去设计用于机器学习算法的加速器体系结构是一个涉足较少但十分有前景的研究方向.

1.2 目前的领域专用加速手段与平台

1.2.1 目前的领域专用加速手段

站在研究者的角度从大的方面来说,目前对机器学习算法进行加速的手段可以大致分为三大类,即软件层次上的优化、并行化机器学习算法和硬件层次上的改进.

软件层次上的优化主要包括的是对机器学习算法本身进行优化改进、对算法运行时库环境等的优化改进等.对机器学习算法本身进行改进是指对某个算法提出新的数学模型等来提高算法的执行速度,如针对 SVM 算法的 SMO 方法的提出等;对算法运行时库环境的优化则指的是对算法运行时处于的软件环境,如运行时库、操作系统等进行进一步的优化以提升执行机器学习算法的效率.

并行化机器学习算法则是目前最普遍的加速手段,它主要是对机器学习算法进行并行化与分布式处理使得算法本身能在特定的硬件并行平台上实现任务级并行和数据级并行等. 很多的机器学习算法能够相对简单地进行并行化处理并且能够很好运行在多核多节点的硬件平台上. 目前主要的硬件并行平台就是云计算平台以及通用图形处理器平台.

硬件层次上的改进则主要是指针对机器学习算法的特征来改进现有的处理器体系结构使其能够高效快速地执行机器学习算法. 目前的通用 CPU 的体系结构并不适合于处理机器学习问题, 这主要取决于机器学习算法自身的 3 个特征, 即数据密集型与计算密集型的结合、流式数据传输与迭代计算和较低的分支指令. 机器学习算法自身是数据密集型与计算密集型的综合, 这使得机器学习算法往往既需要频繁访存来获取大量数据又需要对数据进行高强度大规模的复杂运算, 对于 CPU 来讲其访存效率以及计算能力往往无法满足大规模机器学习应用的要求; 机器学习算法一般以流的方式顺序读入数据并进行处理, 并且往往有着以整个数据级为单位的迭代计算, 即某项数据一次处理完成后往往需要整个数据集处理完成一次后才能进行下一次计算, 这些都使得基于 LRU 策略的 CPU Cache Miss 的比率很高, 使得整个算法执行效率较低; 分支指令在机器学习算法中往往有着较低的比重, 这使得算法相对而言比较直接明了, 但同时也说明了占用 CPU 芯片面积大部分的分支预测部件的浪费.

1.2.2 目前的领域专用加速平台

目前对于机器学习算法的加速平台主要分为 4 类, 它们分别是云计算平台、通用图形处理器(GPGPU)平台、FPGA/ASIC 平台以及综合了上述 3 种平台特性的异构计算平台. 这些平台往往表现出不同的并行粒度, 并且适用于处理不同的机器学习问题.

云计算平台是目前普及最广的平台, 利用云计算平台可以比较方便地对数据进行分布式处理和机器学习算法并行化. 云计算平台一般都由大量同构的基于 CPU 的单节点服务器构成, 多个节点互相配合、协同工作, 并且往往对问题采用了任务级并行与数据级并行的手段. 云计算平台编程模型大体上可以分为基于 Map-Reduce 编程模型和基于图计算编程模型两种, 采用 Map-Reduce 编程模型的程序可以抽象成 Map 和 Reduce 两个阶段, 这种模型比较适合处理依赖程度比较低的数据, 而对于数据间依赖程度较高的数据, 模型本身就不太适合; 采用图计算编程模型的程序可以抽象成基于一个图的计算, 每个图的节点都根据相邻边和节点的信息进行计算, 这种模型比较适合于数据相互依赖程度比较高的情况.

由于自身的特殊结构通用图形处理器能够很好地对数据进行数据级并行处理. 通用处理器内部往往由多个 SM 构成, 每个 SM 由多个 SP 组成; 多个 SM 共享一个全局内存, 用一个 SM 的 SP 共享多个寄存器和共享内存. 本质上而言, GPGPU 相当于一个众核的架构, 并且其不同层次的内存器件并不像 CPU 那样自动维护, 而由程序员来指定, 因此 GPGPU 能够很好地对问题进行数据级并行, 并且 CUDA、OpenCL 和 OpenACC 等编程规范的提出和实现使得针对 GPU 编程变得简单快捷, 因此也使得 GPU 成为了目前较为广泛使用的加速并行平台.

FPGA 与 ASIC 目前主要用于针对特定的算法和问题本身去设计专用的硬件加速器件. FPGA 往往是一个用于对设计出的加速器体系结构进行验证仿真的中间器件, 当验证完成后, 就能够去定制专门的 ASIC 加速器. 其实 FPGA 本身由于灵活的可编程与可重构的特性也可以充当一个专门的加速器件, 对于不同的问题来进行最贴合的重构使得 FPGA 有着很大的加速潜力. 不过,FPGA 与 ASIC 平台由于设计难度较高等因素其目前还不是很普及,它们主要存在于嵌入式设备或者特定领域的应用当中.

异构计算平台综合利用了 CPU、GPU 和 FPGA,并且往往也采用了由异构计算节点构成的集群的方案. 不过异构计算平台还存在着如何充分利用好这些计算资源和怎样为用户提供简洁的编程模型等问题,目前尚不成熟,仍处于研究阶段. 现有的一些异构计算平台的原型有 Axel、OptiML 和 Lime 等.

1.3　衡量领域专用平台效果的指标

衡量领域专用平台加速效果有着很多不同的指标,这些指标往往反映了加速平台各个不同的方面,现列举其中的一些指标,如加速比、效率、可扩放性和资源利用率.

加速比(speedup)是指程序的串行版本运行的时间与程序的并行版本运行的时间的比值. 只有当比值大于 1 时,对程序进行并行化处理才有意义,往往比值越大就说明对程序的并行化有着越高的加速效果.

效率(efficiency)则是指程序的加速比与处理单元数量的比值,它往往反映多个处理单元的利用率的情况,效率越高,多个处理单元的利用率就越高.

可扩放性(scalability)则是描述程序随着处理单元数量的增加效率值的波动情况. 可扩放性一般来说和效率有一定关联,效率越高,程序的可扩放性越好,反之亦然.

资源利用率则主要针对利用 FPGA 平台进行加速的情况. 在利用 FPGA 设计加速器结构时,硬件资源往往是很有限的,因此在设计时不能一味地使用硬件资源,而是需要在资源和性能间寻求平衡.

1.4　本书的内容结构

本书覆盖了领域专用计算的一些主要内容,包括领域专用计算体系结构及典型应用. 具体而言,本书以现有业界常见的大数据与人工智能场景为目标,分析汇总了相关场景的一些代表性应用,分析了应用的特征,并提出了一系列领域专用加速器的设计方法及具体架构. 具体而言,本书的内容结构如下:

第 2 章介绍机器学习专用硬件加速结构,首先分析了现有常见的部分机器学习算法,针对这些算法的加速着眼点进行了分析. 基于此,本章基于现有的机器学习算法特征,调研常见的加速手段及硬件平台,如专用芯片、FPGA、GPU 及分布式系统等. 各自的硬件加速结构框架均体现了对应技术手段的优势.

第 3 章介绍数据挖掘推荐算法加速器,主要围绕推荐算法中常见的基于邻域的协同过滤(CF)方法展开介绍,设计了一个专用的硬件结构来实现训练加速器和预测加速器. 训练加速器支持五种相似性度量,可用于基于用户的 CF 与基于项目的 CF 的训练阶段和不同阶段 CE 计算 SlopeOne 的训练阶段.预测加速器支持这三种算法在预测阶段的累加运算和加权平均运算.此外,还设计了主机 CPU、存储器、硬件加速器和 DMA 等外设之间的总线和互连.为了方便用户编程调用,本章还讲述了如何创建并封装 Linux 操作系统,以及在操作系统环境下这些硬件加速器和 DMA 的用户层函数调用接口.

第 4 章介绍推荐算法的分布式计算系统设计,主要针对推荐算法的典型特征,如何采用基于 Spark 的分布式系统来实现领域专用计算平台的设计.本章包括对协同过滤推荐算法、基于内容的推荐算法、基于模型的推荐算法的基本介绍,以及对分布式推荐系统的总体部署,包括对权重混合、交叉调和等关键技术的阐述等.

第 5 章介绍聚类算法的硬件加速平台设计,主要围绕现有典型聚类算法的特征进行分析,包括 k-Means、k-mediod、SLINK、DBSCAN 等,对基本的算法过程及特征进行刻画,并形成硬件部署及加速器定制的相关基础工作,如软硬件功能划分、软硬件协同设计流程、代码局部性分析等.以此为基础,形成面向聚类算法的硬件加速系统硬件实现、执行抽象及代码映射.

第 6 章介绍面向图算法的硬件定制加速技术,主要围绕传统的图计算算法及新型的图神经网络算法等展开.本章分析了图计算系统及算法的模型实现,对 PageRank、BFS、WCC 等图计算中常用到的算法进行了分析,并对图卷积、图注意力等机制进行了介绍.在此基础上,在硬件部署方面,针对分布式图计算机系统、单机图计算系统、图计算加速器、图神经网络加速器等方面进行了介绍,特别针对 GPU、ASIC、FPGA 等典型的硬件加速系统进行了分析.

第 7 章介绍神经网络加速器进展,主要介绍了不同的神经网络加速方法,包括 ASIC、GPU、FPGA 和现代存储器,并且介绍了神经网络的并行编程模型及中间件.

第 8 章介绍深度学习加速器优化技术,主要总结了近年来 EDA 领域的神经网络加速器论文,然后对每篇论文中的关键技术进行分类分析.例如典型的优化目标包括计算、存储、性能功耗优化等,典型的技术包括剪枝、权重压缩、数据共享、数据并行、近似计算等.最后给出了神经网络的一些新的研究热点和发展趋势.

第 9 章介绍面向深度信念网络相关算法的基于 FPGA 的硬件定制加速技术,首先针对深度信念网络进行了介绍,对受限玻尔兹曼机,以及常见的计算访存流水技术等进行了分析,在此基础上,对面向深度信念网络的硬件定制加速平台进行了介绍,包括加速系统框架、内积计算、并行处理、流水机制等基本实现.在此基础上,对各种优化手段进行了描述,包括存储优化、结构复用、多平台并行加速等.

第 10 章介绍面向脉冲神经网络的硬件定制/加速技术,针对脉冲神经网络的基本原理进行了介绍,对脉冲神经元模型、HH 神经元模型、LIF 神经元模型、SRM 神经元模型进行了分析,对脉冲神经网络拓扑结构及算法进行了介绍.在此基础上,对面向脉冲神经网络的硬件部署/加速定制相关工作进行了介绍,包括数模混合实现方式以及纯数字电路实现方式,对现有的新型加速器进行了综述分析.

第 11 章介绍大数据基因组测序加速器,首先针对 KMP 和 BWA 算法进行了分析,对算法流程的典型算子进行了刻画.在此基础上,对硬件加速原理进行了介绍,并对加速器的具体设计、实施进行了描述,并对如何构建软硬件协同设计框架及具体的任务映射方案进行了介绍.

  第 12 章介绍 RISC-V 开源指令集与体系结构，首先针对 RISC-V 架构进行了介绍，详细分析了 RISC-V 架构相比于传统指令集架构的特点. 然后，本章对目前工业界与学术界关于 RISC-V 的研究现状进行了调研与总结，并对基于 RISC-V 的扩展指令集及处理器进行了介绍. 在此基础上，本章实现了一种基于 RISC-V 指令集的 CNN 神经网络扩展，并对整体架构、单元设计、性能评估等方面进行了介绍.

  第 13 章介绍基于编译优化的硬件定制加速器，首先介绍了从源代码到寄存器传输级代码（RTL）的高层综合工具，进而介绍了源代码到源代码的优化机制、领域定制语言与中间表达、加速器模板映射等关键技术，对在编译角度进行硬件加速器定制优化进行了较为全面的总结分析.

第 2 章　机器学习算法与硬件加速器定制

机器学习是人工智能及模式识别领域的共同研究热点,其理论和方法已被广泛应用于解决工程应用和科学领域的复杂问题.本章对常见机器学习算法进行了调研与梳理,并给出了基于 FPGA 对此类算法进行硬件定制的典型方案.本章由三部分组成,第一部分为机器学习概述,简要介绍了不同机器学习算法的算法原理,并对其进行了归纳分类;第二部分介绍了基于 FPGA 的机器学习加速器设计方法,对相关算法的代表性加速器设计工作进行了分类和总结;第三部分给出了针对机器学习算法进行硬件定制的相关结论性总结,并对该领域进一步的研究方向进行了分析.

2.1　机器学习概述

2.1.1　机器学习简介

机器学习关注的是利用数据构造出相应的预测模型来对未知的数据进行预测.一般来说,机器学习的主要任务就是从某类函数模型中选出一种函数 f 并根据数据集进行学习使得该函数能够较为准确地将输入域 X 映射到输出域 Y 中,即 $f: X \rightarrow Y$.输入域 X 往往代表多组数据构成的集合,输出域 Y 则代表每组数据对应的标识或结果.

根据用来学习的数据的不同,机器学习算法可以分为监督学习和非监督学习两类.在监督学习中,用于训练的数据集中的每组训练数据都有一个明确的标识或结果,算法利用训练数据构造出一个函数 f,而该函数 f 将用来对未知标识或结果的数据做预测.在非监督学习中,已有的输入数据集合的标识或结果往往是未知的,大多数的非监督学习算法都假定数据服从某种联合概率分布,算法利用该假定来寻找出最贴合输入训练数据的函数 f.监督学习主要有分类和回归两类,在分类中,函数 f 的输出域 Y 由一组离散的值构成;在回归中,函数 f 的输出域 Y 则是连续的实数.非监督学习则主要进行数据聚类,数据聚类就是把没有分类的数据集上的数据按照距离、相似度等属性归为若干类.

无论是监督学习还是非监督学习,它们都有着学习(learning)和推理(inference)这两方面的区别.学习是指确定预测函数 f 的过程,推理则指根据 X 上的某一个实例 x 来计算

$f(x)$的过程.因此,对于机器学习算法,我们可以根据具体的应用场景来选择是对学习过程还是对推理过程抑或二者进行并行加速.

此外,如果根据算法本身的特性来分,机器学习算法还可以分为批量学习(batch learning)和在线学习(online learning)两种形式.批量学习就是指传统意义上的学习方式,即先给出一个训练集,训练出f后,再将f运用于测试数据;而在线学习则不同于传统的学习方式,它是一种边学习边对数据进行预测的过程,因此在线学习往往有着实时性的要求,对在线学习算法进行加速往往比对批量学习算法进行加速显得更有意义.

2.1.2 机器学习算法分类

根据机器学习算法的表现形式和实现方式的类似性,我们可以将算法分类,比如说基于贝叶斯的算法、基于神经网络的算法等.当然,机器学习的范围非常庞大,有些算法很难明确归到某一类,而对于有些分类来说,同一分类的算法可以解决不同类型的问题.文献[1]将大部分的机器学习算法划分成了 12 种类型,其中每种类型的算法往往有着相似的模型和解决手段,可以在某一类的机器学习算法中提取共性特征来设计加速器从而达到加速某一类机器学习算法的目的.在此,将这 12 种机器学习算法类型列举如下:

2.1.2.1 回归算法(regression)

回归算法是试图采用对误差的衡量来探索变量之间的关系的一类算法(图 2.1).回归算法是统计机器学习的利器.在机器学习领域,人们说起回归,有时候是指一类问题,有时候是指一类算法,这一点常常会使初学者有所困惑.

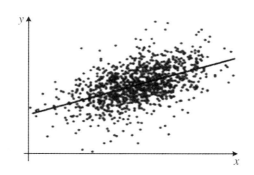

图 2.1　使用回归算法对数据进行预测

常见的回归算法包括:最小二乘法(ordinary least square)、逻辑回归(logistic regression)、逐步式回归(stepwise regression)、多元自适应回归样条(multivariate adaptive regression splines)以及本地散点平滑估计(locally estimated scatterplot smoothing)等.

2.1.2.2 基于实例的算法

基于实例的算法常常用来对决策问题建立模型,这样的模型常常先选取一批样本数据,然后根据某些近似性把新数据与样本数据进行比较.通过这种方式来寻找最佳的匹配(图 2.2).因此,基于实例的算法常常也被称为"赢家通吃学习"或者"基于记忆的学习".

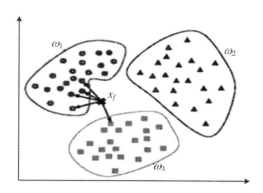

图 2.2 使用基于实例的算法匹配目标函数

常见的基于实例的算法包括 k 近邻算法(k-Nearest Neighbor,KNN)、学习矢量量化算法(Learning Vector Quantization,LVQ),以及自组织映射算法(Self-Organizing Map,SOM)等.

2.1.2.3 正则化方法

正则化方法是其他算法(通常是回归算法)的延伸,根据算法的复杂度对算法进行调整.正则化方法通常对简单模型予以奖励而对复杂算法予以惩罚(图 2.3).

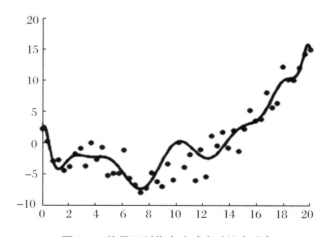

图 2.3 使用正则化方法减少过拟合现象

常见的正则化算法包括:Ridge Regression,Least Absolute Shrinkage and Selection Operator(LASSO),以及弹性网络(Elastic Net)等.

2.1.2.4 决策树算法

决策树算法根据数据的属性采用树状结构建立决策模型,决策树模型常常用来解决分类和回归问题(图 2.4).

常见的决策树算法包括:分类及回归树(Classification And Regression Tree,CART)、ID3(Iterative Dichotomiser 3)、C4.5、Chi-squared Automatic Interaction Detection(CHAID)、Decision Stump、随机森林(Random Forest)、多元自适应回归样条(MARS),以及梯度推进机(Gradient Boosting Machine,GBM)等.

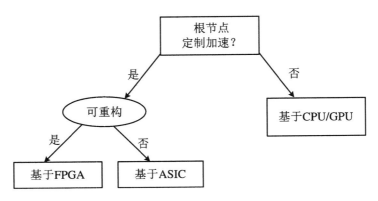

图 2.4　使用决策树算法解决分类和回归问题

2.1.2.5　贝叶斯方法

贝叶斯方法是基于贝叶斯定理的一类算法，主要用来解决分类和回归问题（图 2.5）.

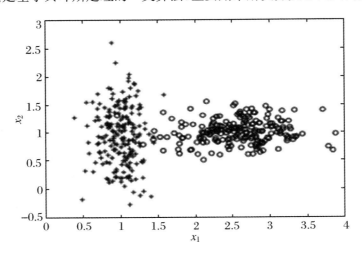

图 2.5　使用贝叶斯方法解决分类和回归问题

常见的基于贝叶斯方法的算法包括：朴素贝叶斯算法、平均单依赖估计（Averaged One-Dependence Estimators，AODE），以及 Bayesian Belief Network（BBN）等.

2.1.2.6　基于核的算法

基于核的算法中最著名的莫过于支持向量机（SVM）了. 基于核的算法把输入数据映射到一个高阶的向量空间，在这些高阶向量空间里，有些分类或者回归问题能够更容易解决（图 2.6）.

常见的基于核的算法包括：支持向量机（Support Vector Machine，SVM）、径向基函数（Radial Basis Function，RBF），以及线性判别分析（Linear Discriminate Analysis，LDA）等.

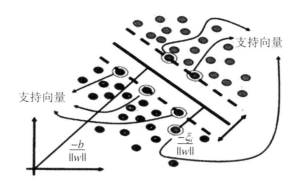

图 2.6　使用基于核的算法解决分类和回归问题

2.1.2.7　聚类算法

聚类,就像回归一样,有时候描述的是一类问题,有时候描述的是一类算法.聚类算法通常按照中心点或者分层的方式对输入数据进行归并.所有的聚类算法都试图找到数据的内在结构,以便按照最大的共同点将数据进行归类(图 2.7).

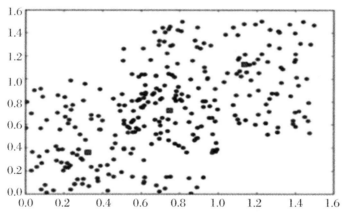

图 2.7　使用聚类算法进行数据归类

常见的聚类算法包括:k-Means 算法以及期望最大化算法(Expectation Maximization,EM)等.

2.1.2.8　关联规则学习

关联规则学习通过寻找最能够解释数据变量之间关系的规则,来找出大量多元数据集中有用的关联规则(图 2.8).

常见的关联规则学习算法包括 Apriori 算法和 Eclat 算法等.

2.1.2.9　人工神经网络

人工神经网络算法模拟生物神经网络,是一类模式匹配算法,通常用于解决分类和回归问题(图 2.9).人工神经网络是机器学习的一个庞大的分支,有几百种不同的算法.

重要的人工神经网络算法包括:感知器神经网络(Perceptron Neural Network)、反向传

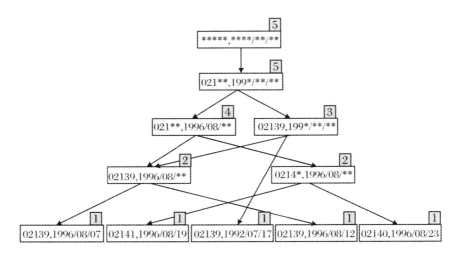

图 2.8　使用关联规则学习提取多元数据集中的关联规则

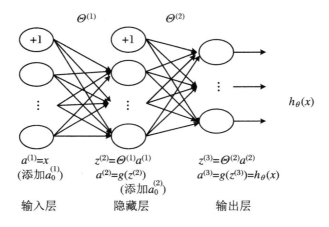

图 2.9　人工神经网络结构

递（Back Propagation）、Hopfield 网络、自组织映射（Self-Organizing Map，SOM），以及学习矢量量化（Learning Vector Quantization，LVQ）等.

2.1.2.10　深度学习

　　深度学习算法是对人工神经网络的发展,在近期赢得了很多关注,特别是百度也开始发力深度学习,更是在国内引起了很多关注.在计算能力变得日益廉价的今天,深度学习试图建立大得多也复杂得多的神经网络（图 2.10）.很多深度学习的算法是半监督式学习算法,用来处理存在少量未标识数据的大数据集.

　　常见的深度学习算法包括:受限玻尔兹曼机（Restricted Boltzmann Machine，RBN）、Deep Belief Networks（DBN）、卷积网络（Convolutional Network），以及自动编码器（Auto-encoders）等.

2.1.2.11　降低维度算法

　　像聚类算法一样,降低维度算法试图分析数据的内在结构,不过降低维度算法是以非监

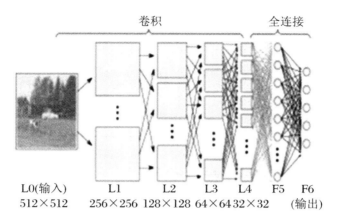

图 2.10 深度学习中的神经网络结构

督学习的方式试图利用较少的信息来归纳或者解释数据(图 2.11).这类算法可以用于高维数据的可视化或者用来简化数据以便监督式学习使用.

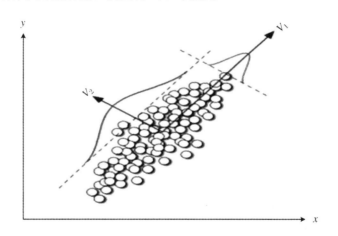

图 2.11 使用降低维度算法分析数据内在结构

常见的降维算法包括:主成分分析(Principle Component Analysis,PCA)、偏最小二乘回归(Partial Least Square Regression,PLS)、Sammon 映射、多维尺度(Multi-Dimensional Scaling,MDS),以及投影追踪(Projection Pursuit)等.

2.1.2.12 集成算法

集成算法用一些相对较弱的学习模型独立地就同样的样本进行训练,然后把结果整合起来进行整体预测.集成算法的主要难点在于究竟集成哪些独立的较弱的学习模型以及如何把学习结果整合起来(图 2.12).这是一类非常强大的算法,同时也非常流行.

常见的算法包括:Boosting、Bootstrapped Aggregation(Bagging)、AdaBoost、堆叠泛化(Stacked Generalization,Blending)、梯度推进机(Gradient Boosting Machine,GBM),以及随机森林(Random Forest)等.

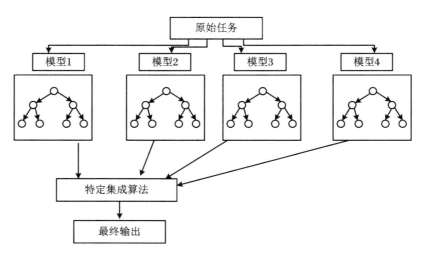

图 2.12   使用集成算法对独立学习模型进行整合预测

2.1.3   机器学习算法加速着眼点

加速机器学习算法的执行并不是简单随便地去加速算法的某几个部分,而是有章可循的.由于机器学习算法兼容了数据密集型和计算密集型的特性,因此对机器学习算法的加速可以从加速数据通信传输以及加速算法计算执行两大方面入手.

根据之前调研的 30 多篇论文以及自己的理解和总结,可以从 4 个点入手去加速机器学习算法,即加速算法的计算核心、抽象算法的共性特征、并行化机器学习算法以及优化机器学习算法的数据通信传输.加速算法的计算核心与并行化机器学习算法属于加速算法计算执行的方面;优化机器学习算法的数据通信传输则属于加速数据通信传输的方面;而抽象算法的共性特征并对特征加速则包含了以上两方面的内容.

这 4 个着眼点并不是相互独立的,而是互相紧密联系的.比如优化数据通信传输也是抽象并加速机器学习算法共性特征的一个特例;而并行化机器学习算法可以针对算法的计算核心进行并行化处理;抽象出的算法的共性特征可能是算法的计算核心,也可能不是计算核心,因此对于不是计算核心的共性特征,可能加速它的执行的意义并不是很大;等等.从这 4 个点入手,可以帮助并指导我们对机器学习算法进行加速.

2.1.3.1   加速算法计算核心

不论是哪种机器学习算法,在执行过程中算法的不同部分对整个算法的执行时间的影响的比重也是不一样的.

算法的计算核心(Kernel)就是算法最耗时间的那部分计算,加速计算核心能够显著地缩短整个算法的执行时间.因此对于计算核心,我们既可以利用如 GPGPU 的多个计算单元对不同的数据进行并行计算,也可以利用 FPGA 对算法的计算核心固化到多个计算单元上来加快执行.

文献[2]列举了 15 种机器学习算法最占时间的前 3 个计算核心,如表 2.1 所示.

表 2.1　各种机器学习算法最占时间的计算核心统计

应　用	计算核心 1(%)	计算核心 2(%)	计算核心 3(%)	合计(%)
k-Means	Distance（68）	Clustering（21）	minDist（10）	99
Fuzzy k-Means	Clustering（58）	Distance（39）	fuzzySum（1）	98
BIRCH	Distance（54）	Variance（22）	Redistribution（10）	86
HOP	Density（39）	Search（30）	Gather（23）	92
Naive Bayesian	ProbCal（49）	Variance（38）	dataRead（10）	97
ScalParC	Classify（37）	giniCalc（36）	Compare（24）	97
Apriori	Subset（58）	dataRead（14）	Increment（8）	80
Eclat	Intersect（39）	addClass（23）	invertClass（10）	72
SNP	CompScore（68）	updateScore（20）	familyScore（2）	90
GeneNet	CondProb（55）	updateScore（31）	familyScore（9）	95
SEMPHY	bestBrnchLen（59）	Expectation（39）	IenOpt（1）	99
Rsearch	Covariance（90）	Histogram（6）	dbRead（3）	99
SVM-RFE	quotMatrx（57）	quadGrad（38）	quotUpdate（2）	97
PLSA	pathGridAssgn（51）	fillGridCache（34）	backPathFind（14）	99
Utility	dataRead（46）	Subsequence（29）	Main（23）	98

除了列举的这些算法以外，机器学习由于算法众多，我们在以后的调研工作中可以着重总结某一类算法的计算核心.

2.1.3.2　抽象算法共性特征

许多机器学习算法都表现出了很多共性的特征，针对这些共性特征进行加速既能做到较好的加速效果又能表现出相对通用的特性.机器学习算法的共性特征可以大致概括为 5 点，即大规模线性代数运算、同步/异步迭代运算、算法加乘化、常用激励函数的使用和基于图模型的抽象.

大规模线性代数运算指的是大部分的机器学习算法往往都涉及大量的大规模线性代数运算，加速这些运算的执行能提升整个算法的性能.文献[3]设计出了一个加快矩阵相乘运算的加速器件，并在多种机器学习算法上取得了很好的加速效果.

同步/异步迭代运算则是指很多机器学习算法需要在算法中反复对数据进行同步/异步迭代，对迭代算法进行优化能够显著改善算法性能.文献[4]设计出了一个基于 FPGA 的异步迭代加速器结构，利用该加速器可以很好地加速很多机器学习算法的执行.

算法加乘化则是由文献[5]提出的，主要是指一部分机器学习算法在学习或推理过程中往往表示成相乘-累加的形式，每次相乘对应的数据的依赖程度往往较低，因此对于这种情况可以很方便地对算法进行并行化处理.

常用激励函数的使用则表明很多机器学习算法在执行的某个步骤都会采用很多相同的辅助函数，如 sigmoid 函数等，针对这些常用激励函数进行加速可以取得一定的加速效果.

基于图模型的抽象由文献[6]提出，即表明了图计算模型能够较有效地处理那些数据间依赖程度较高的数据挖掘算法,因此可以对将数据抽象为图然后进行基于图的顶点计算的这一过程进行加速化处理.

需要注意的是,正如前面所讲的,从多个算法中抽象出来的共性特征可能属于这些算法的计算核心的某部分,也可能不是.因此,如果抽象出的特征在很多算法中都是计算核心,那么我们去加速这个特征的执行就比较有意义;反之,如果抽象出的特征在大多数的算法中仅仅是很平常的一个计算步骤,那么针对这个特征去设计加速器结构相对来说就意义不大.

2.1.3.3　并行化机器学习算法

对机器学习算法并行化是目前用得最多的加速手段,利用任务级并行或者数据级并行或者二者混合可以对绝大多数的机器学习算法进行并行处理.本质上来说,并行化机器学习算法的实质是对算法的核心计算进行并行化,这样才能取得较好的加速效果.

正如 2.2 节所讲的,目前并行化机器学习算法的平台主要是云计算平台、通用图形处理器以及 FPGA/ASIC 平台三种.利用云计算平台并行主要利用了任务级并行和数据级并行,并且并行粒度相对较粗,例如 Map-Reduce 模型中的 Map 和 Reduce 过程即可并行执行,图计算模型中没有依赖关系的顶点间也可进行并行执行;利用 GPGPU 平台并行主要利用了数据级并行的方式,并行粒度相对较细;利用 FPGA/ASIC 平台并行则主要取决于设计出来的加速器体系结构的不同,既可以利用任务级并行,也可以利用数据级并行.另外,在加速器中往往都采用了管道流水线的技术来增加吞吐率.

2.1.3.4　优化数据通信传输

由于机器学习算法既是计算密集型的又是数据密集型的,所以单单对计算密集型的部分进行加速是远远不够的,算法的访存等数据通信往往会成为提升性能的瓶颈.而针对机器学习算法优化数据通信传输以及访存模型等是属于针对机器学习算法数据密集型的部分的加速入手点.

目前现有的三种加速平台都在不同程度上面临着数据通信等问题.

对于云计算平台,利用它对某些机器学习算法进行并行加速的效果可能不够理想,其根源往往就在于数据通信带来的巨大开销.云计算平台利用分布式文件系统对数据进行存储,单个节点间通过以太网连接.如果算法需要的数据分布到多个节点中,或者算法需要较频繁地存取数据,那么数据传输通信开销所占的比重会很大.

对于通用图形处理器(GPGPU),利用它来加速机器学习算法同样也需要考虑数据传输问题.程序所需要的数据往往存放在节点中的磁盘上,经由内存传输到了 GPGPU 的全局内存中,这个过程会占据大量的时间开销.另外,GPGPU 的内部也有着寄存器、共享内存、L1 Cache 等的内存层次模型,因此利用 GPGPU 并行化算法时需要着重考虑这些不同的存储部件该如何利用.

而对于 FPGA 与 ASIC,在基于它们去设计专用加速器件时,往往也面临着数据从 Host 内存传输到 Device 内存的过程.并且 FPGA 内部也有着频率不同的存储器件,因此设计者在设计时需要着重考虑好如何设计加速器的存储部分,比如针对迭代计算使用的中间值设计出相应的缓存等.

2.1.4　常用的机器学习公开数据集

目前,网络上有着很多公开的数据集,这些数据集往往有着较高的公信力,并且使用也相对比较频繁.因此,在设计加速器的过程中,我们可以考虑利用这些公开的数据集来对加速器原型进行测试与比对.

常用的公开数据集包括 MNIST、Tsukuba、Maricopa 和 Tweet 等.

2.2　基于 FPGA 的机器学习加速器的设计

目前常见的利用 FPGA 对机器学习算法设计加速器件的工作,根据出发点不同,可以归为四类,分别是针对特定问题设计加速器、针对特定算法设计加速器、针对算法的共性特征设计加速器以及利用硬件模板设计通用加速器框架.这四大类遵循了一个从特殊到一般的过程,并且设计难度呈递增趋势.对于前面两类问题设计加速器目前较为普遍,并且设计难度也相对较小,而对于后两类尤其是最后一类,设计难度相对较大,并且尚处于研究阶段,并没有得到普及.

从科研的角度来看,我们应该以设计出针对机器学习算法通用的加速器体系结构为最高目标,而不是局限于特定的应用场景或机器学习算法,虽然这样会面临很大的困难,但的确会很有意义.

2.2.1　针对特定问题设计加速器

针对特定问题利用 FPGA 设计加速器是目前基于 FPGA 加速器应用的最广泛的领域.专门针对某一特定问题去设计加速器不仅能够很好地贴合问题的需要,而且设计难度也相对较小.针对特定问题设计加速器往往加速的是机器学习算法的推理过程而不是学习过程.

下面列举一个针对特定问题设计加速器结构的案例.文献[7]利用 FPGA 设计出了一个专用的加速器件来执行 C4.5 决策树算法从而加快解决 Online Traffic Classification 问题.Online Traffic Classification 问题是指根据一个 TCP 连接/UDP 建立起的传输流的若干个数据包来判断这个 TCP 连接/UDP 是由哪个应用程序发起的,比如分析一个 TCP 连接传输的 8 个数据包,可以确定该连接是由 QQ 建立的.

文献[7]设计出的加速器体系结构如图 2.13 所示,整体加速器结构分两部分,左边是离散化模块,右边是分类模块.离散化模块是一个对输入数据进行预处理的过程,而分类模块则真正是对输入数据进行分类决策.

数据的属性向量从左边被输入至离散化模块,经过每一级离散化处理单元,数据对应的某个属性值就被离散化.然后数据被送入分类模块,经过每一级,数据就在决策树上向下走一层.一个分类单元的本地内存中保存了对应决策树中这一层的所有中间/叶子节点,下一层分类单元接收到参数(数据属性集、中间节点地址),然后找到对应中间节点继续分类.

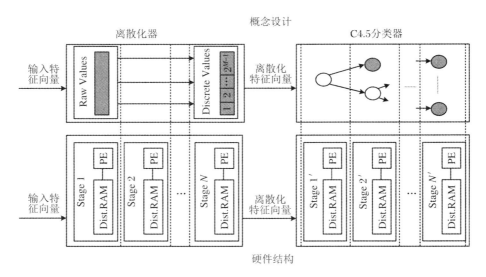

图 2.13　文献[7]设计的基于 FPGA 的 C4.5 算法加速器结构

该论文设计出的特定加速器结构还存在一些不足，比如对于分类模块，决策树的每一层由一个 PE 负责处理，由于每层节点都不一样，势必会导致计算资源的不平衡，因此当输入数据规模比较大时，该加速器件或许会出现性能上的一些瓶颈．

2.2.2　针对特定算法设计加速器

针对某一个机器学习算法利用 FPGA 设计加速器也是 FPGA 较为常见的应用领域．针对特定机器学习算法设计出来的加速器在应用于某个特定问题的时候，往往只需要进行特定参数的配置或是一些小幅度的改动就可以较好地贴合特定的问题．

目前对于这一块的调研并不是很充分，只是调研了 SVM、Apriori、决策树、k-Means 以及基于 DAG 的贝叶斯图这 5 种机器学习算法，现将其列举如下．

2.2.2.1　SVM 算法

SVM 算法是基于核的机器学习算法中最著名的一个算法．目前大部分的论文主要针对 SVM 算法推理过程来设计加速器件．在 SVM 算法的推理过程中，对于一个需要分类的数据，它需要与所有的支持向量进行相乘累加得到中间值，接着中间值会送入核函数进行处理从而得到最后的结果．因此对于 SVM 的推理过程，我们可以选择加速相乘累加部分或是核函数执行的部分或者兼具二者．

文献[8]提出了一种针对 SVM 算法推理过程设计的加速器结构．该体系结构主要是对待分类向量与支持向量进行相乘累加的部分进行加速，而核函数的计算仍处于 CPU 中执行．

整体的加速器体系结构如图 2.14 所示．FPGA 上有多个 Vector Processor Cluster；每个 Vector Processor Cluster 由多个 VPE Array 构成；每个 VPE Array 由多个 VPE 构成；每个 VPE 是一个向量处理单元，该处理单元能够处理两个向量间的点乘运算．在加速器件执行过程中，规模大的矩阵以流的形式传入，规模小的矩阵存放在片内存储器上，每个 VPE

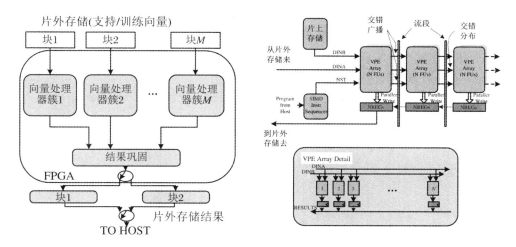

图 2.14　文献[8]提出的基于 FPGA 的 SVM 算法推理加速器结构

Array 中的所有 VPE 存放的是规模小的矩阵的某一列. 此外, 该加速器件还有着更细化的点乘操作, 即每次向量点乘操作划分为了多个 chunk 点乘, 这个 chunk 的大小会进行合理调整从而使得 FPGA 与 CPU 间数据传输不会成为瓶颈.

　　文献[8]设计出的加速器结构没有加速核函数的计算过程, 并且也不支持对异构数据的运算. 在文献[9]中, 对这些问题进行了改进, 并且提出了一种新型的级联 SVM 加速器的结构.

　　文献[9]针对文献[8]的不足提出了一种改进的结构, 如图 2.15 所示. 在该加速器结构中, 有多个 Classifier Hypertile 充当加速器的 PE. 对于某个 test data, 每个 PE 都分别处理该 test data 与一部分支持向量间运算. 所有的支持向量存放在 FPGA 的片上存储器中, 所有的 test data 存放在 FPGA 的片外存储器中. 对于每个 test data 以流的形式传入多个 PE 中. 对于每个 Classifier Hypertile(PE), 在本质上也是去做一个乘法累加运算. 与之前采用 MAC 单元不同的是, Hypertile 有着更细的粒度, 它对每个属性都采用一个与属性精度对应的乘法器, 因此, 就能够比较好地处理异构数据. 此外, 该加速器结构中还用专门的计算单元来加速核函数的计算.

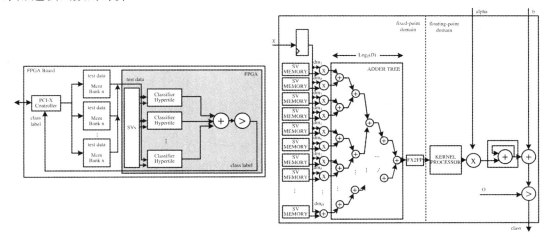

图 2.15　文献[9]针对基于 FPGA 的 SVM 推理加速器作出的改进

除了改进之外,文献[9]还提出了一种新型的 SVM 加速器的结构,即级联 SVM 加速器,如图 2.16 所示.所谓的级联就是多个 SVM 分类器流水线化地连在一起,每个 SVM 的分类模型都可能不一样,分类能力也是不同的.这相当于采用 Boost 算法的思想,即多个弱分类器组合构成了强分类器,对于某一级 SVM,如果它不能较为准确地判断出输入值的类型,那就把它交给下一级处理.按理说,后一级分类器能力应该比前一级强.

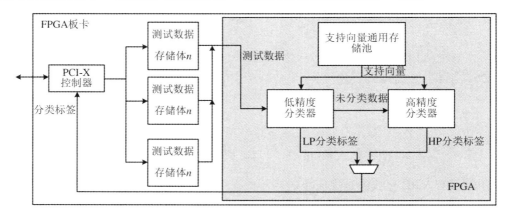

图 2.16　文献[9]设计的基于 FPGA 的级联 SVM 加速器结构

该论文设计出了 2 级分类器,对于第一级分类器,能够较好地分类出离超平面较远的点,采用的核函数较简单,运行起来速度较快;对于第二级分类器,能够分类出处于超平面边缘的点(第一级分类器不能判断的点),采用的核函数可能较为复杂,运行起来速度相对较慢.

SVM 算法的广泛使用使得加速 SVM 算法显得相对比较有意义.对于 SVM 算法的推理过程做的人比较多,并且相对而言较为完善;而对于 SVM 算法的学习过程的加速做的人相对而言比较少.此外,SVM 算法的推理过程中,数据在分类前往往有着正交化和规则化等预处理过程,该预处理过程放在 CPU 上效率往往不高,并且占用时间比重也较高.因此加速预处理过程的执行也是一个科研入手点.

2.2.2.2　Apriori 算法

Apriori 算法是处理关联分析的一种重要的算法.Apriori 算法主要用于发现事物之间的关联联系,它通过统计事物间相互出现的频率次数从而获得关联度.

文献[10]设计了一种针对 Apriori 算法前半段获取频繁项集过程加速的加速器结构,如图 2.17 所示.该论文将 Apriori 前半段计算支持度划分为了 Candidates Generate、Candidates Punnig 与 Support Calculation 三个阶段.该加速器结构对这三个阶段都能重复利用,并且也表现出了不错的加速效果.

Candidates Generate 部分用于生成候选的频繁项集,如果有两个 k 频繁项集(已经为频繁项集),它们的前 $k-1$ 项都是相同的,那么可以由这两个 k 频繁项集生成一个 $k+1$ 的候选频繁项集;Candidates Punnig 部分用于对刚刚生成的 $k+1$ 候选频繁项集做预处理,即对这 $k+1$ 个属性,去掉任意一个属性,检验剩下的 k 项集处在已经生成好的 k 频繁项集的集合中,如果剩下的 k 项集有一个不是频繁的,那么这个新生成的 $k+1$ 项集也一定不是频繁的;Support Calculation 部分用于对已经过了预校验的 $k+1$ 候选频繁项集来做统计,计

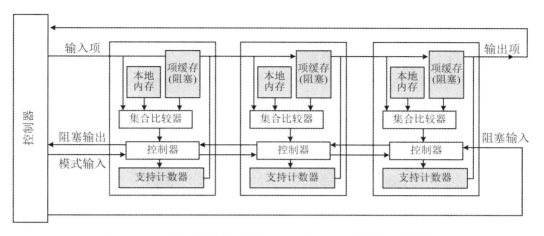

图 2.17　文献[10]设计的基于 FPGA 的 Apriori 算法加速器结构

算 $k+1$ 候选频繁项集在整个数据集中出现的频率,只有过了一定的频率之后,才能认为该 $k+1$ 候选频繁项集是频繁的,然后把它加入 $k+1$ 频繁项集集合中.

对于 Apriori 算法的调研并不是很充分,仅仅是看了这一篇.不过由于 Apriori 算法本质上表现出的是一种技术统计的过程,因此利用 FPGA 来加速 Apriori 算法还应该有着较好的前景.此外,大部分的 Apriori 算法在处理数据时都要求数据应该预先以字典序的形式排序,因此对数据进行字典序排序这一预处理过程也应是一个潜在的加速点.

2.2.2.3　决策树算法

决策树算法是一种较为普遍的机器学习算法,它也有着学习和推理这两个过程.决策树算法学习过程的计算核心是计算 Gini 系数(对于 C4.5 算法)或是熵增益因子(对于 CART 算法).目前在学习和推理两方面对决策树算法都有着不少的研究.

文献[11]针对 C4.5 决策树算法的学习过程提出了一个加速 Gini 系数计算的加速器结构.该结构如图 2.18 所示,每个连续属性 Gini 系数计算可以通过 FPGA 中自己定义的 Gini unit 来做,然后所有的 Gini 单元结果再通过比较元件层次连接,从而选取出最小 Gini 系数.

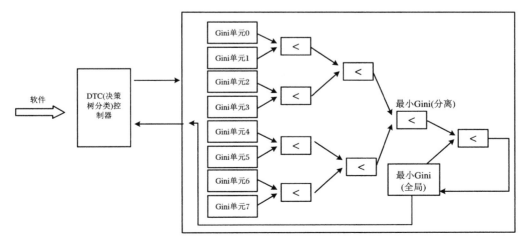

图 2.18　文献[11]提出的基于 FPGA 的加速 Gini 系数计算的加速器结构

这篇论文发表的时间较早,现今的对于决策树的加速器结构应该有了很大的进步,应该能将整个决策树学习过程而不是其中的一小部分置于加速器结构中执行,这样能够减少数据间的通信延迟.此外,大部分的决策树算法需要输入的数据往往是离散的,因此可以针对输入数据离散化这一预处理过程进行加速.

2.2.2.4　k-Means 算法

k-Means 算法是最常见的一种聚类算法,它的计算核心在于求取每个点距离最近的质心的这一过程.

文献[12,13]共同描述了一种将整个 k-Means 算法而不仅仅是计算核心固化到 FPGA 实现的加速器结构.该结构如图 2.19 所示,整体上分为了 4 个模块,这 4 个模块分别对应了 k-Means 算法的某个执行部分.

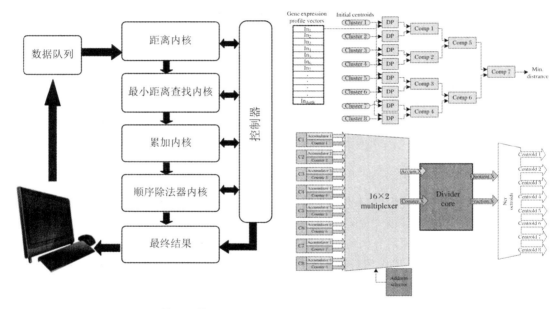

图 2.19　文献[12,13]描述的整体 k-Means 算法加速器在 FPGA 上的实现

Distance Kernel Block 模块接受从片上存储器或者是片外存储器发来的数据,计算每个点到所有类的距离.若有 C 个类,那么该模块就有 C 个 DP 单元,每个 DP 单元计算一个点到某个类的距离,在这里就同时计算了某个点到所有类的距离,充分利用了并行性. Minimum Distance Finder Kernel Block 模块接受从 Distance Kernel Block 发来的距离数据,并从中找到最小的距离对应的那个类. Accumulation Kernel Block 模块根据上一个模块产生出的最短距离对应的类,把当前数据点的特征累加到对应类的累加器中,并增加对应类计数器值,每个类都对应了一个累加器和计数器.当所有数据点对应的类都累加过后,该模块会把数据发向下一个模块. Sequential Divider Kernel Block 模块由若干个以流水线方式组织的除法单元构成,它将上个模块产生的每个类的数据特征累计值与数据个数累计值相除,从而确定每个类下一次的新的质心的位置.

针对 k-Means 算法设计的加速器结构的研究比较多,并且也较为成熟,因此科研意义不是很大.

2.2.2.5　基于 DAG 的贝叶斯图算法

贝叶斯图算法包含了贝叶斯信念网、马尔可夫随机场等图模型,它利用图描述了一种变量间的相互联系的关系.针对贝叶斯信念网模型进行求解的信念传播算法等是基于贝叶斯图的机器学习算法的常见的计算核心.

文献[14]提出了一种只适合于解决基于 DAG 的贝叶斯图算法的加速器结构,如图2.20所示.本质上来说,该结构用来解决拓扑排序问题,而并不真正地解决贝叶斯信念网等问题.论文设计出了多个处理单元,每个处理单元采用了 20～30 级的超深度流水线来加大吞吐率,所有处理单元通过交叉开关与多个内存模块相连,内存模块的数量要多于处理单元.该结构依赖于对问题进行静态分析从而获得运行策略,因此避免了数据相关等问题.

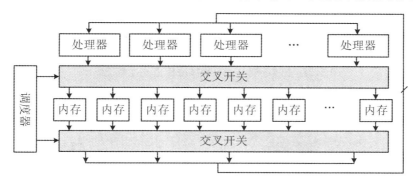

图 2.20　文献[14]提出的基于 DAG 的贝叶斯图算法加速器结构

该论文设计出的结构有着很大的缺点和不足,并且对基于贝叶斯图的机器学习算法,目前做的人并不是很多,并且由于图模型等因素其相对来说比较难实现.

2.2.3　针对算法共性特征设计加速器

前面的两种设计加速器的手段都相对专用,设计出的加速器只能应用于特定问题或特定算法中.针对算法的共性特征来设计加速器可以相对比较通用地加速一类机器学习算法的执行.

可以从两个方面来利用共性特征设计加速器:一是根据之前对机器学习算法的分类来寻找某一类机器学习算法的共性特征设计加速器;二是不局限于某类机器学习算法,而是在整个机器学习算法中寻找某些共性特征,提取出的共性特征涉及线性代数运算、迭代计算以及简化算法访存模型这 3 种.

2.2.3.1　线性代数运算

大部分机器学习算法在学习或者推理的过程中都涉及了大量的大规模的线性代数运算,这些线性代数运算一般来说都需要占用大量的计算资源,往往也是算法的计算核心.因此针对涉及的线性代数运算进行加速能够有效地提升算法整体的性能.

文献[3]指出,很多机器学习算法中间步骤都能表示为矩阵/向量乘积运算的形式,并且当中间步骤运算完成产生中间数据后,最终步骤往往是相对简单地对中间数据进行排名、寻找最大/最小值、聚合等归约操作.比如以图 2.21 描述的 5 个算法为例,这 5 个算法都能表示为这种形式.

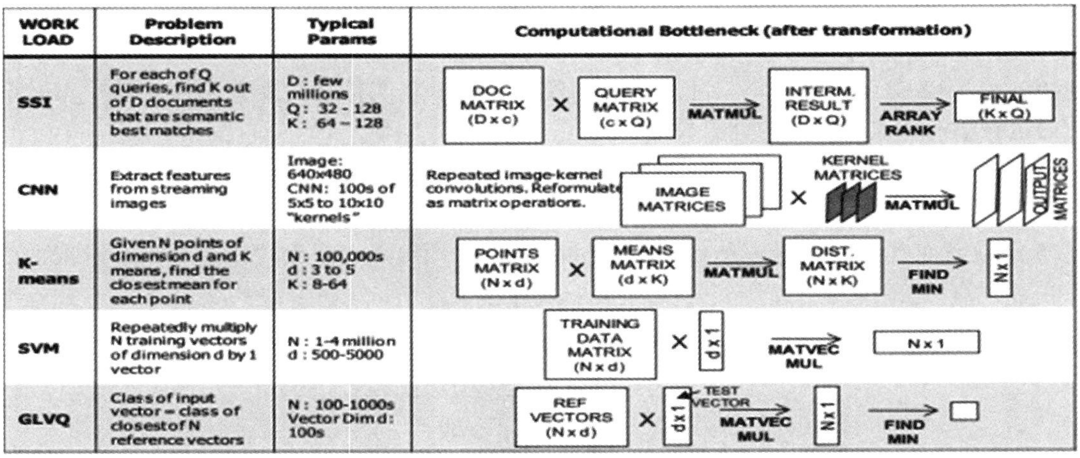

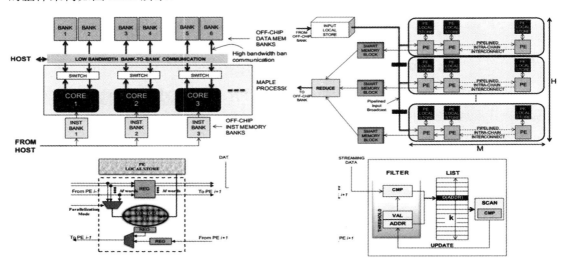

WORK LOAD	Problem Description	Typical Params	Computational Bottleneck (after transformation)
SSI	For each of Q queries, find K out of D documents that are semantic best matches	D : few millions Q : 32 - 128 K : 64 - 128	DOC MATRIX (D x c) × QUERY MATRIX (c x Q) MATMUL INTERM. RESULT (D x Q) ARRAY RANK FINAL (K x Q)
CNN	Extract features from streaming images	Image: 640x480 CNN: 100s of 5x5 to 10x10 "kernels"	Repeated image-kernel convolutions. Reformulate as matrix operations. IMAGE MATRICES × KERNEL MATRICES MATMUL OUTPUT MATRICES
K-means	Given N points of dimension d and K means, find the closest mean for each point	N : 100,000s d : 3 to 5 K : 8-64	POINTS MATRIX (N x d) × MEANS MATRIX (d x K) MATMUL DIST. MATRIX (N x K) FIND MIN N x 1
SVM	Repeatedly multiply N training vectors of dimension d by 1 vector	N : 1-4 million d : 500-5000	TRAINING DATA MATRIX (N x d) × d x 1 MATVEC MUL N x 1
GLVQ	Class of input vector = class of closest of N reference vectors	N : 100-1000s Vector Dim d : 100s	REF VECTORS (N x d) × d x 1 TEST VECTOR MATVEC MUL N x 1 FIND MIN

图 2.21　文献[3]中对 5 种算法使用共性特征表示

因此文献[3]设计出了 MAPLE,一个针对矩阵/向量乘积运算的加速器结构,MAPLE 的整体架构如图 2.22 所示.

图 2.22　文献[3]中提出的针对矩阵/向量乘积运算的加速器结构 MAPLE

MAPLE 支持矩阵/向量乘积运算,能够处理中间数据并对它们进行归约操作.对于规模大的不易变的矩阵,它往往存放在片外内存中,数据以流的形式传给 MAPLE;对于规模小的易变的矩阵,它就被划分并存放在 MAPLE 的多个计算单元中.每个 PE 是一个向量计算单元,能够在一个 Cycle 进行乘加运算;每个 PE 都有一个 Local Storage,存放规模小的矩阵的列;M 个 PE 构成了一条链,每个 Core 有 H 条链;对于每条链,input 从左传到右,output 从右传到左;每条链的 output 都连接着一个 Smart Memory Block,它能够对每条链的输出结果进行排名、最大/最小、聚合等归约操作,并存放符合归约条件的结果.

2.2.3.2　迭代计算

除了线性代数运算,机器学习算法还有一个显著的共性特征就是反复迭代计算.大量的机器学习算法都需要进行反复的迭代计算直到得到最终的收敛结果,因此迭代的次数往往无从得知,因此像文献[15]那样简单地用数据流模型去设计加速器是远远不够的.此外,迭代计算还分为同步迭代计算与异步迭代计算,同步迭代是指对一个数据的下一次迭代需要等到整体数据迭代过一次之后才能执行;异步迭代则指对数据的下一次迭代可以立即执行,无需等待整体的数据都完成过一次迭代.

迭代计算相比线性代数运算而言,其可加速的点并不是特别明了,因为对于不同的算法,它们利用的迭代公式往往是完全不同的.但是,对于迭代计算,还有着一些共性特征,比如我们可以对迭代计算产生的中间值的存储进行优化改进,或者是怎样对迭代数据进行分配调度并进行改进等.

文献[4]设计出了一个叫作 Maestro 的加速器结构,该加速器结构主要用于针对异步迭代的机器学习算法进行加速,整体的加速器结构如图 2.23 所示.

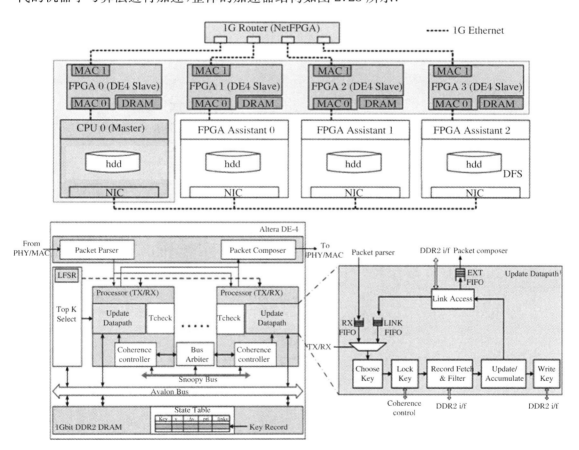

图 2.23　文献[4]设计的针对异步迭代机器学习算法的加速器结构 Maestro

该论文将所有异步迭代计算分为两个步骤,即 Accumulate:一个节点采集与该节点有边联系的其他节点发来的消息 m,并把该消息存放在本地变量 Δv 中;Update:节点使用 Δv 和原有的权值 v 来求出新的权值 v,然后把节点权值改变量 Δv 应用一个函数得到一个值,然后把该值发送到相邻节点,最后把 Δv 重置为 0.

该系统有 1 个 CPU 充当 Master,4 块 FPGA 充当 Slave.基于 CPU 的 Master 用于进行 Slaves 的任务分发和检查停止条件等.基于 FPGA 的多个 Slaves 并行运行并通过以太网相连接.每个 Slave 除 FPGA 外还有一个 CPU/FPGA Assistant,CPU/FPGA Assistant 辅助 FPGA 从分布式文件系统中读写信息.

从该论文设计出的加速器结构来看,它其实采用了云计算中的图计算模型的思想,因此该加速器传入的数据有着类似图的关联关系,并且所执行的迭代运算也是基于顶点的迭代,整体上类似于图计算模型.

2.2.3.3　简化算法访存模型

前面的两个共性特征主要对机器学习算法计算密集型的部分进行加速,而对数据密集型的部分进行优化也能够整体提升算法的执行效率.其实无论是云计算平台还是 GPGPU,数据通信传输往往都会成为算法性能进一步提升的一个瓶颈.鉴于大量的机器学习算法的访存模型都比较类似,因此可以针对这些数据通信传输与访存的共性特征来设计加速器从而达到加速一大类的机器学习算法的目的.

文献[16,17]提出了一个叫作 CoRAM 的访存结构,这种结构能够满足大部分机器学习算法的需求,并且能够降低开发者对加速器访存模块的开发难度,整体的结构如图 2.24 所示.

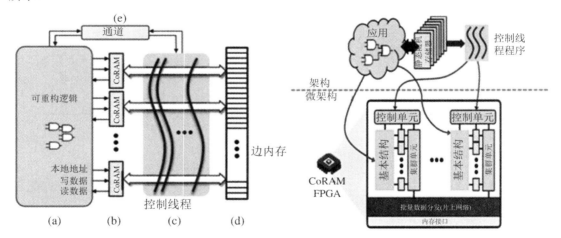

图 2.24　文献[16,17]提出的访存结构 CoRAM

在利用 CoRAM 进行设计时,开发者只需要在核函数的 verilog 中声明出 CoRAM 模块(相当于黑盒),接下来的数据读写操作都通过 CoRAM 完成;至于 CoRAM 怎么完成数据存取,这需要开发者利用 CoRAM 提供的 API 用 C 语言去定义 CoRAM 的行为,这样就极大简化了存储模块的设计工作.

图 2.24(a)就是用户自定义逻辑,用户自定义逻辑的所有访存操作都通过 CoRAM 完成.图 2.24(b)就是若干个 CoRAM,用户读写的数据就会存放在 CoRAM 里面.每个 CoRAM 都有一个 Control thread 来进行数据读写维护操作.图 2.24(c)就是 Control threads,每条 Control thread 相当于一个异步的有限状态机,它用来维护数据在 CoRAM 与图 2.24(d)Edge Memory 之间的迁移.用户自定义逻辑与 Control threads 通过图 2.24(e)

进行通信. 每条 Control thread 由若干条 Control action 构成,可以这样理解:Control action 相当于一条汇编指令,多种不同的汇编指令进行组合构成了 Control thread.

CoRAM 本质是降低了开发者在设计加速器访存模块时的难度,而不是专门对机器学习算法的数据通信传输部分进行的优化,只能说,CoRAM 简化了算法的访存模型.因此它能否起到加速效果还无从得知.

对机器学习算法数据密集型部分进行优化目前调研的还不是很多,仅仅是了解了 CoRAM 这一种.不过优化数据通信传输的确是一个很有潜力价值的科研点,并且它能够相对通用地加速一大批的机器学习算法,因此可以作为以后科研的一个方向.

2.2.4　利用硬件模板设计通用加速器框架

相比之前的 3 种加速器设计方法,利用硬件模板设计加速器是一种更通用化的手段.一般来说,这些硬件模板往往是某种编程模型的 FPGA 版本的实现,在使用过程中仅需要用户针对特定问题设计相应的一小部分模块并配置好参数,当参数和模块确定下来之后,该加速器框架就能够自动运行从而加速用户要解决的问题.

得益于 C to RTL 工具的发展,用户在设计特定模块时可以方便地使用 C 语言而不是 Verilog / VHDL 语言,这极大简化了用户的设计难度,并且也能够促进硬件模板框架的普及利用.

目前调研了三种基于硬件模板的加速器框架,即基于 Map-Reduce 模型的加速器框架、基于图计算模型的加速器框架和基于 LINQ 模型的加速器框架.可见,这些加速器框架往往都是某一种编程模型的 FPGA 版本的实现,并且能够覆盖大部分的机器学习算法.

2.2.4.1　基于 Map-Reduce 模型的加速器框架

Map-Reduce 模型是云计算中采用最为广泛的模型,很多软件系统如 Hadoop、Spark 等的实现中都采用这种模型.因此,有很多研究机构都在试图将 Map-Reduce 模型应用于 FPGA 的硬件模板框架中.

云计算中的 Map-Reduce 模型需要用户自定义出 Map 函数和 Reduce 函数,之后的工作就交由相应的系统完成.对于基于 FPGA 的 Map-Reduce 加速器框架来说,用户在使用时,也仅仅需要设计出相应的 Map 模块与 Reduce 模块,并配置好相应的加速器参数,然后整个加速器就不再需要用户介入,即可自动运行.

文献[18]提出了 FPMR 这个基于 Map-Reduce 模型的硬件加速器框架,整体框架如图 2.25所示.

在 FPMR 中,Processor Scheduler 是一个很关键的部件,该部件为 Mapper 和 Reducer 分别设置了两个队列.对于 Mapper,它有两个队列,一个是空闲的 Mapper 计算单元,该队列保存了空闲的 Mapper 单元的 ID 号;另一个是 Mapper 任务队列,存放了尚未执行的 Mapper 任务,对于 Reducer 也是一样的,这些队列都使用了 FIFO 的策略.此外,Mapper 计算单元和 Reducer 计算单元之间通过 Local Memory 进行数据传输.总的来说,整体的 FPMR 架构就是这样固定不变的了,变的只是 Mapper 与 Reducer 模块.在使用时,用户只需要定义实现的 Mapper 和 Reducer 模块,并配置好相应的加速器参数.

文献[19]又提出了 Axel 这个基于 Map-Reduce 模型的硬件加速器框架,其实与其说

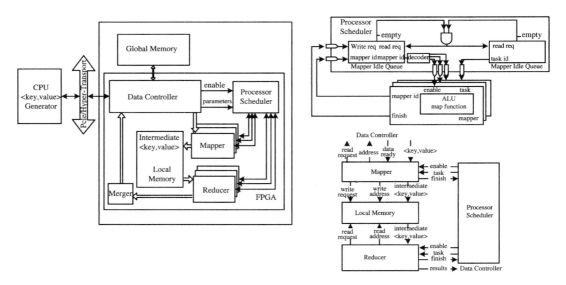

图 2.25　文献[18]提出的基于 Map-Reduce 模型的硬件加速器框架 FPMR

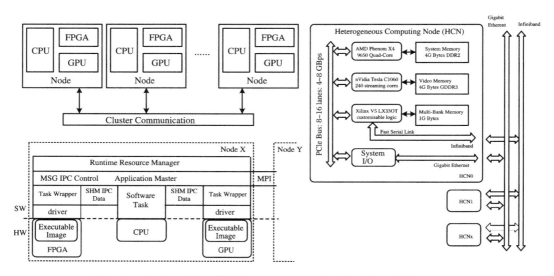

图 2.26　文献[19]提出的基于 Map-Reduce 模型的硬件加速器框架 Axel

Axel 是加速器框架,不如说它是一个异构计算平台,Axel 的整体架构如图 2.26 所示.在 Axel 中,某个节点充当 Master,用于对集群的总控;对于其他的 slave 节点,Map-Reduce 计算模型可以通过两种方法实现,一种是节点的 CPU 进行总控,GPU 负责计算 Map 过程, FPGA 负责执行 Reduce 过程,并通过 FPGA 的总线来实现节点间交换;另一种则是 GPU 和 FPGA 共同来实现 Map 计算,CPU 负责总控和 Reduce,并通过系统 I/O 来交换信息.此外,Axel 最关键的部分是 Runtime Resource Manager,它运行在系统中的每个节点的最上层,并负责处理数据分发、计算单元任务分配、节点间通信等.

　　对于基于 Map-Reduce 模型的加速器框架的研究,目前来看做得相对较多.不过大部分的研究实现都存在着这样那样的问题,有实质性突破的相对较少.

2.2.4.2　基于图计算模型的加速器框架

Map-Reduce 模型虽然是云计算中最常见也是最普遍的一个模型,但是它在使用中也暴露出了很多的不足,如对数据关联程度较高的算法,它的处理能力十分低等.近些年来提出了一个新的基于图的模型,图计算模型不仅能够很好地解决 Map-Reduce 模型的不足,并且也能够很好地兼容 Map-Reduce 模型,因此前景十分广阔.

图计算模型在云计算中目前还并没有得到广泛普及,暂时处于试用阶段,有一些系统实现了图计算模型,如 Pregel、GraphLab 和 GraphX 等.在 FPGA 平台上,实现的图计算模型的加速器框架更是少之又少,并且提出的加速器框架架构有着非常大的不足.因此图计算模型的加速器框架的研究有着较大的科研潜力与价值,可以作为日后的一个研究方向.

文献[20]提出了一种图计算模型的加速器框架,但是这个框架仅仅是框架,针对不同的图计算问题,框架里面的各个成员都需要依照问题进行专门的设计.因此缺点非常多,实现的价值不是很大.

文献[21,22]提出了一个叫作 GraphGen 的基于 CoRAM 的图计算加速器框架,该加速器框架如图 2.27 所示.该框架需要接收用户定义的 Graph Specification 和 Design Parameters,然后生成出相应的 RTL 级代码.

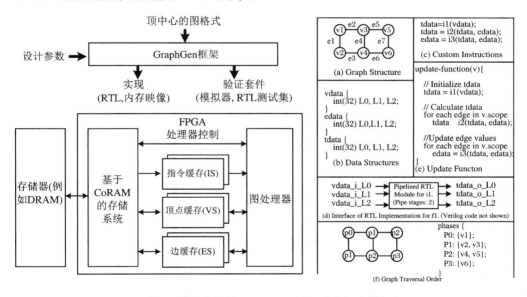

图 2.27　文献[21,22]提出的基于 CoRAM 的图计算加速器框架 GraphGen

用户定义的 Graph Specification 是最重要的一个输入参数.在 specification 中,用户不仅需要定义好图的结构与相应的权值信息,还需要提供出 update-function,构成 update-function 的一些函数操作也需要用户提供出相应的 RTL 级的实现,并且用户需要指定出节点间的执行顺序.用户提供好输入参数后,GraphGen 的编译器负责生成最终的 RTL 级的代码.GraphGen 编译器会完成一系列的子图划分、优化等操作,最终生成出 RTL 描述的体系结构.

总的来说,基于图计算的通用加速器框架由于比较新颖,并且实现难度相对较大,因此目前做的人相对较少,并且实现出来的原型的缺点与不足非常多.

2.2.4.3 基于 LINQ 模型的加速器框架

LINQ(Language Integrated Query)是微软发明的一种类似于 SQL 的语言,和 SQL 不同的是,LINQ 可以在语言集的基本操作中嵌入用户自定义的一些函数,因此我们可以很方便地将一些程序改写成 LINQ 的方式.此外,LINQ 语言有着 7 种基本的操作.

文献[23]利用 SOC 设计了一个针对 C♯ 语言 LINQ 语言子集加速的硬件框架 LINQits.利用这个框架,用户在写程序时只需要把原有的程序改写成为 LINQ 的形式,然后利用 LINQits 的一系列工具就可以生成相应 RTL 级的代码,并通过运行时由库来分析决定是否利用 SOC 中的可重构逻辑单元进行加速.

LINQits 整个从软件映射到硬件的流程如图 2.28 所示.

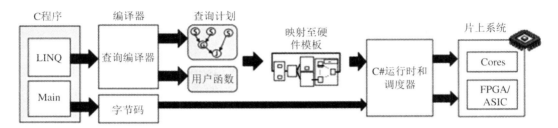

图 2.28 LINQits 从软件映射到硬件的流程

LINQits 的硬件模板(HAT)需要进行精心的设计来支持 7 种基本的 LINQ 操作.论文团队设计出了能够支持除了 Orderby 语句的 HAT 模型,不过在论文中并没有展示出这个模型,而是展示出了针对 partition、group、hash 的一个 HAT,如图 2.29 所示:

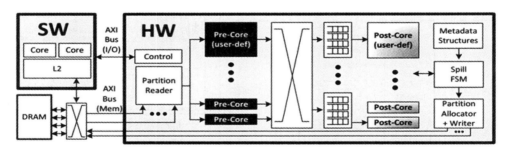

图 2.29 LINQits 的硬件模板

总的来说,由于 LINQ 语言属于微软公司专属语言,其开放程度不是很高,并且目前也仅仅是在微软的产品线上得到了普及.因此,针对 LINQ 涉及加速器框架的这一科研点不应该作为一个主要的研究方向.

2.3　结论与展望

2.3.1　结论

对机器学习算法进行加速是当下的一个研究热点. 目前主流的通用平台是云计算平台和 GPGPU/GPGPU 集群. 虽然 FPGA/ASIC 也有着很好的加速能力,但是由于编程复杂性等问题,它目前只在专用领域得到了推广.

云计算平台主要由基于 CPU 的同构计算节点组成. 得益于大量的计算节点,云计算平台能够并行分布式地处理大量数据. 但是 CPU 本身并不适合处理机器学习问题,并且云计算平台的瓶颈在于数据通信传输.

GPGPU 平台处理器体系结构的特殊性使得它能够很好地对算法进行数据级并行. 利用 GPGPU 加速机器学习算法时需要着重考虑对 GPGPU 不同层次的存储器间的利用. 多个 GPGPU 可以构成集群来处理较大规模问题. 不过相对来说 GPGPU 能耗较大,并且对于无法进行数据级并行的算法不能够有效地进行处理.

FPGA 与 ASIC 平台主要用于专用领域,并且其较为底层的抽象,使得即使利用一些基于 FPGA 硬件框架的通用加速框架也有着很高的编程难度. 本书的主要工作和内容是对调研的基于 FPGA 实现的机器学习加速器进行一个总结,并在总结时指出某些实现上的不足.

2.3.2　展望

如果要利用 FPGA 加速机器学习算法,可以从以下几个方面入手:

(1) 针对特定机器学习算法加速:这一块应该对一些热门且相对复杂的机器学习算法进行研究. 此外应该着重于对在线学习类的机器学习算法进行加速器的研究.

(2) 针对算法的共性特征加速:这一块应该广泛地对算法的计算特点进行调研并抽象总结,以此寻找共性的特点并设计相应的加速器结构. 此外可以着重于对算法预处理过程的加速研究以及数据通信传输过程的优化研究.

(3) 针对通用加速器框架研究:这一块的研究应该基于某种编程模型,并且最终的目标应该是能够设计出一种较为灵活的加速器框架,使得用户能够经过简单修改甚至是基本不改动就能应用于特定的场景中.

(4) 针对异构计算平台的研究:异构计算是一个相当大的概念,并且面临很多的困难,我们可以着重于研究怎样较好地配合利用 GPU 和 FPGA 等计算资源.

(5) 针对机器学习算法的处理器体系结构的研究:这个应该作为对机器学习加速器研究的最高目标. 就像 DSP 处理器的问世一样,随着机器学习数据挖掘应用的广泛普及,应该有专门针对这种应用执行的处理器结构.

参考文献

［1］ 王萌. 机器学习常见算法分类汇总［Z］. 2014.

［2］ Choudhary A N，Honbo D，Kumar P，et al. Accelerating data mining workloads：current approaches and future challenges in system architecture design［J］. Wiley Interdisciplinary Reviews：Data Mining and Knowledge Discovery，2011，1(1)：41-54.

［3］ Cadambi S，Majumdar A，Becchi M，et al. A programmable parallel accelerator for learning and classification［C］//Proceedings of the 19th International Conference on Parallel Architectures and Compilation Techniques，2010：273-284.

［4］ Unnikrishnan D，Virupaksha S G，Krishnan L，et al. Accelerating iterative algorithms with asynchronous accumulative updates on fpgas［C］//2013 International Conference on Field-Programmable Technology（FPT），IEEE，2013：66-73.

［5］ Chu C T，Kim S，Lin Y A，et al. Map-reduce for machine learning on multicore［J］. Advances in Neural Information Processing Systems，2006：19.

［6］ Low Y，Gonzalez J E，Kyrola A，et al. Graphlab：A new framework for parallel machine learning［J］. arXiv preprint arXiv:1408.2041，2014.

［7］ Tong D，Sun L，Matam K，et al. High throughput and programmable online trafficclassifier on FPGA［C］//Proceedings of the ACM/SIGDA International Symposium on Field Programmable Gate Arrays，2013：255-264.

［8］ Cadambi S，Durdanovic I，Jakkula V，et al. A massively parallel FPGA-based coprocessor for support vector machines［C］//17th IEEE Symposium on Field Programmable Custom Computing Machines，IEEE，2009：115-122.

［9］ Papadonikolakis M，Bouganis C S. Novel cascade FPGA accelerator for support vector machines classification［J］. IEEE Transactions on Neural Networks and Learning Systems，2012，23(7)：1040-1052.

［10］ Baker Z K，Prasanna V K. Efficient hardware data mining with the apriori algorithm on FPGAs［C］//13th Annual IEEE Symposium on Field-Programmable Custom Computing Machines（FCCM'05），IEEE，2005：3-12.

［11］ Narayanan R，Honbo D，Memik G，et al. An FPGA implementation of decision tree classification［C］//2007 Design，Automation & Test in Europe Conference & Exhibition，IEEE，2007：1-6.

［12］ Hussain H M，Benkrid K，Erdogan A T，et al. Highly parameterized k-means clustering on FPGAs：Comparative results with GPPs and GPUs［C］//2011 International Conference on Reconfigurable Computing and FPGAs，IEEE，2011：475-480.

［13］ Hussain H M，Benkrid K，Ebrahim A，et al. Novel dynamic partial reconfiguration implementation of k-means clustering on FPGAs：Comparative results with GPPs and GPUs［J］. International Journal of Reconfigurable Computing，2012：20-34.

［14］ Lin M，Lebedev I，Wawrzynek J. High-throughput Bayesian computing machine with reconfigurable hardware［C］//Proceedings of the 18th Annual ACM/SIGDA International Symposium on Field Programmable Gate Arrays，2010：73-82.

［15］ Han L，Liew C S，Van Hemert J，et al. A generic parallel processing model for facilitating data mining and integration［J］. Parallel Computing，2011，37(3)：157-171.

［16］ Chung E S，Hoe J C，Mai K. CoRAM：An in-fabric memory architecture for FPGA-based computing［C］//Proceedings of the 19th ACM/SIGDA International Symposium on Field

Programmable Gate Arrays，2011：97-106.

[17] Chung E S，Papamichael M K，Weisz G，et al. Prototype and evaluation of the coram memory architecture for FPGA-based computing［C］//Proceedings of the ACM/SIGDA International Symposium on Field Programmable Gate Arrays，2012：139-142.

[18] Shan Y，Wang B，Yan J，et al. FPMR：MapReduce framework on FPGA［C］//Proceedings of the 18th Annual ACM/SIGDA International Symposium on Field Programmable Gate Arrays，2010：93-102.

[19] Tsoi K H，Luk W. Axel：A heterogeneous cluster with FPGAs and GPUs［C］//Proceedings of the 18th Annual ACM/SIGDA International Symposium on Field Programmable Gate Arrays，2010：115-124.

[20] Betkaoui B，Thomas D B，Luk W，et al. A framework for FPGA acceleration of large graph problems：Graphlet counting case study［C］//2011 International Conference on Field-Programmable Technology，IEEE，2011：1-8.

[21] Nurvitadhi E，Weisz G，Wang Y，et al. GraphGen：An FPGA framework for vertex-centric graph computation［C］//2014 IEEE 22nd Annual International Symposium on Field-Programmable Custom Computing Machines，IEEE，2014：25-28.

[22] Weisz G，Nurvitadhi E，Hoe J. Graphgen for coram：Graph computation on FPGAs［C］//Workshop on the Intersections of Computer Architecture and Reconfigurable Logic，2013.

[23] Chung E S，Davis J D，Lee J. Linqits：Big data on little clients［J］. ACM SIGARCH Computer Architecture News，2013，41(3)：261-272.

第 3 章　面向数据挖掘推荐算法的硬件加速器定制

　　推荐算法是一种重要的机器学习算法.在推荐算法领域,基于邻域的协同过滤(CF)是一种经典而成熟的技术,已被广泛应用于各种推荐系统中.随着大数据时代的到来,数据规模强劲增长.基于邻域的 CF 推荐算法变得耗时,并且需要更多的时间来处理不断增加的数据量,因此加速这些推荐算法的执行过程是必要的.本章设计了一个专用的硬件结构来实现训练加速器和预测加速器.训练加速器支持五种相似性度量,可用于基于用户的 CF 与基于项目的 CF 的训练阶段和不同阶段 CE 计算 SlopeOne 的训练阶段.预测加速器支持这三种算法在预测阶段的累加运算和加权平均运算.第 3.1 节介绍了推荐算法与硬件加速技术的应用背景;第 3.2 节介绍了协同滤波算法的算法细节;第 3.3 节介绍了常用的硬件加速原理和方法;第 3.4 节详细分析了基于邻域模型的协同过滤推荐算法;第 3.5 节给出了详细的硬件加速系统层次结构;第 3.6 节给出了实验结果和分析;第 3.7 节是本章的小结.

3.1　推荐算法及其硬件加速背景

　　随着信息技术的飞速发展和互联网产业的蓬勃发展,人们逐渐从信息匮乏的时代进入到信息爆炸的时代.大规模的超载让人们在众多的选择面前变得盲目和无助.如何快速、准确地从繁多的信息中找到用户感兴趣的内容成为一个巨大的挑战.针对这一挑战,推荐算法应运而生.推荐算法可以利用用户行为历史中的潜在关联,这进一步有助于向用户推荐其更感兴趣的信息,或者生成非接触项的预测分数.

　　基于协同过滤的推荐算法[1]是推荐算法领域应用最广泛的算法之一.该算法可以分为两类:基于邻域模型的算法、基于隐式语义和矩阵分解模型的算法.基于邻域模型的算法是最基本的成熟算法,主要包括基于用户的协同过滤推荐算法(User-Based CF)[2]、基于项目的协同过滤推荐算法(Item-Based CF)[3] 和 SlopeOne 推荐算法[4].上述这些算法不仅有详细的研究,而且有非常广泛的应用.基于隐式语义和矩阵分解模型的算法是一类比较新的算法,主要包括 RSVD、偏置 RSVD、SVD++.该算法是推荐算法领域最著名的研究,最初起源于 Netflix[5].随着大数据时代的到来,数据的规模也在快速增长.大数据时代最引人注目的特征是数据规模大.对于推荐系统,直接体现在不断涌入系统的新用户和新项目数量以及不断增加的用户行为或评分上.无论是基于邻域模型的协同过滤算法还是基于隐式语义和矩阵分解模型的协同过滤算法,不断膨胀的数据规模使得算法在训练阶段和预测阶段的执行时间越来越长.此外,推荐系统必须花费更长的时间来为用户生成推荐信息.因此,为了减少推荐系统的响应时间并及时为用户生成推荐信息,有必要加速推荐算法的执行.

　　目前常用的算法加速平台有三种:多核处理器集群、云计算平台和通用图形处理器(GPGPU). 多核处理器集群由多个基于通用 CPU 的计算节点组成,主要使用 MPI[6]、OpenMP[7] 或 Pthread[8] 对任务级/数据级并行进行多进程/多线程处理.云计算平台也是由大量的计算节点组成的,这些节点也是基于通用 CPU 的,它主要使用 Hadoop[9]、Spark[10] 或其他计算框架在 Map-Reduce 中执行任务级/数据级并行.对于 GPGPU,它由大量硬件线程组成,采用多线程实现数据级并行,主要使用 CUDA[11]、OpenCL[12] 和 OpenACC[13].

　　对于协同过滤推荐算法,利用上述三个平台进行加速的相关研究工作较多.虽然这项工作确实卓有成效,但也存在一些不容忽视的问题.例如,尽管多核处理器集群和云计算平台可以是高效的,基于通用 CPU 架构的单个计算节点在处理推荐算法任务时的计算效率相对较低,并伴随着高能耗.GPGPU 在处理推荐算法任务时,由于其在数据级并行性上的优势,具有较高的计算效率,但在处理推荐算法任务时,GPGPU 的计算效率往往较低.与通用 CPU 相比,它会导致更高的能量消耗和运行时功率开销.

　　近年来,已有相关工作尝试利用专用集成电路芯片(ASIC)和现场可编程门阵列(FPGA)研究硬件加速的设计,在提升性能的同时降低能量的消耗.ASIC 是用于特定应用领域的专用集成电路结构,其硬件结构在芯片生产出来后不能改变.而 FPGA 是一种可重构的硬件结构,可以为各种应用定制不同的硬件结构.无论是使用 ASIC 还是使用 FPGA,都需要一个前端的硬件设计过程,区别在于最终的实现.ASIC 可以获得优越的性能,而 FPGA 的实现成本相对较低,但性能往往不及 ASIC.目前,在机器学习领域,尤其是深度学习领域,出现了大量优秀的硬件加速设计.但是对于协同过滤推荐算法,无论是邻域模型还是隐式语义模型,相关的硬件加速研究工作很少,还存在一些局限和问题.因此,研究该算法的硬件加速具有重要意义.

　　本章主要研究了协同过滤推荐算法的硬件加速.本书的研究工作主要是基于邻域模型的协同过滤推荐算法.基于邻域模型而不是隐式语义和矩阵分解模型的算法的主要考虑是虽然后者应用范围广泛,是未来推荐算法领域的主流研究方向,但对于后者,每个算法实例的计算模型是不同的,本质上是一种学习方法.为了迭代计算学习最优模型参数,往往需要存储全局数据信息.这些灵活的计算模型、重复的迭代计算在硬件加速极其有限的情况下,对全球数据的访问将大大增加存储和计算资源的 ED(Entity-Relationship)结构设计难度.然而,对于基于邻域的算法,在诸如 Amazon、Netflix、YouTube、Digg、Hulu 等主要互联网系统中被广泛使用,其本质上是基于统计过程的,具有较为通用的计算模型,无需反复迭代学习过程.由于该算法对全局信息的访问次数相对较少,因此非常适合采用硬件实现.因此,本章选择基于邻域模型的协同过滤推荐算法作为硬件的主要加速对象研究.

3.2　协同滤波推荐算法简介

　　本节首先介绍了基于邻域模型的协同过滤推荐算法的相关概念,其次介绍了两种典型的基于邻域模型的协同过滤推荐算法:基于用户的协同过滤算法和基于项目的协同过滤算法.

3.2.1 基于邻域模型的协同过滤推荐算法

随着数据和信息的快速增长,在大数据时代,人们对挖掘信息的兴趣越来越依赖于推荐系统的帮助.根据需求的不同,推荐系统的首要任务可以分为 Top-N 推荐和分数预测.Top-N 推荐任务主要负责为用户没有历史记录的项目生成推荐列表,分数预测任务主要负责为用户未评价的项目生成具体的兴趣等级.

基于邻域模型的协同过滤推荐算法[1]是一种经典而成熟的算法.当为给定用户生成推荐列表或评分预测时,该算法首先根据一定条件搜索与用户相关联的特定邻域信息集合,然后利用用户的历史记录,结合邻域信息集的内容,以生成指定用户项目列表的推荐或某一项目的偏好程度.根据邻域信息集的类型,基于邻域模型的协同过滤算法主要分为基于用户的协同过滤算法(User-Based CF)和基于项目的协同过滤算法(Item-Based CF).对于基于用户和基于项目的协同过滤推荐算法,可以分为训练和预测两个阶段.训练阶段往往以离线的方式进行,预测阶段往往需要在线进行.一般来说,前者比后者花费的时间要多得多.

无论是在训练阶段还是在预测阶段,用户都应该使用物品的历史记录,而这种历史行为记录往往可以用矩阵来呈现,如图 3.1 所示.在这个矩阵中,每一行代表一个用户,每一列代表一个项目.行和列的交集表示用户的特定行为记录或项目的排名值.仅当用户尚未联系或评估项目(在图中用"－"表示)时,交叉点的值才为空.可以看出行向量表示用户具有历史行为或评价的项目的集合,而列向量表示其历史记录或评估已针对项目做出行为的用户的集合.对于 Top-N 推荐任务,往往会使用隐含的用户行为记录,因此该矩阵被称为用户-项目行为矩阵.并且每个交叉点的值要么为空要么为1,这意味着用户可以访问某个项目.对于评分任务,通常使用用户的显式评价信息,因此该矩阵也称为用户-项目评分矩阵.其中,每个相交位置处的值是在一定范围内的整数或实数.

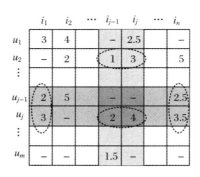

图 3.1　用户-项目得分矩阵

图 3.2 简要描述了协同过滤推荐算法的流程.对于没有目标用户 u_a 的行为或评价的项目 i_j,该算法将通过使用评分表中的数据和关联的邻域信息来生成对 i_j 的兴趣或预测分数.对于分数预测任务,用户 u_a 已经获得了项目 i_j 的分数值.对于 Top-N 推荐任务,还需要其他项的预测值.然后将所有项目中预测值最大的前 N 个项目组成的列表推荐给用户 u_a.

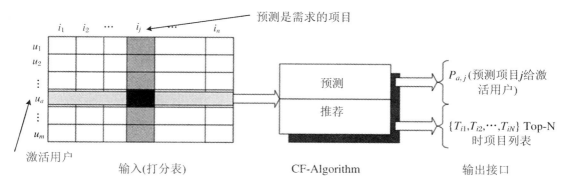

图 3.2　CF 算法的执行过程

3.2.2　基于用户的协同过滤推荐算法

基于用户的 CF 算法是算法领域中最经典的算法之一. 从某种意义上说,这种算法的诞生也标志着推荐系统的诞生. Goldberg 等人 1992 年提出了基于用户的 CF,并将其应用于 Tapestry[2]. Resnick 等人使用该算法构建了网络新闻协同过滤系统 GroupLens[14]. 这种算法一直是最著名的推荐算法,直到基于项目的 CF 出现. 目前,基于用户的 CF 仍然存在于很多推荐系统中,如 Digg 等.

基于用户的 CF 推荐算法在原理上总结为,寻找与给定用户有相似兴趣点的其他用户,然后将这些其他用户接触过或感兴趣的项目推荐给给定用户. 基于用户的 CF 可以执行 Top-N 建议或评分任务. 无论任务类型如何,算法都需要经历以下两个阶段:

训练阶段:找出并筛选出与指定用户兴趣点最相似的 K 个其他用户组成的集合,具体 K 值可根据不同需求或参考经验进行设置.

预测阶段:在所有 K 个其他用户都有历史记录的项目集合中,找到指定用户没有历史活动过的项目集合,生成用户的兴趣度或分值(预测值).

对于 Top-N 推荐任务,在预测阶段完成后,需要按照预测值降序排列条目,然后将前 N 个条目推荐给用户.

在实际使用中,基于用户的 CF 的训练阶段往往以离线的方式进行. 推荐系统首先计算用户集合中所有用户之间的相似度,然后将每个用户与其他用户之间的相似度进行倒序排序. 对于预测阶段的在线操作模式,本章可以直接获得指定用户的邻域集合的 K 的大小,而不必重复操作.

在基于用户的协同过滤的训练阶段,最重要的工作是找到与其他用户最相似的邻域集合. 对于这一概念的相似性,有多种度量和方法,它们是 Jaccard 相似系数(Jaccard coefficient),即欧氏距离(Euclidean distance)、余弦相似性和皮尔逊相关系数,其中余弦相似性有两种表现形式. 有必要对两个用户评估的项目上的用户向量执行计算,而不管使用哪个相似性,即用户向量 u_{j-1} 和 u_j 的 i_1 和 i_n,在图 3.1 中圈出.

由于 Jaccard 相似系数和余弦相似度的计算不需要具体的得分值,所以这两个指标在 Top-N 推荐任务中经常使用. 计算 Jaccard 相似系数中的用户向量 u 和 v 的相似性值的公式为

$$w_{uv} = \frac{|N(u) \bigcap N(v)|}{|N(u) \bigcup N(v)|} \tag{3.1}$$

其中由用户 u，v 评估的项目集合分别由 $N(u)$，$N(v)$ 表示. Jaccard 相似系数需要计算两个项目的交集和并集的大小.

Top-N 推荐中的余弦相似度的表示为

$$w_{uv} = \frac{|N(u) \bigcap N(v)|}{\sqrt{|N(u)||N(v)|}} \tag{3.2}$$

在计算欧氏距离、余弦相似度和皮尔逊相关系数时，需要特定的评分信息. 所以它们经常被用在得分任务中. 欧几里得距离为

$$w_{uv} = \frac{1}{\sqrt{\sum_{i \in I}(r_{ui} - r_{vi})^2}} \tag{3.3}$$

其中集合 I 表示用户 u，v 共同评估的项目的集合，并且 I 表示集合中的项目. r_{ui} 和 r_{vi} 分别表示用户 u，v 在项目 I 上的得分.

评分预测中的余弦相似度的表示为

$$w_{uv} = \frac{\sum_{i \in I} r_{ui} \cdot r_{vi}}{\sqrt{\sum_{i \in I} r_{ui}^2 \sum_{i \in I} r_{vi}^2}} \tag{3.4}$$

皮尔逊相关系数的定义为

$$w_{uv} = \frac{\sum_{i \in I}(r_{ui} - \hat{r}_u) \cdot (r_{vi} - \hat{r}_v)}{\sqrt{\sum_{i \in I}(r_{ui} - \hat{r}_u)^2 \sum_{i \in I}(r_{vi} - \hat{r}_i)^2}} \tag{3.5}$$

其中 r_u 和 r_v 分别表示项集 I 中的用户 u，v 在其各自项上的平均得分.

最重要的是利用训练阶段的相似性结果生成指定用户的邻域集合，然后找出未接触或未评价的项目集合，并为邻域集合中的每个项目生成预测值. 这个过程也可以用公式来表示，公式通常使用求和或加权平均来计算最终的结果值.

当基于用户的 CF 执行 Top-N 推荐时，预测阶段计算用户对项集 I 的兴趣：

$$P_{ui} = \sum_{v \in S(u,K) \bigcap N(i)} w_{uv}, \quad i \notin N(u) \tag{3.6}$$

其中 $S(u, K)$ 表示与用户 u 最相似的 K 个其他用户的邻域的集合. $N(i)$ 表示具有项目 i 的行为记录的所有用户集合. v 表示不属于集合 $N(u)$ 的组，其在集合 $N(i)$ 和集合 $S(u, K)$ 的交集中组合到用户. w_{uv} 是用户 u 和 v 之间的相似性.

与 Top-N 的推荐相比，预测阶段不仅考虑评分信息，还需要结果的加权平均：

$$P_{ui} = \frac{\sum_{v \in S(u,K) \bigcap N(i)} w_{uv} \cdot r_{vi}}{\sum_{v \in S(u,K) \bigcap N(i)} |w_{uv}|}, \quad i \notin N(u) \tag{3.7}$$

3.2.3 基于 Item(项目)的协同过滤推荐算法

基于项目的 CF 推荐算法是业界使用最广泛的算法之一，在包括 Netflix、Hulu 和 YouTube 等系统中广泛应用. 代表性的工作包括 Sarwar 等人提出的基于项目的 CF[3]，以及

Linden 等人将该算法应用于 Amazon 产品系统[15]. 与基于用户的 CF 相比,基于项目的协同过滤不仅可以得到更准确的推荐结果,而且可以克服基于用户的协同过滤效率低的缺点. 本章可以总结出基于项目的 CF 推荐算法的目标是向指定用户推荐那些与用户以前接触过的项目最相似的项目. 基于项目的 CF 算法不采用属性的内容作为标准,而是通过分析用户对项目的历史记录来计算两个项目的相似度. 基于项目的 CF 还可以执行 Top-N 推荐任务和评分任务,也需要经过以下两个阶段:

训练阶段:计算集合中所有项目之间的相似度值,并将每个项目与其他项目之间的相似度值进行逆序排序.

预测阶段:找出指定用户未接触或未评估的 K 个项目组成的邻域集,然后计算所有项目邻域集中每个项目的预测值.

上述两个阶段可以执行评分预测任务,而对于 Top-N 任务,在预测阶段之后对项目集的兴趣度进行降序排序,然后将前 N 个项目推荐给用户.

基于项目的 CF 在训练阶段的主要任务是计算整个项目集合中每个项目之间的相似度. 对于相似度标准,常用的手段同上,五种基于用户的 CF,在计算项目向量时,不管是哪一种,都需要对共同评价这两个项目的用户进行计算使用相似度 D,这意味着圈出的项 i_{j-1},i_j 和图 3.1 中的用户 u_2, u_j.

在基于用户的 CF 和基于项目的 CF 之间,对于上述五个相似性的呈现存在一些差异. 对于 Jaccard 相似性系数,当计算两个用户向量 i 和 j 的相似性时,方法如下:

$$w_{ij} = \frac{|N(i) \bigcap N(j)|}{|N(i) \bigcup N(j)|} \tag{3.8}$$

其中 $N(i)$ 表示已经访问或评估项目 i 的所有用户集合,并且 $N(j)$ 表示已经进行或评估项目的所有用户集合.

对于余弦相似性,当在 Top-N 推荐中使用时,方法如下:

$$w_{ij} = \frac{|N(i) \bigcap N(j)|}{\sqrt{|N(i)||N(j)|}} \tag{3.9}$$

欧几里得距离在基于项目的 CF 中示出:

$$w_{ij} = \frac{1}{\sqrt{\sum_{u \in U} (r_{ui} - r_{uj})^2}} \tag{3.10}$$

其中集合 U 表示共同评估项 i, j 的用户集合,并且 U 表示集合中的用户. r_{ui}, r_{uj} 分别表示用户 u 在项目 i, j 上的得分.

余弦相似度用于评分预测,如下所示:

$$w_{ij} = \frac{\sum_{u \in U} r_{ui} \cdot r_{uj}}{\sqrt{\sum_{u \in U} r_{ui}^2 \sum_{u \in U} r_{uj}^2}} \tag{3.11}$$

皮尔逊相关系数的定义如下所示:

$$w_{ij} = \frac{\sum_{u \in U} (r_{ui} - \hat{r}_i) \cdot (r_{uj} - \hat{r}_j)}{\sqrt{\sum_{u \in U} (r_{ui} - \hat{r}_i)^2 \sum_{u \in U} (r_{uj} - \hat{r}_j)^2}} \tag{3.12}$$

其中 r_i, r_j 分别表示用户集合 U 中所有用户 i, j 的得分的平均值.

基于项目的协同过滤预测阶段的主要工作是利用训练阶段得到的相似度结果,找出与指定项目最相似且未被接触或评价的 K 个项目集合,然后对所有项目邻域内的每个项目生成预测.同样,这一过程可以用公式来表示,该公式倾向于使用累积和或加权平均来计算最终的预测值.

当通过使用基于项目的 CF 来实现 Top-N 推荐时,其预测阶段将计算用户 u 对项目 j 的兴趣度,如下所示:

$$P_{uj} = \sum_{i \in S(j,K) \cap N(u)} w_{ij}, \quad j \notin N(u) \tag{3.13}$$

其中 $S(j,K)$ 表示与项 j 最相似的 K 个其他项的邻域. $N(u)$ 表示用户 u 具有活动记录的项的集合.项 i 表示属于集合 $N(u)$ 和 $S(u,K)$ 的交集的项. w_{ij} 是项目 i 和 j 之间的相似度.

与 Top-N 的推荐相比,分数预测的预测阶段不仅需要分数信息,还需要结果的最终加权,如下所示:

$$P_{uj} = \frac{\sum_{i \in S(j,K) \cap N(u)} w_{ij} \cdot r_{ui}}{\sum_{i \in S(j,K) \cap N(u)} |w_{ij}|}, \quad j \notin N(u) \tag{3.14}$$

3.2.4 SlopeOne 推荐算法

SlopeOne 推荐算法本质上并不是一类新的算法,而是基于项目的协同过滤推荐算法的一种变种,可以称为一种特殊的基于项目的 CF 算法.与前面介绍的传统的基于项目的 CF 算法相比,SlopeOne 推荐算法具有易于实现和维护、响应速度快、准确率高等优点.

SlopeOne 推荐算法主要用于评分预测,当然也可以用于 Top-N 推荐.然而,在实现 Top-N 推荐时,SlopeOne 算法通常需要利用显式用户评级而不是隐式用户行为的布尔信息.图 3.3 显示了 SlopeOne 推荐算法的原理示例.

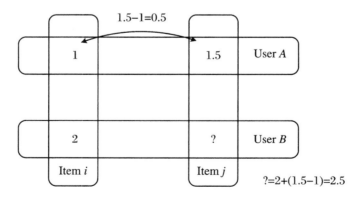

图 3.3 SlopeOne 推荐算法实例

SlopeOne 将首先计算所有其他项目与项目 j 之间的平均差异.计算平均差异度的具体方法是同时减去两个项目上的得分值,然后将结果相加并除以分量数.在图 3.3 中,其他项目仅为项目 i,公共组件仅为用户 A,$(1.5-1)/1=0.5$.值得注意的是,减法运算中两个操作数的位置应该是一致的.然后,对于用户 B 对项目 j 的预测分数,SlopeOne 将用户已经评估的每个项目的得分值与项目 j 之间的差异值相加,并将所有相加后的结果进行累加,然后除以用户评估的项数.在这个例子中,它是 $(2+0.5)/1=2.5$.

从上面的例子可以看出,SlopeOne 推荐算法可以分为训练和预测两个阶段:

训练阶段:计算集合中所有项目的平均差异.

预测阶段:指定用户尚未对项目进行评估.该阶段通过使用用户评估的所有项目的分数并结合来自训练阶段的平均差来计算预测值.

SlopeOne 算法在训练阶段的主要工作是计算项目集中每个项目之间的平均差.项 i 和 j 之间的平均差的计算如下所示:

$$w_{ij} = \frac{\sum_{u \in U} (r_{ui} - r_{uj})}{|U|} \tag{3.15}$$

其中集合 U 表示集体评估项 i 的用户的集合,$|U|$ 表示集合 U 中的用户. w_{ij} 表示项 i 和 j 之间的平均差.

SlopeOne 算法使用用户项目分数信息并评估差值以在预测阶段中生成项目的预测分数.对于用户 u,项 j 的预测值如下所示:

$$P_{uj} = \frac{\sum_{i \in R(u,j)} (w_{ij} + r_{ui})}{|R(u,j)|}, \quad j \notin N(u) \tag{3.16}$$

其中 $N(u)$ 表示用户 u 所评估的所有项目的集合,表示已评估项目 j 的所有用户的集合. $R(n)$ 表示由用户 u 评估的所有项目的集合,表示满足特定条件的项目的集合,其中该集合中的每个项目 i 属于集合 $N(u)$,且满足项目对应的用户集合 $N(i)$ 与项目对应的用户集合 $N(j)$ 的交集项目 j 不能同时为空.

3.3　硬件加速原理及方法

3.3.1　硬件加速原理

硬件加速在一般意义上指的是将那些不适合 CPU 的任务(如计算量过大且复杂)分配给专门处理这种任务所设计的硬件结构以减少 CPU 的工作负载,并在总体上通过硬件加速结构的高效处理来提升系统的运行效率.目前,应用最为广泛的硬件加速方法是利用 GPU 来加速图形图像处理任务.

通用 CPU 本质上是为通用任务设计的超大规模硬件集成电路结构.它具有大量的计算单元、控制单元和存储单元,通过执行用户编写的指令流(程序)来处理数据.通用的硬件设计架构允许 CPU 在处理大多数任务时表现得非常好,但是也有一些任务有些 CPU 不是很适合处理,这些任务的特殊性,使得 CPU 无法发挥其结构上的优势,只能以一种较为低效的方式来处理.

不适合 CPU 处理的典型情况是图像处理等应用.在图像处理任务中,图像中的每个像素都涉及大量相同的浮点运算,每一张图片至少有几百个像素.对于一般的 CPU 来说,其内部往往只有 2～4 个核心,即使考虑到超级线程技术,硬件线程的实际数量只有 4～8 个,这些硬件线程以 MIMD 的方式运行.因此，CPU 的并行度相对较小，在处理需要大量重复工作的并行任务时显得无能为力.然而，GPU 专用于图形和图像处理，并且是专门设计的硬件处理器架构，以及具有数十万个流处理器的通用 GPU，而且每个流处理器都有很强的浮点运算能力，相当于有几十万个硬件线程，这些硬件线程以 SIMD 方式运行.因此，GPU 具有很强的并行粒度和浮点计算能力.这使得它非常适合处理图形图像类型的任务.

得益于 CUDA[11]、OpenCL[12]、OpenACC[13] 和其他编程技术与框架的推广及发展，GPU 具有处理其他非图形图像任务的能力.一般来说，GPU 拥有大量的计算单元组件，因此其运行能力往往超过同级别的 CPU.由于硬件架构的特点，GPU 主要适用于那些易于处理数据级任务的应用.对于一些易于执行数据级并行但不需要太多浮点计算的任务，GPU 的利用可以提高效率，但同时也产生了很多不必要的能耗.

近年来，对于一些应用广泛但不适合 CPU 或 GPU 并行处理，或适合 GPU 并行处理但具有很大的能量成本的任务或算法，人们开始使用 ASIC 和 FPGA 设计专用的硬件加速结构来处理.希望在达到加速效果的同时，尽可能降低功率和能耗.例如，Soda[16] 提出了一种基于软件定义 FPGA 的大数据加速器，能够根据各种数据密集型应用的需求对加速引擎进行重构和重组.

目前，针对深度学习的硬件加速器研究最为热门，代表是 Chen 等人提出的DianNao[17].DianNao 本质上是一个频率为 1 GHz 的 ASIC 芯片，专门为深度学习算法定制.采用并行和流水线等加速方式.与 2 GHz SIMD CPU 相比，DianNao 实现了 117.87 倍的加速比与 21.08 倍的低能耗.同年，Chen 等人对 DianNao 进行了改进和扩充，形成了新的加速芯片 DaDianNao[18].对于具有 64 个 DaDianNao 加速芯片的系统，实现了 450.65× 的加速比.DLAU[19] 提出了 FPGA 上的可扩展深度学习加速器单元.DLAU 加速器采用三个流水线处理单元来提高吞吐量，并利用瓦片技术来探索深度学习的局部性应用程序.在最先进的 Xilinx FPGA 板上的实验结果表明，DLAU 加速器与英特尔酷睿 2 处理器相比，性能提升了 1 倍，功耗仅为 234 MW.

对于基于邻域模型的协同过滤推荐算法，相关的硬件加速研究相对较少.虽然相关工作不多，但很多硬件加速技术本身具有很强的普适性，并且在特定算法中使用的方法也可以应用于其他硬件加速实现.因此，本书设计的推荐算法硬件加速结构将借鉴其他算法的相关研究工作.

3.3.2　常用的硬件加速方法

本部分对机器学习算法的硬件加速研究进行了调查和总结.研究对象主要包括算法专用硬件加速架构的 SVM[20, 21]、Apriori[22]、k-Means、DTC[26]、相似度计算[28, 29]，以及均具有加速多种机器学习算法能力的通用硬件加速架构[30, 31].

经过研究可以发现，大部分的硬件加速研究工作都会先寻找计算的热点和共性特征，然后选择适合硬件加速的部分，最后针对共性特征和计算的热点采用多种方法和手段来设计硬件加速结构.

这一部分总结了在上述研究工作中经常使用的硬件加速方法.这些方法主要分为两个方面：加速计算过程和降低通信开销.为了加速计算过程，常用的技术包括并行计算、流水线、近似和各种技术的混合.为了降低通信开销，经常使用数据利用技术.

3.3.2.1　并行计算

并行计算是硬件加速中最常用的方法之一. 对于一些并行度较高的任务, 如数组的加法和矩阵的乘法, 通过并行计算可以大大减少任务的执行时间.

在使用并行化技术的相关硬件加速研究中, 经常看到硬件加速结构具有多个处理元件 (PE). 每个 PE 负责整个任务的一部分, 多个 PE 并行完成整个任务. 例如, 在两个长度为 L 的阵列的情况下, 假设有 N 个 PE. 每个 PE 负责添加阵列的某一维度的两个组件. 如果运算需要多达 C 个周期, 即需要 $(L/N) \times C$ 个时钟周期来完成整个任务. 与非并行的 $L \times N \times C$ 循环相比, 该方式的并行化确实减少了时间开销.

3.3.2.2　流水线技术

流水线技术也是硬件加速中最常用的方法之一. 假设一个任务有三个计算阶段, 每个计算阶段对应一个计算组件, 这三个组件的执行时间都为 C 个周期. 如果流水线方法不适用, 那么这将能够执行一个任务直到执行下一个任务. 周期为 $3 \times N \times C$, 如图 3.4 所示.

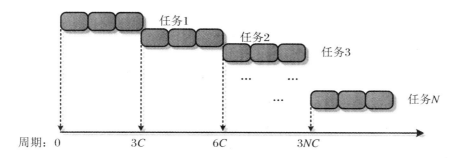

图 3.4　非流水线模式执行案例任务的时空图

如果有一个完全流水线化的设计, 那么多任务的实现中, 新的任务不必等待前一个任务的完成, 多个任务可同时在不同的阶段运行. 对于图 3.4 中的 CASE 任务, 最多有三个任务同时执行, 对于 N 个任务, 完成计算仅需 $N \times C + 2C$ 个时钟周期. 因此, 与非流水线方式相比, 性能提高了近 3 倍, 如图 3.5 所示.

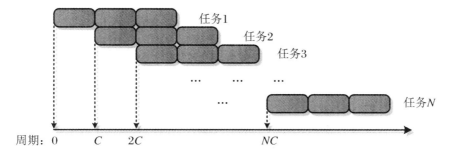

图 3.5　流水线模式执行案例任务的时空图

3.3.2.3　近似计算

有这样一类任务, 比如推荐算法、深度学习等, 它们在执行期间涉及大量的实际操作. 但同时,它们处理的真实数量都在一定范围内,而这项任务的结果都是估计值,或者精度要求并不严格,这就允许存在一定范围的误差.

对于这类任务,在硬件加速结构的设计中,可以用定点运算来代替浮点运算.浮点运算比定点运算频繁,因此计算时间比定点运算长.如果在涉及大量实数的任务中将浮点运算替换为定点运算,大量的时间开销将会减少.由于采用定点运算,其精度不如浮点运算.因此,与浮点运算相比,在任务的最终计算中会存在一些误差.

3.3.2.4 混合技术

大多数硬件加速工作往往不是单一使用某一种加速技术,而是将多种加速技术混合使用,以达到最大的性能提升.举一个假设的具体任务的例子,计算为 $(a + b) \times c / (a - b)$.

当输入变量 1,2,3 时,对应的汇编代码如图 3.6 所示.

```
1 movl    $0x1, %eax   ; eax = a = 1
2 movl    $0x2, %edx   ; edx = b = 2
3 addl    %edx, %eax   ; eax = a + b = 3
4 imul    $0x3, %eax   ; eax = (a + b) * c = 9
5 movl    $0x1, %ecx   ; ecx = a = 1
6 subl    %edx, %ecx   ; ecx = a - b = -1
7 movl    %ecx, %esi   ; esi = ecx = -1
8 idiv    %esi         ; eax = eax / esi = ((a + b) * c) / (a - b) = -9
```

图 3.6 CASE 任务对应 x86 CPU 汇编器

在硬件的设计中,我们可以采用并行和流水线技术来加速任务的结构.设计的硬件结构如图 3.7 所示.可以看出,硬件加速器结构可以并行计算 $a + b$,$a - b$,整体为三级流水线结构.如果每一级硬件都能以全流水线方式执行(1 个周期产生一个计算结果),对于 N 个任务,如果除法操作所花费的周期数是 T,则该结构只需要花费大约 $N + T$ 个时钟周期.

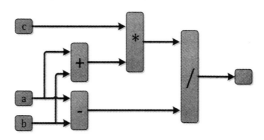

图 3.7 任务结构对应于硬件实现结构

3.3.2.5 减少通信开销

上述方法主要集中在计算过程的优化和改进上.然而,数据通信优化也是硬件加速的另一个关注点.在大多数的研究设计中,硬件加速器往往起到补充的作用,作为协处理器与主机 CPU 共同处理任务.硬件加速器在处理任务时需要获取相关数据.这些数据通常存储在主存储器中.基于 AXI4、PCI-E 等总线访问主存的成本往往远大于 CPU 直接访问主存的成本.因此,有必要降低数据通信成本.

降低数据开销的主要途径是利用数据本地化技术挖掘任务的内在本质.将频繁使用的数据驻留在硬件加速器中,提高了数据复用率,减少了内存访问次数.此外,大多数加速器都具有类似 CPU 缓存的存储层次结构,这可以进一步降低内存访问成本.

3.4　基于邻域模型的协同过滤推荐算法分析

3.4.1　训练阶段分析

本小节将分析这三种算法的训练阶段:基于用户的 CF、基于项目的 CF 和 SlopeOne,从而进一步挖掘计算热点和共同特征.

如第 3.2 节所述,基于用户的 CF 和基于项目的 CF 主要包括相似性计算和训练阶段相似性值的倒序.SlopeOne 仅包含训练阶段的平均差计算.我们使用 ML-100K[32]数据集分析了三种推荐算法的训练阶段.结果如表 3.1 所示.可以看出,相似性/平均差异计算占用总时间的 97% 以上,因此,训练阶段的加速成为了研究热点.

表 3.1　ML-100K 数据集训练部分热点分析的三种推荐算法

训练阶段	指标	相似性/平均差异计算	相似性排序
基于用户的 CF	Jaccard	98.99%	1.01%
	CosineIR	98.68%	1.32%
	Euclidean	98.82%	1.18%
	Cosine	98.73%	1.27%
	Pearson	98.79%	1.21%
基于项目的 CF	Jaccard	97.74%	2.26%
	CosineIR	97.43%	2.57%
	Euclidean	97.55%	2.45%
	Cosine	97.52%	2.48%
	Pearson	97.53%	2.47%
SlopeOne	SlopeOne	100.00%	—

在计算相似性/平均差异时,基于用户的 CF 计算两个用户之间的相似性.基于项目的 CF 计算两个项目之间的相似性.SlopeOne 计算两个项目之间的上述平均差异度.可以发现,基于用户的 CF 和基于项目的 CF 的计算行为非常相似,可以共享五个相似性计算标准 DARD.唯一的区别是前者面向用户而后者面向物品,这主要是因为输入数据的差异. SlopeOne 面向项目平均差的计算,具有相对固定的计算模式.

对于 Jaccard 相似度系数、欧几里得距离、两种余弦相似度和 Pearson 相关系数,它们也可以用于计算两个用户向量或项目向量.在本章中,x,y 分别表示两个用户和项目向量.

根据式(3.1)和式(3.8),Jaccard 相似系数需要知道向量 x,y 的非空分数 N_x,N_y 的个数，以及向量 x,y 共有评分的数目 N_{xy}，其中 N_x,N_y 往往可以直接从原始数据中得到，因此只需要计算 N_{xy}，如下所示：

$$w_{xy} = \frac{|N(x) \bigcap N(y)|}{|N(x) \bigcup N(y)|} = \frac{N_{xy}}{N_x + N_y - N_{xy}} \tag{3.17}$$

根据式 (3.2) 和式 (3.9) 计算 Top-N 推荐任务的余弦相似度时，还需要知道 N_x,N_y 和 N_{xy}，如下所示：

$$w_{xy} = \frac{|N(x) \bigcap N(y)|}{\sqrt{|N(x)||N(y)|}} = \frac{N_{xy}}{\sqrt{N_x \cdot N_y}} \tag{3.18}$$

根据式 (3.3) 和式 (3.10)，计算欧氏距离需要知道平方和 $S_{(x-y)^2}$，其中 M 是这两个向量都具有历史行为或评估记录的用户或项目的集合，并且 m 是集合 M 的成员，如下所示：

$$w_{xy} = \frac{1}{\sqrt{\sum_{m \in M} (r_{xm} - r_{ym})^2}} = \frac{1}{\sqrt{S_{(x-y)^2}}} \tag{3.19}$$

根据式 (3.4) 和式 (3.11)，在利用分数预测中的余弦相似度来计算向量 x,y 时，需要知道在两个向量公共偏移位置处的自得分的平方和 S_{x^2},S_{y^2} 与相乘后的和 S_{xy}，如下所示：

$$w_{xy} = \frac{\sum\limits_{m \in M} r_{xm} \cdot r_{ym}}{\sqrt{\sum\limits_{m \in M} r_{xm}^2 \sum\limits_{m \in M} r_{ym}^2}} = \frac{S_{xy}}{\sqrt{S_{x^2} \cdot S_{y^2}}} \tag{3.20}$$

根据式 (3.5) 和式 (3.11)，皮尔逊相关系数除了需要知道 S_{x^2},S_{y^2},S_{xy} 外，还需要知道向量 x,y 的共同得分数 N_{xy}，以及各自在共同偏移位置与 S_x,S_y 的关系，简化后的公式如下所示：

$$
\begin{aligned}
w_{xy} &= \frac{\sum\limits_{m \in M} r_{xm} \cdot r_{ym} - \dfrac{\sum\limits_{m \in M} r_{xm} \cdot \sum\limits_{m \in M} r_{ym}}{|M|}}{\sqrt{\left[\sum\limits_{m \in M} (r_{xm})^2 - \dfrac{\left(\sum\limits_{m \in M} r_{xm}\right)^2}{|M|} \right] \cdot \left[\sum\limits_{m \in M} (r_{ym})^2 - \dfrac{\left(\sum\limits_{m \in M} r_{ym}\right)^2}{|M|} \right]}} \\
&= \frac{S_{xy} - \dfrac{S_x \cdot S_y}{N_{xy}}}{\sqrt{\left(S_{x^2} - \dfrac{(S_x)^2}{N_{xy}} \right) \cdot \left(S_{y^2} - \dfrac{(S_y)^2}{N_{xy}} \right)}}
\end{aligned}
\tag{3.21}
$$

SlopeOne 算法用于公式的训练阶段，如 (3.14) 所示。可以看出，SlopeOne 在计算两个用户向量 x,y 时，需要知道公共偏移位置处的差值总和 $S_{(x-y)}$ 和 N_{xy}，如下所示：

$$w_{xy} = \frac{\sum\limits_{m \in M} (r_{xm} - r_{ym})}{|M|} = \frac{S_{(x-y)}}{N_{xy}} \tag{3.22}$$

在这六个相似准则下的两个输入向量 x,y 的计算与十个标量值有关：N_x,N_y,N_{xy},S_x,S_y，$S_{x^2},S_{y^2},S_{xy},S_{(x-y)},S_{(x-y)^2}$。在计算这个标量信息之后，只需要进行加、减、乘、开方，以及最后一步的除法运算，以获得相似性或平均差异。

对于原始的用户项目行为/评分数据，应用程序在读取后往往会重新组织数据的结构，并且其组织类似于哈希表结构[33]。以图 3.8 中的用户-项目得分矩阵为例，对于基于用户的 CF，其组织结构如图 3.8(a) 所示。头节点保存用户评估的项目数。链接的节点保存项目的编号和用户在项目上的排名值。对于基于项目的 CF 和 SlopeOne，其组织如图 3.8(b) 所示。头节点保存用户评价的项目的编号，而链表节点保存用户的编号和用户对项目的评价。

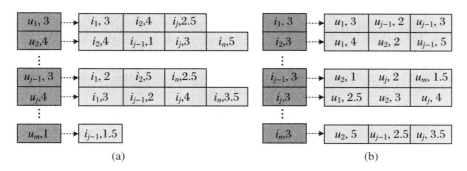

图 3.8　图 3.1 所示的两种重新组织用户-项目评分矩阵的方法

根据上述数据组织,可以直接从头节点信息中获取标量 N_x, N_y 值,而剩余的标量值需要在向量 x, y 计算完成后才能获得. 在对标量 N_{xy}, S_x, S_y, S_{x^2}, S_{y^2}, S_{xy}, $S_{(x-y)}$ 和 $S_{(x-y)^2}$ 进行计算时,首先需要对向量每个共有位置处的两个分量进行相应运算,然后对所有分量的运算结果进行累加求和.

3.4.2　预测阶段分析

基于用户的 CF、基于项目的 CF 和 SlopeOne 算法在预测阶段根据任务类型的不同具有不同的计算行为. 对于评分预测任务,这三种算法在预测阶段只需要计算指定用户的未检测项或评价项的预测值. 对于 Top-N 推荐任务,除了需要计算项目的预测值之外,还需要为指定用户选择具有最大预测的 N 个项目. 我们还使用 ML-100K 数据集对预测阶段的三种算法执行 Top-N 推荐. 结果示于表 3.2 中. 可以看出项目的计算成本超过总花费时间的 90%,因此,它是预测阶段的计算热点.

表 3.2　Top-N 任务在 ML-100K 数据集三种预测因子中的热点分析

预测	指标	计算预测值	Top-N 项目($N=10$)
基于用户的 CF（邻居数：80）	Jaccard	93.37%	6.63%
	CosineIR	95.14%	4.86%
	Euclidean	91.69%	8.31%
	Cosine	91.54%	8.46%
	Pearson	91.86%	8.14%
基于项目的 CF（邻居数：80）	Jaccard	99.25%	0.75%
	CosineIR	98.83%	1.17%
	Euclidean	99.23%	0.77%
	Cosine	99.26%	0.74%
	Pearson	99.23%	0.77%
SlopeOne	SlopeOne	99.23%	0.77%

在基于用户的 CF 和基于项目的 CF 执行项目的期望值的计算时,存在这两种计算方法

的累积和加权平均. SlopeOne 在计算预测值时具有固定的计算模式. 累积计算相对简单,可视为加权平均计算的特殊情况,因此不予讨论.

3.5　硬件加速系统层次结构

基于邻域的协同过滤推荐算法硬件加速系统的层次结构如图 3.9 所示. 我们可以看到,整个系统运行在 Linux 操作系统环境下,分为三个层次,分别为硬件层、操作系统内核层、操作系统用户层.

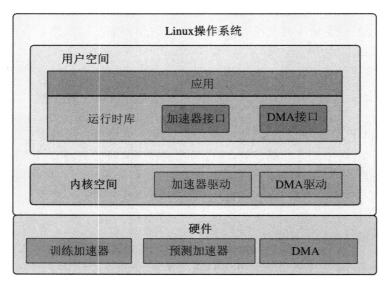

图 3.9　硬件加速系统层次结构

硬件层是硬件加速系统中最重要的一层,主要包括训练加速器、预测加速器、DMA 等设备. 在运行时,主机 CPU 通知 DMA 发起数据传输,硬件加速器通过 DMA 获取数据.

操作系统内核层主要包括硬件加速器、DMA 等设备在 Linux 操作系统环境下的驱动程序. 驱动程序通常封装硬件设备控制寄存器的接口,并在文件系统中创建设备文件. 用户可以通过对设备文件的直接读写来控制硬件设备.

顶层是用户层,包括运行时库和应用层. 虽然用户可以读写硬件寄存器来控制硬件设备直接完成操作,但这种方法相对烦琐,需要用户对设备有足够的了解. 为了方便用户,运行时库封装了加速器所需的寄存器读写操作、DMA 功能并提供上层接口给用户调用.

3.5.1　训练加速器原型实现

图 3.10 示出了训练加速器原型的实现,其具有四个执行单元和一个控制单元,其中,DMA 采用 Xilinx 提供的 AXI-DMA IP 内核. 在每个执行单元中,缓存模块的最大支持向量长度为 8192. 累加模块的多功能运算单元有 32 个 PE,共五层. AXI-DMA 通过 AX4 数据

总线与 PS 中的存储控制器相连,而主机 CPU 通过 AXI4-Lite 总线控制训练加速器控制单元和 AXI-DMA.

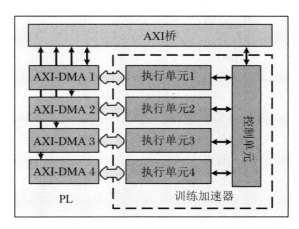

图 3.10　训练加速器样机的总体结构

3.5.2　预测加速器原型实现

图 3.11 显示了预测加速器原型的实现,它也有四个执行单元,DMA 也使用 AXI-DMA.在每个执行单元中,缓存模块的最大支持向量长度为 8192.在训练加速器原型中,主机 CPU、AXI-DMA、预测加速器执行单元连接到同一总线.

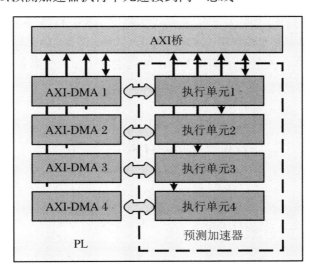

图 3.11　预测加速器原型的整体结构

3.5.3　设备驱动程序实现

Xilinx 提供针对 Zynq 平台[34]优化的 Linux 内核.Digilent 进一步完善了 Xilinx 的 Zynq Linux 内核,并增加了对 ZedBoard 开发板的支持.硬件加速器系统选用 Digilent-Linux 3.6 作为 Linux 内核,基于 ARM Ubuntu 14.10 Linaro 14.10 作为操作系统根文件系统.

训练加速器控制单元、预测加速器执行单元控制器和 AXI-DMA 设备驱动器如上所述地实现.从实现细节来看,由于选择了 AXI4-Lite 控制总线和 AXI-DMA,加速器控制单元和 AXI-DMA 寄存器的数量比以前设计的要多,驱动程序需要支持对额外寄存器的读/写操作.

AXI-DMA 字符设备驱动程序的实现是基于内存映射的.DMA 缓存采用预留物理内存,即修改设备树文件,在 ZedBoard 启动前将板载最高 64 MB 内存分配给 4 个 AXI-DMA,因此每个 AXI-DMA 有 16 MB 用于读/写操作.与 AXI-DMA 对应的驱动模块将被映射到内核空间.

为了验证该 AXI-DMA 驱动模块实现的效果,我们采用传统的方式实现了 AXI-DMA 驱动,并利用 ArrayAdd IP 核添加两个输入阵列,通过两个 DMA 驱动测试了程序间的性能差异.项目的相应结构如图 3.12 所示.

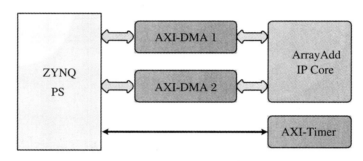

图 3.12　测试 AXI-DMA 的两个驱动程序实现所使用的硬件工程结构

对于两个长度为 1024 的浮点数组,单核 ARM CPU 本身需要 4454 个周期.考虑到数据在主存与 IP 核之间的传输时间,对于传统方式实现的 AXI-DMA 驱动,ArrayAdd IP Core 需要花费 6172 个周期才能完成任务.而通过内存映射实现 AXI-DMA 驱动只需要 2840 个周期.可以看出,利用内存映射技术实现 DMA 驱动确实可以降低数据传输成本.

3.6　实验结果与分析

3.6.1　训练加速器加速比

这里使用的是 ML-100K 数据集,它包含了 943 个用户,1682 个条目,10 万个数据分数,通过计算三种算法的相似度/平均差异度,得到五个不同平台的训练阶段运行时间.我们测量了训练加速器、CPU 和 GPU 之间的速度提升,其中训练加速器的时间包括加速器计算的时间和 AXI-DMA 数据传输的时间.CPU 的时间仅包含计算时间,GPU 的时间包括 GPU 的计算时间和主存储器与 GPU 显式存储器之间的数据传输拷贝时间.

训练加速器与同级别 ARM CPU 之间的加速比如图 3.13 所示.最左边的列表示单线程 CPU 程序与其自身的比率.该比率始终为 1,主要作为基准.中间一列表示双线程 CPU 程序与单线程 CPU 程序的加速比.最右边的列表示训练加速器与单线程 CPU 程序相比的加速比.余弦函数忽略了余弦相似度的得分.

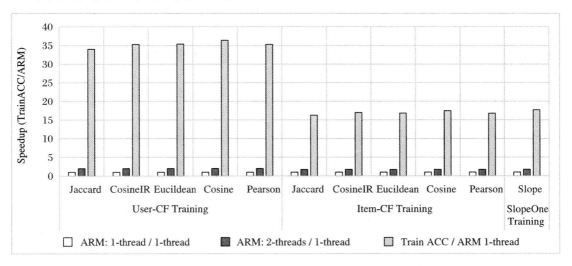

图 3.13　ML-100K 数据集下训练加速器与 ARM CPU 的加速比

可以看出,对于基于用户的 CF,训练加速器和单线程 ARM CPU 的加速比在 35 左右.对于基于项目的 CF 和 SlopeOne,加速比约为 16.基于用户的 CF 的速度高于基于项目的 CF 和 SlopeOne,因为前者是用户向量,后者是项目向量.用户向量的长度是 1682,项目向量的长度是 943.当处理两个向量时,CPU 程序的复杂度为 $O(N_x \times \log N_y)$.其中 N_x,N_y 分别表示两个向量的实际个数,并且通常与向量长度 n 正相关.采用并行流水线实现训练加速器将更加有效,其复杂度为 $O(N/32)$.因此,矢量长度越长,每个矢量中的得分数越多,训练加速器的加速效果越好.

训练加速器与 Intel Core 2 CPU 之间的加速比如图 3.14 所示.可以看出,对于基于用户的 CF,训练加速器与单线程 Intel Core 2 CPU 相比的加速比约为 4.3.对于基于项目的 CF 和 SlopeOne,加速比约为 2.1.由于 66 GHz Intel Core 2 CPU 性能高于 677 MHz ARM Cortex A9,所以训练加速器原型的 CPU 加速比有了明显的下降.

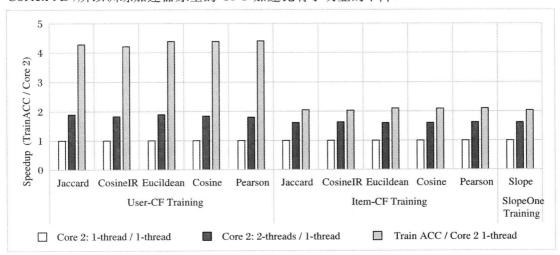

图 3.14　ML-100K 数据集下训练加速器与 Intel Core 2 CPU 的加速比

训练加速器与英特尔酷睿 i7 CPU 之间的加速比如图 3.15 所示. 可以看出, 对于基于用户的 CF, 训练加速器加速比仅约为 2.3. 对于基于项目的 CF, 训练加速器没有加速性能, 加速比仅为 1 左右. 和单线程 CPU 程序性能持平. 由于英特尔酷睿 i7 CPU 的频率比训练加速器原型快 40 倍, 并且原型只有 4 个并行执行单元, 在加速比上没有太大优势.

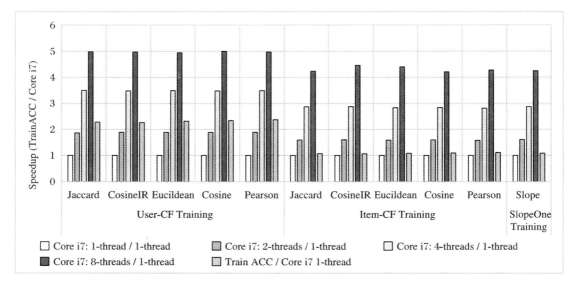

图 3.15　ML-100K 数据集下训练加速器与英特尔酷睿 i7 CPU 的加速比

训练加速器和 NVIDIA Tesla K40C GPU 的加速比如图 3.16 所示. GPU 程序采用 128 个线程块, 每个线程块有 128 个线程, 共 16384 个线程. 每个线程负责成对的相似性/平均差异计算. Tesla K40C 支持 2880 个硬件线程. 每个硬件线程的峰值运行频率为 875 MHz, 无论是并行度还是频率都远高于训练加速器. 当处理两个向量时, GPU 的单线程所花费的时间是 $O(N)$, 而训练加速器的数量级是 $O(N/32)$. 而这种优势是没有帮助的. 综上所述, 训练加速器样机相比没有任何加速效果的特斯拉 K40C 差也是合理的. 由此可见, 如果主要考虑性能因素, GPU 确实是一个优秀的平台.

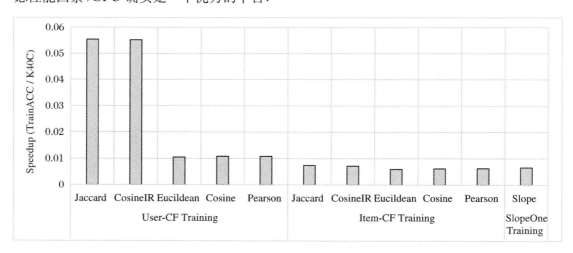

图 3.16　ML-100K 数据集下训练加速器与 NVIDIA Tesla K40C GPU 的加速比

3.6.2　功率效率

英特尔酷睿 i7 CPU、NVIDIA Tesla K40C GPU 和训练加速器的能效如图 3.17 所示. 可以看出,CPU 的运行时间功率随着线程数量的增加而增加,是训练加速器原型的 33～88 倍,GPU 的运行功率大约是原型的 100 倍.

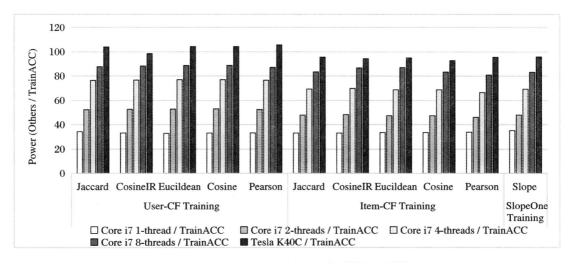

图 3.17　ML-100K 数据集下对比平台与训练加速器的功率比

3.6.3　能源效率

英特尔酷睿 i7 CPU 与训练加速器的能耗对比如图 3.18(a)所示. 对于基于用户的 CF, 能耗在 41 倍左右,对于基于项目的 CF 和 SlopeOne,能耗在 21 倍左右,因此,训练加速器原型相比 CPU 具有很大的节能优势.

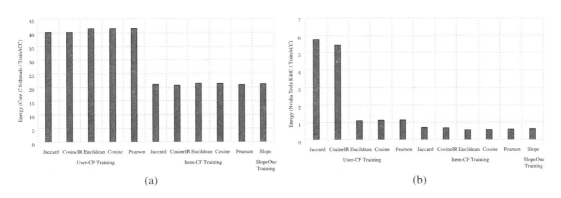

图 3.18　对比平台与训练加速器在 ML-100K 数据集上的能效比较

NVIDIA Tesla K40C 与训练加速器的能耗对比如图 3.18(b)所示. 对于基于用户的 CF,Jaccard 和 Cosine 的能耗约为 5.5 倍,其他标准为 1.1 倍. 对于基于 Item 的 CF 和 SlopeOne,能耗都在 0.67 倍左右,训练加速器原型在能耗节省上并不占优势,因为 GPU 在运行时的优势弥补了功耗的劣势.

本章小结

在本章中，针对用户基础的训练阶段和预测阶段，设计了训练加速器和预测加速器的结构和指令集，可用于三种基于邻域的算法.两个加速器都在主机 CPU 的控制下作为协处理器运行，训练加速器支持基于用户的 CF 和基于项目的 CF 在训练时所需的五种不同的相似度计算准则相位.此外，它还支持 SlopeOne 训练阶段所需的差分计算准则.预测加速器支持预测阶段三种算法所需的求和与加权平均操作.此外，我们还设计了主机 CPU、内存、加速器和 DMA 之间的互连.

本章为 Linux 操作系统环境中的训练加速器、预测加速器和 DMA 设备设计设备驱动程序.采用 Linux 字符设备驱动程序框架模型，设计了训练加速器控制单元和预测加速器执行单元控制器的设备驱动程序.对于 DMA 设备驱动，我们也采用了字符设备驱动框架模型和内存映射技术.为了方便用户使用，本章设计并封装了硬件加速器和 DMA 的操作系统用户层接口，主要包括训练加速器控制单元、预测加速器执行单元控制器、DMA 用户层接口.最后，对实现的硬件加速系统原型进行了性能实验和评价.实验结果表明，硬件加速器具有良好的加速效果，运行时功耗和能耗较低.

参考文献

［1］ Chung E S, Davis J D, Lee J. Linqits: Big data on little clients[J]. ACM SIGARCH Computer Architecture News, 2013, 41(3): 261-272.

［2］ Goldberg D, Nichols D, Oki B M, et al. Using collaborative filtering to weave an information tapestry[J]. Communications of the ACM, 1992, 35(12): 61-70.

［3］ Sarwar B, Karypis G, Konstan J, et al. Item-based collaborative filtering recommendation algorithms[C]//Proceedings of the 10th International Conference on World Wide Web, 2001: 285-295.

［4］ Lemire D, Maclachlan A. Slope one predictors for online rating-based collaborative filtering[C]// Proceedings of the 2005 SIAM International Conference on Data Mining, Society for Industrial and Applied Mathematics, 2005: 471-475.

［5］ Zhou Y, Wilkinson D, Schreiber R, et al. Large-scale parallel collaborative filtering for the netflix prize[C]//Algorithmic Aspects in Information and Management: 4th International Conference, AAIM 2008, Shanghai, China, June 23-25, 2008, Proceedings 4, Springer Berlin Heidelberg, 2008: 337-348.

［6］ Pacheco P. Parallel programming with MPI [M]. Burlington: Morgan Kaufmann, 1997.

［7］ Dagum L, Menon R. OpenMP: An industry standard API for shared-memory programming[J]. IEEE Computational Science and Engineering, 1998, 5(1): 46-55.

［8］ Stevens W R, Rago S A, Ritchie D M. Advanced programming in the UNIX environment[M]. New York: Addison-Wesley, 1992.

［9］ White T. Hadoop: The definitive guide[M]. Sevastopol: O'Reilly Media, Inc., 2012.

［10］ Zaharia M, Chowdhury M, Franklin M J, et al. Spark: Cluster computing with working sets[C]// 2nd USENIX Workshop on Hot Topics in Cloud Computing (HotCloud 10), 2010.

[11]　NVIDIA. NVIDIA CUDA Compute unified device architecture programming guide[M]. Samta Clara: NVIDIA, 2007.

[12]　Stone J E, Gohara D, Shi G. OpenCL: A parallel programming standard for heterogeneous computing systems[J]. Computing in Science & Engineering, 2010, 12(3): 66.

[13]　Wienke S, Springer P, Terboven C, et al. OpenACC: First experiences with real-world applications [C]//Euro-Par 2012 Parallel Processing: 18th International Conference, Euro-Par 2012, Rhodes Island, Greece, August 27-31, 2012, Proceedings 18, Springer Berlin Heidelberg, 2012: 859-870.

[14]　Resnick P, Iacovou N, Suchak M, et al. Grouplens: An open architecture for collaborative filtering of netnews[C]//Proceedings of the 1994 ACM Conference on Computer Supported Cooperative Work, 1994: 175-186.

[15]　Linden G, Smith B, York J. Amazon. com recommendations: Item-to-item collaborative filtering [J]. IEEE Internet Computing, 2003, 7(1): 76-80.

[16]　Wang C, Li X, Zhou X. SODA: Software defined FPGA based accelerators for big data[C]//2015 Design, Automation & Test in Europe Conference & Exhibition (DATE), IEEE, 2015: 884-887.

[17]　Chen T, Du Z, Sun N, et al. Diannao: A small-footprint high-throughput accelerator for ubiquitous machine-learning[J]. ACM SIGARCH Computer Architecture News, 2014, 42(1): 269-284.

[18]　Chen Y, Luo T, Liu S, et al. Dadiannao: A machine-learning supercomputer[C]//2014 47th Annual IEEE/ACM International Symposium on Microarchitecture, IEEE, 2014: 609-622.

[19]　Wang C, Gong L, Yu Q, et al. DLAU: A scalable deep learning accelerator unit on FPGA[J]. IEEE Transactions on Computer-Aided Design of Integrated Circuits and Systems, 2016, 36(3): 513-517.

[20]　Cadambi S, Durdanovic I, Jakkula V, et al. A massively parallel FPGA-based coprocessor for support vector machines [C]//2009 17th IEEE Symposium on Field Programmable Custom Computing Machines, IEEE, 2009: 115-122.

[21]　Papadonikolakis M, Bouganis C S. Novel cascade FPGA accelerator for support vector machines classification[J]. IEEE Transactions on Neural Networks and Learning Systems, 2012, 23(7): 1040-1052.

[22]　Baker Z K, Prasanna V K. Efficient hardware data mining with the Apriori algorithm on FPGAs [C]//13th Annual IEEE Symposium on Field-Programmable Custom Computing Machines (FCCM'05), IEEE, 2005: 3-12.

[23]　Hussain H M, Benkrid K, Erdogan A T, et al. Highly parameterized k-means clustering on fpgas: Comparative results with gpps and gpus[C]//2011 International Conference on Reconfigurable Computing and FPGAs, IEEE, 2011: 475-480.

[24]　Hussain H M, Benkrid K, Ebrahim A, et al. Novel dynamic partial reconfiguration implementation of k-means clustering on FPGAs: Comparative results with GPPs and GPUs[J]. International Journal of Reconfigurable Computing, 2012: 1.

[25]　Jia F, Wang C, Li X, et al. SAKMA: specialized FPGA-based accelerator architecture for data-intensive k-means algorithms[C]//Algorithms and Architectures for Parallel Processing: 15th International Conference, ICA3PP 2015, Zhangjiajie, China, November 18-20, 2015, Proceedings, Part II 15, Springer International Publishing, 2015: 106-119.

[26]　Narayanan R, Honbo D, Memik G, et al. An FPGA implementation of decision tree classification [C]//2007 Design, Automation & Test in Europe Conference & Exhibition, IEEE, 2007: 1-6.

[27]　Yu Q, Wang C, Ma X, et al. A deep learning prediction process accelerator based FPGA[C]//2015 15th IEEE/ACM International Symposium on Cluster, Cloud and Grid Computing, IEEE, 2015:

1159-1162.

[28] Perera D G，Li K F. Parallel computation of similarity measures using an FPGA-based processor array[C]//22nd International Conference on Advanced Information Networking and Applications (aina 2008)，IEEE，2008：955-962.

[29] Sudha N. A pipelined array architecture for Euclidean distance transformation and its FPGA implementation[J]. Microprocessors and Microsystems，2005，29(8-9)：405-410.

[30] Cadambi S，Majumdar A，Becchi M，et al. A programmable parallel accelerator for learning and classification[C]//Proceedings of the 19th International Conference on Parallel Architectures and Compilation Techniques，2010：273-284.

[31] Liu D，Chen T，Liu S，et al. Pudiannao：A polyvalent machine learning accelerator[J]. ACM SIGARCH Computer Architecture News，2015，43(1)：369-381.

[32] Grouplens. Movie lens datasets[Z]. 2023.

[33] Segaran T. Programming collective intelligence：Building smart web 2. 0 applications[M]. Sevastopol：O'Reilly Media，Inc. ，2007.

[34] Xilinx. The official Linux kernel from Xilinx[Z]. 2023.

第 4 章　面向推荐算法的分布式计算系统定制与优化

本章延续前一章对推荐算法的讨论,将目光转移至分布式环境下对推荐算法的定制问题上.随着信息技术的快速发展,信息过载已经成为互联网领域面临的重要挑战.为了缓解互联网用户与海量数据间日益加剧的矛盾,研究人员提出了推荐系统的概念.作为推荐系统的一个重要分支,混合推荐系统通过组合多种推荐算法提高系统性能,目前广泛应用于电子商务、社交网络和视频网站等领域.然而,用户量与数据量的急速增长对混合推荐系统的性能提出了更高的要求.围绕分布式算法在分布式环境下的部署与定制开展介绍,本章首先介绍推荐算法在分布式系统中的应用背景,而后介绍推荐算法的算法原理,最后结合分布式环境下一个推荐算法部署的实例介绍具体的系统定制细节.

4.1　推荐算法在分布式系统中的应用背景

4.1.1　推荐系统

随着信息技术的发展,我们已经迈入互联网时代,从 Web2.0 到移动互联网,从云计算到移动计算,互联网潜移默化地改变着人们的生活[1].互联网的快速发展导致用户量和数据量的急剧增长,截至 2016 年底,可访问域名总数达到 4228 万个,网页数量已经达到 2360 亿个[2].目前,互联网用户和数据间的主要矛盾表现为:① 面对海量数据,用户如何快速定位所需信息;② 面对个性化的用户,互联网应用如何满足不同用户的兴趣偏好.

为了解决上述用户与数据间的矛盾,分类目录和搜索引擎应运而生.以 Yahoo、hao123 为代表的分类目录,对互联网数据进行分类,以便用户能分门别类地查找信息[3].然而,由于数据量的增加和分类的混乱,用户难以在对应目录下快速查找信息.

因此,以 Google 和百度为代表的搜索引擎技术迅速崛起.搜索引擎自动完成信息的搜集和整理,接收用户的查询并向用户返回查询结果;查询结果支持相关性排序并给出摘要信息,能够有效地帮助用户查找感兴趣的内容[4].然而,搜索引擎需要根据用户提供的关键字进行查询,当用户的需求比较模糊时,其查询结果不尽如人意,因此研究人员提出推荐系统的概念.

推荐系统是一种主动为用户提供信息的筛选系统,它基于用户或物品的信息,预测用户对物品的偏好[5].目前,推荐系统广泛应用于电子商务、广告推荐和在线新闻系统等领域.

推荐系统已有 20 余年的发展历史.明尼苏达大学推出的 GroupLens 系统开启了推荐系统研究的序幕,它首次提出协同过滤的思想,并为推荐问题构建形式化模型[6].此后,卡耐基梅隆大学推出 WebWatcher 系统用于辅助信息查找[7],斯坦福大学提出个性化推荐系统 LIRA,麻省理工学院研发了个性化导航系统 Litizia.在应用领域中,亚马逊的商品推荐系统、Netflix 举办的推荐系统大赛以及 Google 广告联盟均有效地提高了网站的用户数量和营业额.

然而大量实践表明,现有推荐算法均存在局限性,目前仍没有一个推荐算法能够完全满足用户的需求.为弥补单一推荐算法的不足、缓解偏好数据的稀疏性问题,出现了组合多种推荐技术的混合推荐系统.

混合推荐系统组合两种或两种以上的推荐算法,弥补单一推荐算法的不足,以获得更好的推荐结果[8].混合推荐系统依据组合方式的不同,可以分为多段混合框架、加权混合模型、交叉调和系统、模型混合系统和整体式混合系统等[1].为进一步满足不同应用场景的需求,研究人员不断优化混合推荐系统.Netflix 举办的推荐系统大赛,最终优胜者利用多个算法组合,获得较大的精度提升.三星电子研发用于智能设备的混合推荐系统.

Netflix 于 2006 年举办推荐系统大赛,致力于提高推荐系统的精度.经过不断的改进,最终 BPC(BellKor's Pragmatic Chaos)团队以 10.06% 的精度提高拔得头筹[9].Netflix 系统由离线模块、近在线模块和在线模块构成.离线模块基于批处理模式,采用混合推荐算法训练历史数据,刻画用户和物品特征;近在线模块基于离线模型,实现快速更新;在线模块响应用户需求,采用复杂度较低的算法实现快速计算,实时显示结果.目前,多数推荐系统的架构都是基于 Netflix 三段混合架构的改进.

三星电子于 2014 年公布了用于智能设备的混合推荐系统专利.该系统基于分布式架构实现日志解析、用户建模、推荐器以及结果展示模块[10].日志解析模块从数据库读取日志文件,提取相关信息;用户建模模块基于 Map-Reduce 为用户画像;推荐器生成基于协同过滤算法的第一类推荐数据、基于 Top-N 推荐的第二类推荐数据和基于内容推荐的第三类推荐数据;结果展示模块基于三类推荐数据计算混合结果.

近两年来,基于特征关系的混合推荐系统[11]、具有自动编码器的混合协同过滤系统的研究逐渐兴起,扩大混合的范围,有效缓解冷启动问题[12].

混合推荐系统的功能是从海量数据中挖掘用户感兴趣的内容.因此,推荐结果是否满足用户需求是衡量系统性能的重要指标.基于用户需求,混合推荐系统通常要解决两个问题:

① 面对海量数据,混合推荐系统以何种方式组合推荐算法,能够精准地预测用户偏好,为用户提供多样性的推荐结果;② 混合推荐系统组合多个推荐算法,增加系统的复杂度.因此,面对大规模数据集,如何保证混合推荐系统的效率.

针对第一个问题,混合推荐系统通常采用加权混合方法组合各算法,即根据各算法的预测结果,计算其对应的权重.目前常用的方法是粗粒度权重计算方法,即为每个算法赋予一个权值,根据算法预测值和权值,计算加权混合结果.针对第二个问题,混合推荐系统采用批处理模式和流处理模式,保证系统的响应时间.目前,离线处理模块使用批处理加速训练过程,如基于 Map-Reduce 计算模型和 Mahout 机器学习库训练大规模历史数据.

虽然混合推荐系统已有较为广泛的应用,但是仍然存在以下问题:① 针对评分预测的混合推荐使用粗粒度权重计算方法,即开发人员通过反复实验为推荐算法确定权值.这种方法难以保证推荐精度,对开发人员要求高.② 混合推荐结果依赖单一推荐算法的结果,而单一推荐算法的结果受偏好数据的稀疏性影响较大.由于互联网用户的快速增长,偏好数据的稀疏性增强,加剧混合推荐系统的冷启动问题.③ 混合推荐系统执行多个推荐算法和混合计算方法,导致系统计算量的增加;而单一推荐算法中又存在大量的迭代计算,也会增加系统的计算量.因此,混合推荐系统模型训练时间增加,无法满足用户对系统效率的需求.

4.1.2　分布式系统

随着互联网数据规模的扩大,单机服务器无法满足高速增长的数据处理需求.为提高计算能力、节约成本,以 Google 为代表的互联网公司将分布式系统部署到实际应用中.分布式数据处理平台整合独立计算机的资源提供计算服务,具有高性能、高吞吐量、可容错和可扩展等特点.针对大规模数据处理的需求,Apache、AMP Lab 实验室分别实现了各自的分布式数据处理平台,并提供开源代码.

Hadoop 是 Apache 组织开发的基于 Map-Reduce 计算模型的数据处理平台,该平台利用数据冗余的思想保证系统的可靠性,通过 Master-Slave 结构保证系统的可扩展性.Hadoop 生态系统包括 Mahout、HBase[13] 和 HDFS 等.基于 Hadoop 平台,开发人员无需了解底层结构即可快速开发分布式程序,提高开发效率.目前,Hadoop 主要用于数据的离线处理.

Spark 是 U.C.Berkeley AMP Lab 实验室于 2009 年提出的通用大规模数据处理框架.该框架基于弹性分布式数据集(RDD),将中间结果保存在内存中,以提高计算速度[14].Spark 基于内存计算和 RDD,使得其计算速度比 Hadoop 快 100 倍.目前,Spark 已经发展成为完整的生态系统,包括分布式数据库 Spark SQL、分布式流处理系统 Spark Streaming[15]、机器学习库 MLlib[16] 和图计算框架 GraphX[17] 等.目前,Spark 在机器学习、数据查询和流处理等领域有广泛的应用.

Ray 是 AMP Lab 实验室正在开发的基于 Python 的分布式计算框架,用于简化分布式机器学习程序的编写,目前处于实验阶段[18].随着大数据和人工智能时代的到来,机器学习算法得到更加广泛的应用,Ray 为开发人员提供一个简易的平台,实现单机编写机器学习算法,自动完成并行化执行,降低机器学习领域的门槛.

除上述基础平台外,各互联网企业实现适合各自业务场景的个性化数据处理平台,如阿里云的 E-Map-Reduce[19]、华为的 FusionInsight 企业级大数据平台[20] 等.

本书的开发平台选择 Apache Spark,它是基于 Scala 语言开发的高效、通用大规模数据处理引擎,能够自动完成数据划分和并行计算的相关工作.Spark 为开发人员提供编程接口,使得开发人员能够简便、高效地开发并行应用.

Spark 基于内存计算,整合机器学习、流处理、图计算和数据分析等功能,为大规模数据处理提供一站式解决方案.Spark 生态系统如图 4.1 所示,包括资源管理器、分布式文件系统、分布式计算引擎、数据查询工具、机器学习库、流处理框架和图计算框架等模块[21]:

Spark 可以使用资源管理器实现全局计算资源的分配、管理和回收.目前,常用的资源管理器有 Apache 开源社区开发的 Yam 和 U.C.Berkeley 开发的 Mesos.

Spark 利用分布式文件系统实现大规模数据的存储,保证读写效率和存储的可靠性. Tachyon 是基于内存的分布式文件系统,读写操作无需访问磁盘,具有高吞吐量的特点[22]. HDFS 是基于 Google File System 架构的开源分布式文件系统,具有高效、可容错等特点[23].通常将常用数据文件存储在 Tachyon 中,而大量数据文件存储在 HDFS 中.

Spark 生态系统的核心内容是分布式计算框架.Spark 基于 Map-Reduce 思想,实现基于内存的分布式计算框架.相较于 Hadoop,Spark 更适合处理迭代计算,具有高性能、可容错和可扩展等优点.

Spark SQL 是基于 Catalyst 引擎的交互式数据查询组件,支持 Hive、CSV、Json 和 Parquet 等数据格式,可以通过标准 SQL 语句获取数据[24].

Mllib 实现了常用机器学习算法,并对部分算法进行优化,开发人员可以高效开发机器学习应用[16].

Spark Streaming 从消息队列中获取数据,将计算任务分解为一组短作业,并以批处理的方式计算每一个短作业.Spark Streaming 是高吞吐、可容错、可扩展的流处理组件[15].

GraphX 是基于 BSP 模型的图计算框架,支持 Google 图计算引擎 Pregel API[17].目前,GraphX 实现了三角计算算法、最大连通图社区发现算法和中枢节点发现算法等,广泛应用于社交网络、地图等领域.

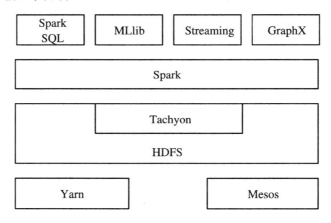

图 4.1　Spark 生态系统

为实现基于内存计算的可容错数据处理框架,Spark 提出一种全新的弹性分布式数据集(RDD).RDD 是分布式只读、可分区的数据集合,包括分区列表、计算函数和依赖列表[14].Spark 可以通过内存数据集合和外部数据文件两种方式创建 RDD,并为 RDD 提供丰富的操作.RDD 操作主要分为转换(Transformation)操作和行动(Action)操作. Transformation 操作基于现有 RDD 创建新的 RDD,该操作是惰性的,这类操作在提交后不会立即执行,而在 Action 操作提交时才真正执行,代表性的转换操作有 map、filter 和 reduceByKey 等.Action 操作触发一系列 Transformation 操作的运行,并返回计算结果,典型的 Action 操作有 count、reduce 和 collect 等.基于 RDD 数据结构实现的 Spark 计算框架具有高性能、可容错和通用性等优点.

高性能:由于 RDD 是包含多个分区的分布式数据集合,因此 RDD 操作可以并行执行,提高计算效率.同时,开发人员可以指定 RDD 存储级别,中间结果数据无需写入磁盘,实现基于内存的计算,提高性能.目前,基于内存计算的 Spark 的速度比 Hadoop 的 Map-Reduce

计算模型快 100 倍以上.

可容错:Spark 基于 RDD 的只读特征,提出 lineage 概念保证 Spark 的可容错性.执行操作时,Spark 基于当前 RDD 执行一系列计算生成新的 RDD,lineage 描述了 RDD 间的转换关系.若 RDD 中的数据出错,Spark 依据 lineage 信息重新执行此 RDD 的计算过程,即可获得正确结果.

通用性:Spark 框架读入数据后统一转换为 RDD 格式,并且 Spark 的各种操作均基于 RDD 结构,使得 Spark 各模块可以实现无缝衔接,构建了多功能、一体化的数据处理平台.

Spark 使用主从式(Master-Slave)架构构建分布式计算框架,其系统架构如图 4.2 所示[21].Spark 集群节点分为主(Master)节点和从(Slave)节点.

Master 节点是集群的核心节点,它并不参与集群的计算,而是负责集群的管理和调度.集群中所有的 Worker 节点向 Master 节点发送注册信息,将其计算资源交给 Master 节点统一管理,如 CPU、内存、磁盘等.Master 节点监控各 Worker 节点的运行状态,以保证资源分配的合理性.

Slave 节点负责执行集群的作业.根据不同的功能,Slave 节点可以分为两类:① Driver 节点:该节点运行应用程序主函数进程,是应用程序逻辑上的起点.Driver 节点将程序划分为若干个 task 任务,将 task 分配给不同的 Worker 节点,并协调各 Worker 节点的运行.② Worker节点:Worker 节点是真正执行任务的节点.Worker 节点中运行多个 Executor 进程,执行 task 任务并将结果返回给 Driver 节点,同时为 RDD 提供内存存储.

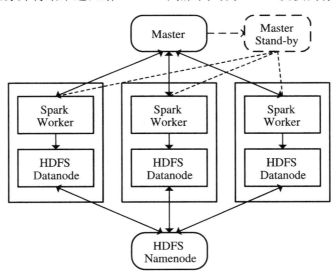

图 4.2　Spark 系统架构

Spark 的运行机制如图 4.3 所示[25],描述了一个 Spark 应用程序从提交到执行结束的完整过程.用户提交一个 Spark 应用程序到集群,Master 节点会为其启动一个 Driver 节点;Driver 节点分析主函数中 RDD 创建、存储和转换等相关操作,构建一个有向无环图(DAG),并向 Master 节点申请所需计算资源;Master 节点收到请求信息后,向已注册的 Worker 节点发送启动 Executor 进程的命令,并在 Worker 节点启动相应进程后,通知 Driver 节点进行任务的分配;Driver 节点将 task 任务分配给不同的 Executor,由 Executor 进程独立完成任务的计算,并将结果返回给 Driver 节点;待全部任务执行完成后,Driver 节点通知客户端程序运行结束，完成一次 Spark 应用的执行.

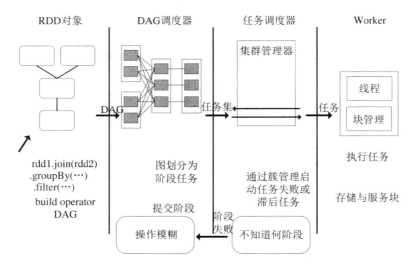

图 4.3　Spark 运行流程图

随着信息技术的发展，互联网数据规模已经远超单机服务器的存储能力，扩展内存和磁盘会导致成本的大幅增加. 为降低成本、实现大规模数据的存储，研究人员提出分布式文件系统的概念.

Hadoop 分布式文件系统（HDFS）是 Apache 社区基于 Google File System 的设计思想，实现的开源分布式文件系统，具有高吞吐量、高容错性、高可靠性和可扩展等特点. HDFS 部署于大量廉价硬件组成的系统平台上，与 Map-Reduce 计算模型无缝衔接，以文件系统的形式为上层应用提供海量数据的存储服务，是 Hadoop 生态系统的重要组成部分.

DFS 将大规模数据集划分为大小相等的若干块，存储到不同的节点中，默认块大小为 64 MB. 应用程序读取数据时，HDFS 根据文件块存储的元数据信息，从不同的节点读取数据，这就是 HDFS"一次写入，多次读取"的设计思想. 基于上述设计思路，HDFS 系统采用 Master-Slave 架构. Master 对应 NameNode 节点，Slave 即为若干 DataNode 节点[26]. NameNode 节点是 HDFS 的核心，负责管理文件系统的命名空间、文件分块信息和块存储位置的元数据信息，监控 DataNode 节点的增加、删除和运行状态等. NameNode 节点关联一个 Secondary NameNode 节点，负责 NameNode 中快照文件的备份工作，用于故障恢复. DataNode 接收 NameNode 节点的读写命令，完成数据的读写操作.

用户请求读文件时，HDFS 首先将客户端请求发送给 NameNode 节点，NameNode 根据文件分块信息和块存储位置元数据，将距离客户端最近的 DataNode 地址返回给用户. 用户根据获得的位置信息，访问 DataNode 节点读取数据. 当用户请求写入数据时，HDFS 向 NameNode 节点发送写请求，NameNode 在命名空间中创建新文件. 客户端向 DataNode 写入数据，写操作完成后，HDFS 自动备份新数据文件.

随着 Hadoop、Spark 的发展，分布式计算框架广泛应用于数据分析、处理等领域. 为熟悉关系型数据库管理系统，而不了解分布式计算的开发人员提供快速开发的工具，Spark 整合了 Shark 分布式数据库. 由于 Shark 过度依赖 Hive 的相关技术，制约 Spark 各模块的集成和衔接，因此 Spark 开发了新的分布式数据库 Spark SQL.

Spark 1.0 版本正式发布 Spark SQL 组件. Spark SQL 是交互式 SQL 处理框架，支持

SQL 标准,兼容 Hive、Parquet、JSON、CSV 和 JDBC 等多种数据格式,提供 Scala、Java、Python 等多种编程语言接口,也可以通过标准的 SQL 语句完成交互式数据查询的功能[24]. Spark SQL 通过内存列式存储技术和字节码技术,实现了较大的性能提升. 目前,Spark SQL 已经成为 Spark 平台获取数据的重要途径.

　　Spark SQL 的整体架构是查询优化器与执行器的组合,其中查询优化器是 Catalyst,执行器即为 Spark. 基于 Scala 语言开发的 Catalyst,是一个灵活、可扩展的查询优化器. Catalyst 将 SQL 语句翻译为可执行的计划,并在翻译过程中完成查询优化. Catalyst 的翻译结果是一棵查询树,执行器 Spark 将这棵树转换为有向无环图(DAG)后执行.

4.2　算　法　细　节

4.2.1　推荐系统概念

　　日常生活中,用户一般通过两种方式获取信息:主动方式和被动方式. 主动方式要求用户具有明确的需求,代表模式是分类目录和搜索引擎. 被动方式下由系统自动地为用户选择信息,代表模式是推荐系统.

　　推荐系统基于用户、物品特征模型计算用户可能感兴趣的信息[27]. 例如,用户在无聊时打开视频网站,网站根据用户的播放、收藏和下载记录为用户推荐符合其兴趣的视频. 推荐系统主要包括三个模块:① 数据模块是推荐系统的基础,存储用于模型训练的用户信息、物品信息和偏好信息;② 算法模块是推荐算法的具体实现,利用推荐算法,系统可以预测未知的偏好信息;③ 推荐模块依据算法模块给出的偏好预测结果,为用户推荐物品.

　　为满足不同应用场景的需求,进一步提高推荐系统的精度,研究人员提出混合推荐的概念. 混合推荐系统框架如图 4.4 所示,在实际应用中,可以从数据源、架构、算法和混合技术等方面出发,对混合推荐系统分类.

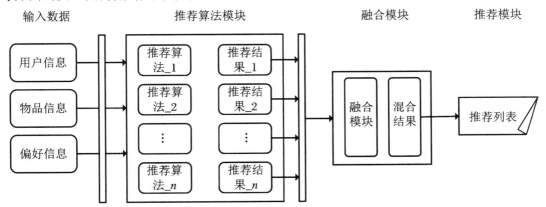

图 4.4　混合推荐系统框架

　　① 多段组合混合推荐框架，以 Netflix 推荐架构为代表的多段混合推荐框架包括离线、近在线、在线三个模块，各模块分别计算推荐结果，依据用户对响应时间的不同需求，从对应的模块中选择推荐结果．② 加权混合推荐系统，基本思路是利用单一推荐算法的预测评分，计算该算法的权重，混合结果为各算法预测评分的加权和．加权混合技术因简单、精度较高而广泛应用，本书改进权重计算方法，提高推荐精度．③ 分级型混合推荐系统，系统按精度划分推荐算法，面对不同的应用场景，系统优先选择精度更高的算法．分级混合技术能够兼顾多种评价指标，是一种更全面的混合技术．④ 交叉调和推荐系统，交叉调和技术将不同算法的推荐结果按照一定的比例混合在一起，生成混合结果．交叉调和方法保证了推荐结果的多样性，使得推荐结果具有更好的可解释性．

4.2.2　协同过滤推荐算法

　　协同过滤（Collaborative Filtering，CF）算法最早出现在电子邮件系统中，用于信息过滤[28]．该算法是目前最为成熟的推荐算法，其广泛应用于电子商务系统和电影评分系统中．

　　协同过滤算法的基本思想是物以类聚、人以群分．若两个用户 u，v 对物品集合的评分相似，则算法认为 u 和 v 是相似用户，那么用户 u 喜欢的物品极有可能被用户 v 喜欢．CF 算法的执行流程如图 4.5 所示，主要包括数据模块、相似度方法和推荐模块．

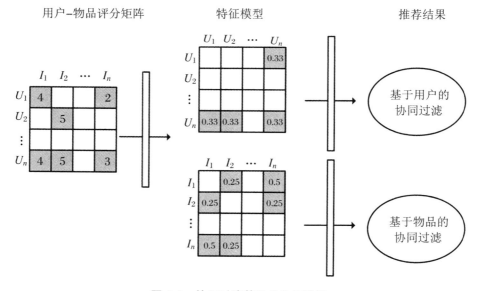

图 4.5　协同过滤算法的执行流程

　　数据模块：CF 算法通过分析用户行为，构建评分矩阵[29]．矩阵第 i 行第 j 列对应的数据项 r_{ij} 表示用户 i 对物品 j 的评分数据．图 4.5 中，灰色区域表示已知评分，空白部分则为待预测的未知评分．

　　相似度方法：协同过滤算法中，用户、物品的特征模型即为用户、物品的相似度矩阵，因此度量用户之间或物品之间的相似度是算法的核心内容．常用的相似度计算方法包括[27]：欧式距离（Euclidean Metric）、余弦相似度（Cosine Similarity）、Jaccard 相似系数（Jaccard Similarity Coefficient）、皮尔逊相关系数（Pearson Correlation Coefficient）．

推荐模块:若目标用户 u 并未评分物品 i,则协同过滤算法利用 u 的相似用户 v 对物品 i 的评分,以及 (u,v) 的相似度,计算 u 对 i 的评分.依据预测评分,生成最终的推荐列表.

CF 算法考虑不同对象的相关性,分为基于用户的协同过滤(user-based collaborative filtering, user-CF)算法和基于物品的协同过滤(item-based collaborative filtering, item-CF)算法[27].

① user-CF 算法:该算法的基本思想是人以群分,利用偏好信息将相似用户划分到同一集合中,为目标用户推荐物品.② item-CF 算法:该算法基于物以类聚的思想实现推荐.若用户 u 对物品 i 和物品 j 的评分相似,算法认为 i 和 j 是相似物品,则喜欢物品 i 的用户极可能喜欢物品 j.

4.2.3　基于内容的推荐算法

基于内容的推荐算法(content-based recommendation algorithm,CB)是推荐系统设计过程中常用的算法,其基本思想是建立和学习 profile 配置文件,利用 profile 的相似度,为用户推荐喜好的物品[30].例如,该算法依据影片的名称、类型、导演、编剧和主演等信息建立影片的特征向量;若某一用户喜欢〈哈利波特,魔法,J-K.罗琳,Daniel Radcliffe〉,那么 CB 算法认为该用户很可能会喜欢〈神奇动物在哪里,魔法,J-K.罗琳,Eddie Redmayne〉.由于 CB 算法不再依赖评分矩阵,因此该算法是协同过滤推荐算法的扩展,更适用于处理文本、图片和视频等信息.

基于内容的推荐算法框架如图 4.6 所示,主要分为三个步骤:生成配置文件、学习配置文件和生成推荐列表.

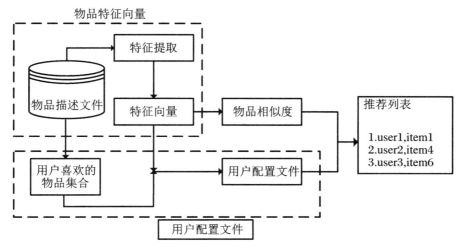

图 4.6　基于内容的推荐算法架构图

生成配置文件:配置文件是基于内容推荐算法的数据基础,通常指物品配置文件.物品配置文件抽取物品的多个特征组成代表物品的特征向量.

学习配置文件:基于内容的推荐利用机器学习算法,如 KNN、决策树和朴素贝叶斯算法等,挖掘特征数据,构建和更新用户配置文件.

生成推荐列表:对于用户 u 的配置文件 profile_u,CB 算法计算 profile_u 与物品特征向量的关联,生成推荐列表.

4.2.4 基于模型的推荐算法

CF 算法和 CB 算法将所有数据读入内存,度量相似度,导致推荐系统对内存需求的增加.基于模型的推荐算法可以有效地解决这类问题.

基于模型的推荐算法(model-based recommendation algorithm,MB)的核心思想是发现用户与物品之间的隐含关联.例如,喜欢同一本书的用户之间存在一些相似的隐含特征,而被同一用户喜欢的书籍间也必然存在某些相同的特点.基于模型的推荐算法利用评分矩阵训练用户隐式特征模型和物品隐式特征模型,并基于这两个模型预测未知的评分数据,算法的流程如图 4.7 所示.基于模型推荐的核心内容是训练隐式特征矩阵,目前代表算法有矩阵分解算法、隐语义模型算法等.

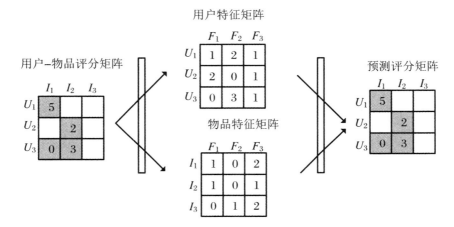

图 4.7　隐语义模型推荐算法框架

4.2.5 评价指标

评分预测准确度是衡量推荐系统精度的重要指标,也是大部分研究重点优化的内容,包括均方根误差(RMSE)和平均绝对误差(MAE):

$$RMSE = \sqrt{\frac{\sum\limits_{u,i \in T}(r_{ui} - \hat{r}_{ui})^2}{|T|}} \tag{4.1}$$

$$MAE = \frac{\sum\limits_{u,i \in T}|r_{ui} - \hat{r}_{ui}|}{|T|} \tag{4.2}$$

Top-N 为用户提供一个推荐列表,通常用于网站应用中.衡量 Top-N 推荐系统性能的常用指标是准确率和召回率:

$$Precision = \frac{\sum\limits_{u \in U}|R(u) \bigcap T(u)|}{\sum\limits_{u \in U}|R(u)|} \tag{4.3}$$

$$Recall = \frac{\sum_{u \in U} |R(u) \bigcap T(u)|}{\sum_{u \in U} |T(u)|} \tag{4.4}$$

覆盖率是衡量推荐系统发掘长尾物品能力的评价指标,通常定义为推荐结果物品数量与总物品数量的比值:

$$Coverage = \frac{|\bigcup_{u \in U} R(u)|}{|I|} \tag{4.5}$$

4.3　推荐系统的部署

4.3.1　推荐系统总体框架

本小节设计的混合推荐系统包含评分预测推荐和基于内容的推荐两类推荐算法,其中评分预测推荐包含三种算法:基于用户的协同过滤推荐算法(user-CF)、基于物品的协同过滤推荐算法(item-CF)和隐语义模型算法(LFM),它们通过细粒度的权重计算方法,组成权重混合子系统.

基于内容的推荐包含两种算法:基于用户内容的推荐算法(user-CB)和基于物品内容的推荐算法(item-CB),利用交叉调和技术,将这两种算法与权重混合子系统结合,组成最终的推荐系统.

4.3.2　权重混合子系统

4.3.2.1　分布式推荐算法库

在 Spark 计算框架中,数据均以 RDD 结构存储,并通过 map、reduce 和 groupByKey 等细粒度操作实现数据转换.因此,基于 Spark 实现用户的协同过滤推荐算法包括构建基于 RDD 的评分矩阵、训练用户特征模型和评分预测三个步骤.算法 4.1 给出分布式 user-CF 算法的逻辑结构.

算法 4.1　分布式 user-CF 算法的逻辑结构

user-CF 算法基于 Spark 分布式实现的伪代码
1.　Input：the rank matrix of user-item
2.　Output：the predict rank matrix in RDD
3.
4.　user_item = rank. map{case (user,(item,rank)) = > (user,item)}
5.　item_user = rank. map{case (user,(item,rank)) = > (item,user)}

```
6.    for (item,user) in item_user:
7.      map {case(item,(u,v)) => ((u,v), I)}
8.    end for
9.    reduceByKey{case ((u,v), I) => (u,v)}
10.
11.   for each (u,v):
12.      for item in user_item[u]:
13.        if item in user_item[v]:
14.           calculate based on equation4.6
15.        end if
16.      end for
17.   end for
```

基于 RDD 的评分矩阵. 用户的历史行为偏好是推荐算法的基础, user-CF 算法通常从用户行为日志中提取用户偏好评分数据作为算法的输入. user-CF 算法的输入数据格式为 $((uid_1::item_1::rank_{11}),\cdots,(uid_m::item_n::rank_{mn}))$, 其中 uid 表示用户编号, $item$ 表示物品编号, $rank$ 表示用户对物品的评分, user-CF 算法基于这类评分数据构建基于 RDD 的评分矩阵.

user-CF 算法首先利用 Spark 的 textFile 接口从 HDFS 文件系统中读取用户对物品的评分数据, 通过匹配":"分隔符, 将每个评分数据划分为 $((uid,item),rank)$ 的 Key-Value 格式, 其中 uid, $item$ 为 Int 型, $rank$ 为 Double 型, 并通过指定 persist 接口的参数为 $DISK\_ONLY$, 将数据存储于磁盘中, 构建了基于 RDD 的评分矩阵.

相似度矩阵:基于评分矩阵 RDD, user-CF 算法计算用户-用户相似度矩阵. 目前, user-CF 算法常采用余弦相似度或 Jaccard 公式计算用户相似度, 这两种相似度度量方法基于用户共同评分的物品数量, 分析用户的相关性, 而忽略了评分包含的偏好信息. 因此本小节采用一种改进的相似度计算方法, 即基于评分的余弦相似度. 基于评分的余弦相似度不仅考虑两个用户共同评分的物品数量, 也充分考虑两个用户对同一物品的评分数据, 其计算公式为

$$similar(u,v) = \frac{\sum_{i=1}^{n} r_{ui} \cdot r_{vi}}{\sqrt{\sum_{i=1}^{n}(r_{ui})^2} \cdot \sqrt{\sum_{i=1}^{n}(r_{vi})^2}} \tag{4.6}$$

user-CF 算法利用 map 和 groupByKey 操作建立用户-物品表(user_item)和物品-用户表(item-user). user_item 表的每一项表示一个用户评价过的物品集合, item_user 表的每一项表示评分过该物品的用户集合. user-CF 算法根据 item_user 表, 生成评分过相同物品的用户对, reduceByKey 操作将相同的用户对合并. map 操作以用户对为索引, 提取 user_item 表中两个用户各自评分的物品集合, 建立用户相似度矩阵, 该矩阵以 $(uid,(vid,sim))$ 的格式存储数据.

经过上述两个步骤, user-CF 建立用户相似度矩阵 $similar\ u$. user-CF 算法为目标用户 t 生成推荐列表的过程如下:

① 相似用户:user-CF 算法首先根据用户相似度矩阵, 找到与目标用户 t 相似的用户, 即读取相似度矩阵中目标用户对应的键值对 $similar\ u[t]$. Spark 通过 filter 操作匹配目标

用户编号,获得相似用户集合;② 预测评分:假设用户 u 的相似用户集合为 $V=(v_1,v_2,\cdots,$ $v_k)$,则在 user_item 表中查找 V 中每个用户评分过的物品集合,利用 u 和 V 中用户的相似度,计算 u 对物品集合的评分;③ 推荐结果:目标用户对各物品的预测评分同样以 RDD 格式存储,user-CF 查询该 RDD 中的(uid,($item$,$predict$))数据,利用 filter 操作过滤目标用户评分过的物品,其余物品按预测评分从高到低排序,取前 N 个物品生成推荐列表.

item-CF 算法的基本思想与 user-CF 相似,利用评分矩阵 RDD,计算物品 – 物品相似度矩阵,为其推荐相似的物品.基于 Spark 的物品协同过滤推荐算法的逻辑结构如算法 4.2 所示,主要包括构建评分矩阵、训练物品特征模型和评分预测三个步骤:

算法 4.2　分布式 item-CF 算法的逻辑结构

item-CF 算法基于 Spark 分布式实现的伪代码

```
1.    Input:the rank matrix of user-item
2.    Output:the predict rank matrix in RDD
3.
4.    rank = readMatrix.Split(":∶")
5.    user_item = rank.map{case (user,(item,rank)) => (user,item)}
6.    item_user = rank.map{case (user,(item,rank)) => (item,user)}
7.    for (user,item) in user_item:
8.      if(user,(i,j)):
9.        map {case(item,(i,j)) => ((i,j), I)}
10.     end if
11.   end for
12.   reduceByKey{case ((i,j), I) => (i,j)}
13.
14.   for each (i,j):
15.     for user in item_user[i]:
16.        if user in item_user[j]:
17.          calculate based on equation 4.6
18.        end if
19.     end for
20.   end for
```

构建评分矩阵:item-CF 算法与 user-CF 算法类似,利用 textFile 接口读取初始的用户偏好数据,通过 map 操作映射为键值对格式.同样地,通过指定 persist 接口的参数为 *DISK _ONLY*,将数据存储于磁盘中,构建基于 RDD 的用户-物品评分矩阵.

训练物品特征模型:item-CF 算法的核心内容是计算物品-物品相似度矩阵.与用户相似度矩阵类似,item-CF 首先利用 map 操作建立用户-物品表(user_item)和物品-用户表(item_user);然后根据 user_item 表将同一用户评分过的物品两两组对,生成物品对,reduceByKey 操作合并相同的物品对;最后以物品对中的物品编号为索引,在 item_user 表中查找用户评分列表,计算物品-物品相似度矩阵 *similarity i*.

进行评分预测:针对目标用户 t,item-CF 算法利用 filter 操作在 user_item 表中匹配用户 t,获得 t 评分过的物品集合.针对集合中的每个物品,利用用户 t 对该物品的评分和物品相关性，实现评分预测．通过过滤、排序、选择前 N 个物品生成推荐列表．

隐语义模型算法（LFM）是一种发掘用户、物品隐式特征的推荐算法．LFM 充分挖掘用户行为偏好信息中的隐含信息，将稀疏评分矩阵分解为两个低秩矩阵：用户特征矩阵和物品特征矩阵，建立用户和物品之间的隐式关联，计算未知的偏好评分数据．LFM 算法的逻辑结构如算法 4.3 所示，主要包括三个步骤：

算法 4.3　分布式 LFM 算法的逻辑结构

LFM 算法基于 Spark 分布式实现的伪代码

```
1.   Input：the rank matrix of user-item
2.   Output：the factor model of users
3.        the factor model of items
4.
5.   rank = readMatrix.Split("∷")
6.   U = random(m,q)
7.   V = random(n,q)
8.
9.   for UVᵀ − Rₘₙ > ? and iterations：
10.      calculate U based on random gradient decreases algorithm and V
11.      calculate V based on random gradient decreases algorithm and U
12.      iterations + = 1
13.   end for
```

评分矩阵：LFM 算法通过 Spark 的文件接口 textFile 读取用户行为偏好数据，利用 map 操作将偏好数据映射为（（uid，$item$），$rank$）的格式，构建用户-物品评分矩阵 R_{mn}．

特征矩阵：LFM 算法的核心内容是基于用户-物品评分矩阵构建用户特征矩阵 U_{mq} 和物品特征矩阵 V_{nq}，建立用户和物品的关联．算法首先随机初始化两个特征矩阵 U 和 V，计算 UV^{T} 与 R_{mn} 的误差．然后，根据最速下降递推公式，迭代更新矩阵 U 和 V，直至 UV^{T} 与 R_{mn} 的误差最小．目前，LFM 算法常用随机梯度下降算法迭代计算 U 和 V[36]．

评分预测：基于用户特征矩阵 U 和物品特征矩阵 V，计算预测评分矩阵 UV^{T}．

4.3.2.2　细粒度权重计算方法

如 4.1.1 小节所述，粗粒度权重计算方法假设各推荐算法的偏向性和偏向程度相同，然而实验结果证明推荐算法的预测值可能高于或低于真实值，并且预测误差范围较大．因此，粗粒度权重计算方法的假设不成立．本小节提出一种细粒度权重计算方法 FWCM，该方法首先利用聚类算法对推荐算法的预测误差分类，然后根据最优化理论建立权重计算模型，最后基于权重计算模型为推荐算法计算权重向量．FWCM 方法通过划分预测误差，为推荐算法的预测评分赋予不同的权重，进一步提高混合推荐的精度．本小节主要介绍 FWCM 方法的设计与实现，并详细讲解权重计算模型的建立过程．

FWCM 方法的基本思想是细分推荐算法的预测误差，为不同的预测评分赋予不同的权重，以提高混合推荐结果的精度．FWCM 方法的目标函数是权重计算和优化的基础，其形式化表示为：

（1）假设推荐系统实现 n 个推荐算法，j 表示第 j 个推荐算法；

（2）u 代表用户，i 代表物品，(u,i) 表示 u 和 i 组成的数据项；

（3）R_{ui} 是 u 对 i 的评分；r_{ui}^j 是第 j 个推荐算法中，u 对 i 的预测评分；

（4）对于第 j 个推荐算法，用户 u 对物品 i 的预测误差为 $D_{ui}^j = R_{ui} - r_{ui}^j$；

（5）所有评分项 (u,i) 根据预测误差划分为 k 类，$C_{ui} = (c_1, c_2, \cdots, c_k)$ 表示数据项 (u,i) 的类分配向量；

（6）$\alpha_j = (\alpha_{j1}, \alpha_{j2}, \cdots, \alpha_{jk})$ 代表推荐算法 j 对应的权重向量，包括 k 个权重；

（7）$\alpha_j C_{ui}^{\mathrm{T}}$ 最终确定推荐算法 j 中，(u,i) 的预测评分对应的权重.

FWCM 方法的优化目标是获得最小化的误差平方和，因此 FWCM 方法的目标函数如式（4.7）所示：

$$F(\alpha) = \sum_{u,i} (R_{ui} - \alpha_1 C_{ui}^{\mathrm{T}} r_{ui}^1 - \alpha_2 C_{ui}^{\mathrm{T}} r_{ui}^2 - \cdots - \alpha_n C_{ui}^{\mathrm{T}} r_{ui}^n)^2 \tag{4.7}$$

$$\mathrm{s.t.} \sum_{j=1}^n \alpha_j C_{ui}^{\mathrm{T}} = 1 \tag{4.8}$$

FWCM 方法首先根据预测误差 D_{ui}^j，将全部评分项 (u,i) 划分为 k 类. 对于每个评分数据项 (u,i)，其对应一个类分配向量 $C_{ui} = (c_1, c_2, \cdots, c_k)$. 类分配向量的计算步骤如下：

（1）初始化：FWCM 方法将类分配向量初始化为全 0 向量，即 $C_{ui} = (0,0,\cdots,0)$.

（2）类分配：FWCM 方法采用 k-Means 算法实现评分数据的聚类过程. k-Means 算法随机选择评分数据项 (u_0,i_0) 作为初始聚类簇中心，计算各 (u,i) 到簇中心的距离，并将其分配到距离最近的簇，根据簇中所有数据项计算均值作为新的中心. 重复上述计算过程，直至 k-Means 算法获得局部最优解.

（3）经过上述聚类过程，各评分项 (u,i) 被分配到某一簇中，FWCM 方法将 (u,i) 的类分配向量对应簇的值置为 1，即获得 (u,i) 的类分配矩阵. 如 (u,i) 属于第二类，则 (u,i) 对应的类分配向量为 $C_{ui} = (0,1,\cdots,0)$.

类分配向量标识了预测评分数据所属的聚类簇，能够将权重向量中的权值映射到对应的预测评分数据，有助于混合结果的计算.

FWCM 方法的核心内容是构建权重计算模型，为推荐算法计算权重向量. 基于目标函数公式，我们利用最优化理论和拉格朗日公式，构建拉格朗日函数，其公式为

$$L(\alpha) = F(\alpha) + \lambda \sum_{u,i} \varphi(\alpha) \tag{4.9}$$

$$\varphi(\alpha) = \sum_{j=1}^n \alpha_j C_{ui}^{\mathrm{T}} - 1 \tag{4.10}$$

依据最小化理论，对于推荐算法 j，首先对 $\alpha_j C_{ui}^{\mathrm{T}}$ 求偏导数，使得 $\dfrac{\partial L}{\partial (\alpha_j C_{ui}^{\mathrm{T}})} = 0$，可推导出权重计算公式：

$$2 \cdot \sum_{u,i} (\alpha_1 C_{ui}^{\mathrm{T}} r_{ui}^1 r_{ui}^j + \alpha_2 C_{ui}^{\mathrm{T}} r_{ui}^2 r_{ui}^j + \cdots + \alpha_n C_{ui}^{\mathrm{T}} r_{ui}^n r_{ui}^j) + \lambda = 2 \cdot \sum_{u,i} R_{ui} r_{ui}^j \tag{4.11}$$

权重计算式（4.11）可以利用矩阵表示为

$$XY = 2 \cdot (\alpha_1, \alpha_2, \cdots, \alpha_n, \lambda) \cdot \begin{bmatrix} \sum\limits_{u,i} C_{ui}^{\mathrm{T}} r_{ui}^1 r_{ui}^1 & \sum\limits_{u,i} C_{ui}^{\mathrm{T}} r_{ui}^1 r_{ui}^2 & \cdots & \sum\limits_{u,i} C_{ui}^{\mathrm{T}} r_{ui}^1 r_{ui}^n & \sum\limits_{u,i} C_{ui}^{\mathrm{T}} \\ \sum\limits_{u,i} C_{ui}^{\mathrm{T}} r_{ui}^2 r_{ui}^1 & \sum\limits_{u,i} C_{ui}^{\mathrm{T}} r_{ui}^2 r_{ui}^2 & \cdots & \sum\limits_{u,i} C_{ui}^{\mathrm{T}} r_{ui}^2 r_{ui}^n & \sum\limits_{u,i} C_{ui}^{\mathrm{T}} \\ \vdots & \vdots & \ddots & \vdots & \vdots \\ \sum\limits_{u,i} C_{ui}^{\mathrm{T}} r_{ui}^n r_{ui}^1 & \sum\limits_{u,i} C_{ui}^{\mathrm{T}} r_{ui}^n r_{ui}^2 & \cdots & \sum\limits_{u,i} C_{ui}^{\mathrm{T}} r_{ui}^n r_{ui}^n & \sum\limits_{u,i} C_{ui}^{\mathrm{T}} \\ 1 & 1 & \cdots & 1 & 0 \end{bmatrix}$$

$$= 2 \cdot \begin{bmatrix} \sum\limits_{u,i} R_{ui} r_{ui}^1 \\ \sum\limits_{u,i} R_{ui} r_{ui}^2 \\ \vdots \\ \sum\limits_{u,i} R_{ui} r_{ui}^n \\ \sum\limits_{u,i} 1 \end{bmatrix} = R \tag{4.12}$$

依据式(4.12),可以推导出权重矩阵 X 的计算公式为

$$X = R \cdot Y^{-1} \tag{4.13}$$

FWCM 方法计算的结果是类分配向量和权重向量,该结果是模型融合模块的输入数据,用于计算用户对物品的混合评分数据,如下所示:

$$\hat{r}_{ui} = \frac{\sum\limits_{v} sim_{u,v} \cdot (\alpha_1 C_{ui}^{\mathrm{T}} r_{ui}^1 + \alpha_2 C_{ui}^{\mathrm{T}} r_{ui}^2 + \cdots + \alpha_n C_{ui}^{\mathrm{T}} r_{ui}^n)}{\sum\limits_{v} sim_{u,v}} \tag{4.14}$$

4.3.2.3　权重混合子系统的模块设计

本小节设计实现了细粒度权重混合子系统,其架构如图 4.8 所示,系统主要包括五个模块:

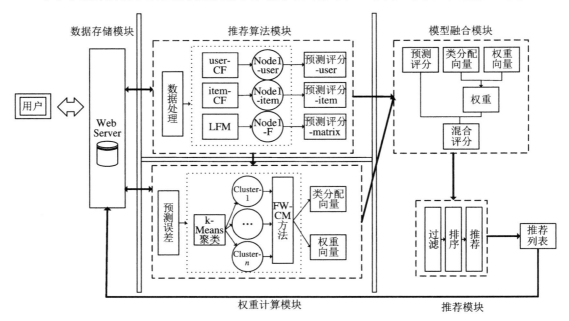

图 4.8　细粒度权重混合子系统架构

数据存储模块:该模块的主要功能是采集日志数据、清洗数据、格式化数据,实现大规模数据的分布式存储.数据存储模块收集用户行为信息的日志文件、物品特征描述文件,清洗数据文件中的缺失值、异常值,并将数据转换为统一的数据结构,存储于分布式文件系统中.该模块的数据可作为推荐算法模块、模型融合模块和推荐模块的输入.

推荐算法模块:该模块的主要功能是建立推荐算法库,实现分布式推荐算法,预测用户的偏好信息.推荐算法模块读取预处理后的数据文件,利用推荐算法提取特征信息,建立用户、物品的特征模型,并基于特征模型计算用户的偏好数据.

权重计算模块:该模块的主要功能是利用 FWCM 方法,计算各推荐算法对应的权重向量.该模块首先读取推荐算法模块的预测评分数据,计算预测误差;然后,利用 FWCM 方法计算算法的权重向量.该模块输出类分配向量和权重向量.

模型融合模块:该模块负责计算混合结果.模型融合模块根据输入的预测评分数据、类分配向量和权重向量,计算推荐算法预测评分与对应权重的加权和.

推荐模块:该模块的主要功能是为用户提供推荐结果.推荐模块根据模型融合模块的结果,对混合结果进行过滤、排序,为用户生成个性化推荐列表.

4.3.3   交叉调和系统

4.3.3.1   分布式推荐算法库

基于用户内容的推荐算法(user-CB)根据用户特征向量训练物品偏好配置文件,通过比较其他用户特征向量与该物品偏好配置文件的相关性,将该物品推荐给最相关的多个用户.因此,基于 Spark 实现的 user-CB 如算法 4.4 所示,主要包括以下三个步骤:

算法 4.4   分布式 user-CB 算法的逻辑结构

user-CB 算法基于 Spark 分布式实现的伪代码
1.   Input:the description file of user and item
2.   Output:the similarity between user and item profile
3.
4.   user_factor = readMatrix. Split(' ')
5.   for user in user_factor:
6.   for item in description file:
7.   if user like item:
8.   map{case(f1,f2, ⋯,fn) = >item_profile}
9.   end if
10.   end for
11.   end for
12.
13.   calculate similarity between user_factor and item_profile
14.
15.   for user in similarity:
16.   for item in similarity[user]:

```
17.          recommend item to other users
18.      end for
19.   end for
```

构建特征向量：与评分预测推荐算法构建用户-物品评分矩阵类似，基于用户内容的推荐算法首先根据描述文件构造用户的特征向量，作为系统训练的数据基础. 基于内容的推荐算法通常从一系列描述文件中提取若干个关键词，组成用户的特征向量. 因此，特征向量的格式为($userFactor\_1$，$userFactor\_2$，$\cdots$，$userFactor\_n$)，其中 $userFactor$ 表示一个特征关键词. user-CB 算法利用 textFile 接口从分布式文件系统中读取用户特征向量文件，将每个用户特征向量以 Vector 格式存储. 通过指定 persist 接口的参数为 $MEMORY\_AND\_DISK$，将用户特征向量存储于内存和磁盘中，完成特征向量的构建.

训练偏好模型：user-CB 根据喜欢物品的用户特征向量，训练物品的偏好配置文件. 首先，利用 filter 操作匹配喜欢该物品的用户，得到用户集合. 然后，通过 map 操作将用户的特征向量映射到物品偏好向量中. 最后通过 reduceByKey 操作合并相同的特征，获得物品偏好配置文件.

推荐列表：user-CB 比较用户特征向量与物品偏好配置的相关性，将物品推荐给相关用户. 算法利用 look 操作查找匹配的特征，匹配的个数越多，二者越相关.

基于物品内容的推荐算法(item-CB)与 user-CB 的思想类似，根据物品特征向量训练用户的偏好配置文件，比较用户配置文件与物品特征向量的关联性，为用户推荐相关物品. 因此，基于 Spark 实现的 item-CB 算法如算法 4.5 所示，主要包括以下三个步骤：

算法 4.5　分布式 item-CB 算法的逻辑结构

item-CB 算法基于 Spark 分布式实现的伪代码

```
1.    Input：the description file of user and item
2.    Output：the similarity between user profile and item
3.
4.    item_factor = readMatrix. Split(' '). Map
5.    for item in item_factor：
6.       for user in description file：
7.          if user like item：
8. map{case(f1,f2, ···,fn) = >user_profile}
9.          end if
10.      end for
11.   end for
12.
13.   calculate similarity between user_factor and item_profile
```

构建特征向量：item-CB 算法从描述文件中提取关键词，组成物品特征向量，作为系统训练的输入数据. 物品特征向量的格式为($itemFactor\_1$，$itemFactor\_2$，$\cdots$，$itemFactor\_n$)，其中 $itemFactor$ 表示特征关键词. item-CB 构造用户向量的实现过程与 user-CB 类似.

训练偏好模型：item-CB 根据用户喜欢的物品特征向量，训练用户的偏好配置文件.

filter 操作首先匹配用户喜欢的全部物品,再利用 map 操作将物品的特征向量映射到用户偏好向量中.最后,reduceByKey 操作合并相同的特征,生成用户偏好配置文件.

推荐列表:item-CB 算法比较用户偏好配置文件与物品特征向量的匹配程度,将相关性最高的若干物品推荐给该用户.

4.3.3.2　交叉调和推荐系统的模块设计

本小节设计实现的基于 Spark 的交叉调和推荐系统整体架构如图 4.9 所示,系统主要包括四个模块:

数据存储模块:该模块的主要功能是收集、清洗、转换日志数据,并实现大规模日志数据的分布式存储.数据存储模块采集用户信息日志、物品信息日志和用户行为日志等数据,清洗其中的异常值、缺失值和空值等,并转换为统一的数据结构存储.数据存储模块采用分布式文件系统存储大规模数据,如 HDFS、Tachyon 等.

细粒度权重混合子系统:该子系统利用用户-物品的评分矩阵来计算未知的评分偏好数据,实现评分预测推荐.

推荐算法模块:该模块的主要功能是实现分布式的 CB 算法,用于建立用户、物品的特征 profile 文件,进而预测未知的用户偏好.推荐算法模块读取格式化后的数据文件,利用模块中的推荐算法训练特征模型,基于特征模型实现偏好预测.

推荐模块:该模块是系统与用户的交互模块,主要功能是为用户提供推荐列表信息.推荐模块读取各推荐算法的推荐结果,采用交叉调和技术为用户生成个性化推荐列表.

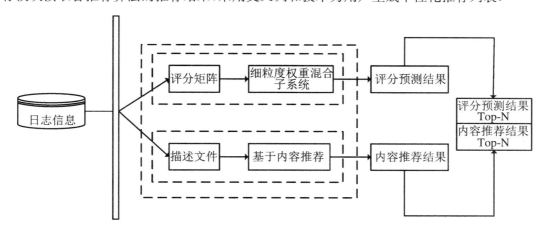

图 4.9　基于 Spark 的交叉调和推荐系统架构

本章小结

本章对分布式环境中的推荐系统定制进行了介绍,分析了其应用背景和实现细节,并基于分布式数据处理平台 Spark,给出了定制实现了高精度、高效率、多样性和可扩展的混合推荐系统的具体方案,提高了推荐结果的准确度、多样性,减少了模型训练的时间.针对本章 4.2 节中给出的定制方案,后续仍有相关优化和改进空间可供读者参考,具体包括:

完善推荐算法模块:目前,基于 Spark 的混合推荐系统中主要实现了协同过滤推荐算法、基于模型的推荐算法、基于内容的推荐算法等三类常用的推荐算法.虽然,这三类推荐算法覆盖了日常生活中的大部分应用场景,但是仍然无法满足人口统计信息、地理位置信息等场景的推荐需求.因此,基于 Spark 的混合推荐系统的算法库有待进一步完善.

优化推荐结果:基于 Spark 的混合推荐结果最终采用交叉调和的方式生成混合推荐结果,即取各推荐算法结果的 Top-N 组成混合推荐列表.交叉调和的方式虽然简单、易于实现,但是推荐结果的可解释性较差.因此,需要对混合推荐结果进一步优化.

增加实时推荐模块:虽然依赖于 Spark 的内存计算,基于 Spark 的混合推荐系统提高了模型训练的效率,但是仍然无法满足对实时性要求较高的应用场景,如网约车软件、大众点评软件等.因此,下一步的工作是构建实时推荐模块,满足更多场景的需求.

参考文献

[1] 王丽莎. 基于随机游走模型的个性化信息推荐[D]. 大连:大连理工大学,2011.

[2] 中国互联网络信息中心. 第 39 次中国互联网络发展状况统计报告[R/OL]. (2017-01-22)[2023-08-14]. https://cnnic.cn/n4/2022/0401/c88-1121.html.

[3] 陈笑辉,范晓虹. Yahoo 的分类体系结构及原理探微[J]. 图书情报工作,1999(9):33-36.

[4] 化柏林. Google 搜索引擎技术实现探究[J]. 现代图书情报技术,2004(S1):40-43.

[5] Adomavicius G,Tuzhilin A. Toward the next generation of recommender systems:A survey of the state-of-the-art and possible extensions[J]. IEEE Transactions on Knowledge and Data Engineering,2005,17(6):734-749.

[6] Resnick P. An open architecture for collaborative filterring of netnews[C]//Proc CSCW'94,1994.

[7] Joachims T,Freitag D,Mitchell T. Webwatcher:A tour guide for the world wide web[C]//IJCAI,1997(1):770-777.

[8] 张永锋. 推荐系统调研报告及综述[R/OL]. (2013-04-02)[2023-08-14]. http://www.yongfeng.me/attach/rs-survey-zhang.pdf.

[9] Koren Y. The bellkor solution to the netflix grand prize[J]. Netflix Prize Documentation,2009,81(2):1-10.

[10] 周进华,熊张亮,李雄锋,等. 用于智能设备的混合推荐系统及其方法:201210253651.2[P]. 2014-02-12.

[11]   Aslanian E,Radmanesh M,Jalili M. Hybrid recommender systems based on content feature relationship[J]. IEEE Transactions on Industrial Informatics,2016.

[12] Strub F,Mary J,Gaudel R. Hybrid collaborative filtering with autoencoders[J]. arXiv preprint arXiv:1603.00806,2016.

[13] 杨卓荦. 数据仓库分布式列存储技术研究与实现[D]. 昆明:昆明理工大学,2012.

[14] Zaharia M,Chowdhury M,Das T,et al. Resilient distributed datasets:A Fault-Tolerant abstraction for In-Memory cluster computing[C]//9th USENIX Symposium on Networked Systems Design and Implementation (NSDI 12),2012:15-28.

[15] Zaharia M,Das T,Li H,et al. Discretized streams:An efficient and Fault-Tolerant model for stream processing on large clusters[C]//4th USENIX Workshop on Hot Topics in Cloud Computing (HotCloud 12),2012.

[16] Meng X,Bradley J,Yavuz B,et al. Mllib:Machine learning in apache spark[J]. The Journal of Machine Learning Research,2016,17(1):1235-1241.

[17] Xin R S,Gonzalez J E,Franklin M J,et al. Graphx:A resilient distributed graph system on spark [C]//First International Workshop on Graph Data Management Experiences and Systems,2013:1-6.

［18］ Ray Core［EB/OL］.（2016-08-07）［2023-08-14］. https：//github. com/amplab/ray-core.

［19］ E-MapReduce［EB/OL］.（2023-02-16）［2023-08-14］. https：//help. aliyun. com/product/28066. html.

［20］ FusionInsight［EB/OL］.（2018-01-01）［2023-08-14］. https：//www. huaweicloud. com/product/ FusionInsight. html.

［21］ Zaharia M，Chowdhury M，Franklin M J，et al. Spark：Cluster computing with working sets［C］// 2nd USENIX Workshop on Hot Topics in Cloud Computing（HotCloud 10），2010.

［22］ Li H，Ghodsi A，Zaharia M，et al. Tachyon：Reliable，memory speed storage for cluster computing frameworks［C］//Proceedings of the ACM Symposium on Cloud Computing，2014：1-15.

［23］ Shvachko K，Kuang H，Radia S，et al. The hadoop distributed file system［C］//2010 IEEE 26th Symposium on Mass Storage Systems and Technologies（MSST），IEEE，2010：1-10.

［24］ Armbrust M，Xin R S，Lian C，et al. Spark sql：Relational data processing in spark［C］// Proceedings of the 2015 ACM SIGMOD International Conference on Management of Data，2015： 1383-1394.

［25］ 王家林. 大数据 Spark 企业级实战［M］.北京：电子工业出版社，2015.

［26］ 宋光晓. 基于 Mahout，Hadoop 的推荐系统研究与实现［D］.荆州：长江大学，2016.

［27］ 项亮. 推荐系统实践［M］.北京：人民邮电出版社，2012.

［28］ Goldberg D，Nichols D，Oki B M，et al. Using collaborative filtering to weave an information tapestry［J］. Communications of the ACM，1992，35（12）：61-70.

［29］ 叶敬宁. 引入策略偏好的个性化推荐技术研究［D］.南京：东南大学，2016.

［30］ 聂帅华. 基于内容推荐/协同过滤推荐算法的智能交友网站的设计 & 实现［D］.武汉：华中师范大学，2015.

第 5 章　面向聚类算法的硬件定制

聚类分析是一种重要的机器学习算法,在人类工作和生活中扮演着越来越重要的角色,目前已被广泛应用于许多不同的领域,如市场调研、模式识别、数据挖掘、图像处理、客户分割、Web 文档分类等.随着互联网和电子商务的飞速发展,各行各业采集、积累或亟需处理的数据呈现海量式的增长.海量的数据大大降低了聚类分析的效率,针对各种聚类算法加速的研究成为了人们探讨的重要课题.本章围绕聚类算法的硬件加速器定制与优化展开介绍,首先介绍聚类算法的硬件加速背景,而后介绍聚类算法的算法原理,最后结合 FPGA 平台上的一个聚类算法部署实例介绍具体的硬件定制细节.

5.1　聚类算法的硬件定制

聚类算法是一类无监督的机器学习算法[1],目前被广泛应用于各个领域,例如,市场调研、模式识别、数据挖掘、图像处理、客户分割、Web 文档分类[2]等.按照划分方式的不同,常用的聚类算法可以划分为如下几类:划分方法、层次方法、基于密度的方法、基于网格的方法以及基于模型的方法等.在不同的应用领域以及处理不同类型的数据时,需要使用不同的聚类算法来进行聚类分析才能够获得较好的聚类效果.例如,k-Means 算法[6]原理简单,运行时间短,能很好地处理球形分布的数据.但是对于分布不规则的数据,k-Means 算法就很难获得较好的聚类结果,特别是一些噪声严重的数据集,k-Means 算法往往很难满足人们的需求,而 DBSCAN 算法[7]可以达到很好的聚类效果.综上,在不同的应用领域中多种聚类算法被广泛使用.

随着互联网和电子商务的飞速发展,各行各业采集、积累或亟需处理的数据呈现海量式的增长,数据的规模和维度也在不断地扩大[8].海量高维度的数据大大降低了聚类分析的效率,严重制约着各行各业的发展.特别是在这个高速发展的信息时代,信息提取速度的快慢成为了影响成功的关键因素.聚类算法应用的广泛性和信息提取速度的重要性使得聚类算法的加速具有重要的意义,聚类算法的加速已经成为当今社会迫切的需求.

目前,聚类算法加速的平台主要有云计算平台和硬件加速平台.云计算平台加速大多采用 Hadoop 或者 Spark 等框架和工具对应用程序进行功能与数据集的划分,然后将划分的任务或数据分配到每个 PC 节点,各个 PC 节点处理任务并将结果返回到宿主机.硬件加速平台主要有图形处理器（GPU）、现场可编程逻辑门阵列（FPGA），以及专用集成电路（ASIC）.它们利用硬件自身速度快的特点,使用硬件代替软件或者 CPU 来实现具体功能逻辑,而且大量的内置硬件逻辑部件使得硬件加速可以更好地采用并行和流水的方式加速算法的执行.在硬件加速平台中,GPU、FPGA 以及 ASIC 都有各自的特点和应用领域.GPU主要用于图形处理领域,它拥有大量的并行处理单元,利用数据级并行的模式来加速各种应用的执行,例如矩阵相乘、图像处理等.但由于大量的并行器件的存在以及对通用性和灵活性的支持,GPU 和 FPGA 相比有着较高的功耗;ASIC 是专用集成电路,适用于定制电路的加速,速度快但灵活性差,不具有可重构的性质;FPGA 以稳定、相对成本低、并行度高和可重构的特点受到人们的青睐,使用它进行加速的应用也越来越多,其本身的硬件特点也使其成为进行聚类算法定制的理想平台.

5.2　聚类算法细节

聚类算法[9]是机器学习和数据挖掘中常用的一种无监督类型的算法.它是对原始数据集的一种划分,将相似的数据对象划分为一个簇,使得簇中数据对象之间有很高的相似度,簇间的数据对象有明显的差别[10].

5.2.1　k-Means 算法

k-Means 算法又称 k 均值算法,它是所有聚类算法中最为简单也是应用最为广泛的算法[11].算法输入包括:待划分数据集 $D = (d_1, d_2, d_3, \cdots, d_n)$;簇的标号集合 $C = (c_1, c_2, c_3, \cdots, c_k)$,其中 $d_i (1 \leqslant i \leqslant n)$ 代表的是某个数据对象,$c_t (1 \leqslant t \leqslant k)$ 代表的是某个簇标号.算法输出:数据对象对应的簇标号集合 $ID = (id_1, id_2, id_3, \cdots, id_n)$,$id_t (1 \leqslant t \leqslant n)$ 代表的是数据对象 d_t 所在的簇的簇标号,id_t 的取值范围是 $C = \{c_1, c_2, c_3, \cdots, c_k\}$,算法基本原理如下:

（1）任取原始数据集中的 k 个数据对象作为原始簇的中心点,并赋予其不同的标号 c_t来代表不同的簇.

（2）针对原始数据集中每个数据对象 d_i 执行如下操作:

（a）计算 d_i 到所有簇之间的距离.

（b）从（a）操作中找出距离值中的最小值,给出该距离值对应的簇中心点的簇标号,然后将数据对象 d_i 划分到指定的簇中.

（3）对每一个簇执行如下操作:

（a）对簇中的每一个数据对象累加求和.

（b）将（a）中的累加和除去簇中数据对象的个数,得到的数据就是该簇新的中心点.

（4）重复（2）和（3）的操作,直到迭代次数达到收敛阈值或者簇中的数据对象不再发生变化为止.

从上面的 k-Means 算法的原理中可以看到算法是简单而高效的,而且算法确定的 k 个簇中数据的平方误差和最小,但是也同样具有以下几个缺点:① 算法需要提前知道将该数据对象集划分为 k 个不同的簇,而在现实生活中很多应用是不知道簇的个数的;② 算法需要设置初始的簇中心,但是如果簇的中心点选择不合适,整个算法处理的结果就会不太理想;③ 算法在更新簇的时候采用的是算术平均值,对噪声和孤立点的处理效果不是很敏感,将导致聚类的效果不理想;④ 算法对球形分布的数据处理的效果很好,但是对无规则分布的数据集聚类分析的效果却很差.

5.2.2　k-mediod 算法

人们在 k-Means 算法的基础上提出了另一种聚类算法,即 k-mediod 算法[12].PAM 算法与 k-Means 算法的思想大同小异,唯一的不同点就是更新簇的中心点的操作.算法输入包括:待划分数据集 $D = (d_1, d_2, d_3, \cdots, d_n)$;簇的标号集合 $C = (c_1, c_2, c_3, \cdots, c_k)$,其中 d_i $(1 \leqslant i \leqslant n)$ 代表的是某个数据对象,$c_t (1 \leqslant t \leqslant k)$ 代表的是某一个簇标号.算法输出:数据对象对应的簇标号集合 $ID = (id_1, id_2, id_3, \cdots, id_n)$,$id_t (1 \leqslant t \leqslant n)$ 代表的是数据对象 d_t 所在的簇的簇标号,id_t 的取值范围是 $C = \{c_1, c_2, c_3, \cdots, c_k\}$,算法基本原理如下:

(1) 任取原始数据集中的 k 个数据对象作为原始簇的中心点,并赋予其不同的标号 c_t 来代表不同的簇.

(2) 针对原始数据集中每个数据对象 d_i,执行如下操作:

(a) 计算 d_i 与所有簇之间的距离.

(b) 从(a)操作中找出 k 个距离值中的最小值,给出该距离值对应的簇中心点的簇标号,然后将数据对象 d_i 划分到指定的簇中.

(3) 对每个簇 c_t 执行如下操作:

(a) 对每个数据对象 d_t 执行如下操作:

(i) 计算 d_t 与 c_{ti} 之间的距离,其中 c_{ti} 代表簇 c_t 中的第 i 个元素.

(ii) 将 i 中求得的距离进行累加操作,求得距离之和.

(b) 找出(a)操作中距离和的最小值,该最小值对应的数据对象就是下次迭代操作需要的簇 c_t 的中心点.

(4) 重复(2)和(3)的操作,直到迭代次数达到收敛的阈值或者簇中的数据对象不再发生变化.

PAM 算法虽然能够解决噪声或者孤立点的影响,但是算法仍然具有以下几个方面的缺点:

(1) 由于更新簇的中心点的操作比较费时,不太适合大的数据集.

(2) 算法中需要提前知道将该数据对象集划分为 k 个不同的簇,而在现实生活中很多应用是不知道簇的个数的.

(3) 需要设置初始的簇中心,但是中心点的选择会影响最终的数据集的聚类结果.对球形分布的数据的聚类分析比较有效,但是对无规则分布的数据集,聚类效果却很差.

5.2.3　SLINK 算法

k-Means 算法和 PAM 算法都是基于划分策略的聚类算法,需要在做聚类分析之前就知道簇的个数,而现实生活中很多应用是不知道簇的个数的.为了规避这一缺陷,SLINK 算法应运而生.SLINK 算法是层次聚类算法中的单链接凝聚层次聚类算法[13].它的基本原理如下:数据集 $D = (d_1, d_2, d_3, \cdots, d_n)$ 中的每个数据对象都有一个自己的簇的标号,记为集合 $ID = (id_1, id_2, id_3, \cdots, id_n)$.引入距离阈值 R,R 是一个预定义值,用于在聚类过程中决定何时停止合并簇:

(1) 对数据集 D 计算距离矩阵 DM,矩阵元素 $DM_{s,j}$ 代表 D 中的数据对象 d_i 与 d_j 的距离,即 id_i 与 id_j 的距离,DM 亦称为簇间的距离矩阵.

(2) 针对距离矩阵 DM 的每一行 L_i $(0 \leqslant i \leqslant n, i$ 取整数) 分别求取该行中的最小值,以及该最小值对应的列,将最小值存储在 $LineMin[i]$ 数组内,将对应的列的下标存储在 $Min_{NB}[i]$ 数组中.每一行最小值的寻找都是从对每行的角线位置开始到每一行的行末结束.

(3) 针对 $LineMin$ 数组求取最小值,假设是 $LineMin[s]$,则该最小值对应的列的标号是 $Min_{NB}[s]$,即最小值之间的距离.

(4) 修改 $LineMin$ 数组和 Min_{NB} 数组:将 $LineMin$ 中的最小值更改为浮点数类型的最大值,保证在下次寻找最小值的时候不会被选中;将 Min_{NB} 中值为 $Min_{NB}[s]$ 的元素值更改为 s.

(5) 更新距离矩阵 DM,将矩阵中的最小值更改为浮点数类型的最大值,防止这个数据被第二次使用,然后使用如下公式更新簇间的距离矩阵:

$$DM_{s,j} = Min\{DM_{s,j}, DM_{Min_{NB_s}}, j\}, \quad Min_{NB_s} \leqslant j \leqslant n.$$

(6) 合并 s 和 $Min_{NB}[s]$,并形成一个新的簇,更新 ID 集合.

(7) 找出 s 行的最小值以及对应的列的下标,将其值存储在 $LineMin[s]$ 和 $Min_{NB}[s]$ 中,然后重复 (3)~(6) 的操作,直至两个簇间的最小距离大于 R.

从算法的原理中可以看到 SLINK 算法不需要知道簇的个数,而且对聚类的数据集的分布是没有任何要求的,但是相对于前两种算法,该算法操作比较费时,而且奇异值也会对聚类结果产生影响.

5.2.4　DBSCAN 算法

DBSCAN 算法是基于密度的算法,其基本原理是从不同密度分布的数据集合中找出高密度分布的区域,即数据点分布比较稠密的区域,而对于密度稀疏的区域我们称之为分割区域[14].原始的数据对象被分为三种类型:

(1) 核心点数据:在半径 R 内含有超过 min_{num} 个邻居的点.

(2) 边界点数据:在半径 R 内含有的邻居的数量小于 min_{num},但是其与某个或者多个核心点之间的距离小于 R.

(3) 噪声点数据:数据集合中除了核心点和边界点数据之外的数据,该类数据对象的邻居很少,而且邻居中没有数据点是核心点数据.

R 和 min_{num} 是设定的两个阈值,用来定义高密度区域,即以某个点为中心,半径 R 内含有多于 min_{num} 个数据对象的区域.

算法输入:待聚类的数据集 $D = (d_1, d_2, d_3, \cdots, d_n)$、半径 R、阈值 min_{num} 和数据对象对应的簇的标号 $C = (-1, -1, -1, \cdots, -1)$,其中 d_i $(1 \leqslant i \leqslant n)$ 代表数据对象,-1 表示的

是聚类前该数据对象没有被分到任何簇中.算法输出:$C = \{c_1, c_2, c_3, \cdots, c_k\}$,其中 C 中的元素会有很多除 -1 以外的相同值,代表着这些数据对象同属于一个簇.算法的具体步骤如下:

(1) 对数据集 D 计算距离矩阵 DM,矩阵元素 $DM_{i,j}$ 代表 D 中的数据对象 d_i 与 d_j 的距离[2].

(2) 针对 DM 中的每一行,统计距离值小于 R 的个数.如果个数大于 min_{num},将该点标记为核心点,并记录核心点的邻居.

(3) 从 D 中按序读取一个未被判断过的数据,判断该数据是否是核心点数据.如果是核心点数据,就创建一个簇标号,并为核心点及其邻居节点添加簇的标号,对已经划分的数据对象设置已处理的标记,然后进行(4)的操作;反之,执行(3)的操作,直至所有的数据对象被处理完成.

(4) 按序检查核心点的邻居节点是否是核心点:

(a) 如果是核心点,而且核心点还未被设置已处理的标记,就为核心点的所有邻居节点添加簇的标号,并为这些邻居节点设置已处理的标记,然后递归调用(4)的操作.

(b) 如果不是核心点,按序检查下一个邻居节点.如果下一个邻居节点满足(a)中的条件,则执行(a)的操作,反之执行(b)的操作,直至所有的邻居节点均已判断完成,则返回递归调用的上一层.

(5) 重复(3)和(4)的操作,直至 D 中所有的数据对象都被判断过,则整个数据集已经完成了基于密度的聚类.

该算法的优点在于对噪声的容忍性非常好,而且对于任意分布的数据集都有很好的聚类效果,缺点就是算法操作比较烦琐,还涉及递归操作,时间复杂度较高.

5.3　硬件部署/加速定制相关工作

5.3.1　FPGA 加速技术介绍

FPGA 是为了解决定制电路而诞生的,是可编程器件发展的产物,它主要由查找表(LUT)、可配置的逻辑块(CLB)、时钟资源和时钟管理单元、块存储器 RAM、互联资源、专用的 DSP 模块、输入输出块、吉比特收发器、PCI-E 模块以及 XADC 模块组成[15](图 5.1).FPGA 工作的主要原理是通过设置片内的 RAM 的状态,即对 RAM 进行编程来设置不同的功能逻辑.

FPGA 加速的手段主要有并行计算、流水线设计和数据局部性等.并行计算主要是根据算法的特点,将算法中可以并行的部分分配到不同的硬件逻辑单元中去执行.并行计算分为数据并行和计算并行.数据并行是指算法中的一些数据之间是无关联的,把这些各自独立的数据分配到逻辑功能相同的多个硬件执行单元 PE 中同时进行计算;计算并行是指数据不进行分割而是直接输入一个硬件执行单元 PE 中,该 PE 自身具有并行计算的功能,如硬件逻

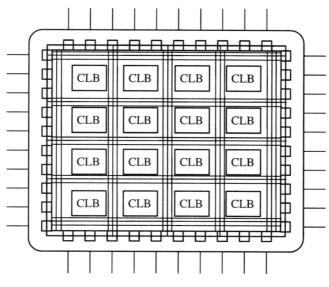

图 5.1　FPGA 基本结构图

辑单元加法树、向量减法、向量乘法等.流水线设计是 FPGA 的另外一种常用的并行优化方式,通过将一段功能逻辑块进行分割形成多段的逻辑小块,然后通过设置多个寄存器组来减少整个功能逻辑块的时间延迟.理想状态下的流水线在每个周期内都会完成一次功能逻辑的计算,使得 FPGA 具有极大的吞吐率,整个加速效果就非常可观.数据局部性指的是算法的特点,如果算法中数据之间具有局部性,FPGA 内部就可以通过缓存数据来提高数据的利用率,减少数据的片外访存次数,从而达到加速的目的.

5.3.2　加速系统的软硬件功能划分

该部分的工作主要有两个方面:① 对加速系统进行软硬件划分,将算法的关键代码在硬件加速器中实现;② 分析算法的关键代码的功能逻辑和局部性,提取相同的功能代码(公共算子).对加速系统进行软硬件划分的原因是加速器必须能够很好地支持四种聚类算法,而 FPGA 硬件资源是有限的,不可能将四种算法完全在 FPGA 端实现,所以只能加速算法的关键代码.主要方法是通过一些剖析工具,分析算法中比较费时的关键代码,然后将这些关键代码在 FPGA 端实现,以提高整个算法的运行效率.第二方面的工作是为了平衡加速器通用性和性能之间的矛盾,加速器的通用性提高了,性能必然会受到影响.FPGA 的硬件资源是有限的,如果为每个算法的热点代码设计相应的硬件逻辑,则相同的代码功能会导致很多硬件逻辑的重复与浪费.通过提取相同的功能代码,加速器实现相同功能代码的硬件逻辑,算法之间共享该硬件逻辑,这样会大大减少 FPGA 的硬件资源使用;省下的硬件资源可以用来加速算法的其他代码,整个加速器的性能也就得到提升.具体的方法是通过不断细化四种算法的热点代码,直到找到相同的功能,然后将这些细化的功能提取出来,作为加速器设计的基本功能逻辑单元.在章节的最后给出了算法的局部性分析,揭示了算法中存在的数据局部性以及算法对数据局部性的使用情况.

5.3.2.1 软硬件协同设计的流程

本小节主要采用软硬件结合的方式实现一种针对四类聚类算法的通用加速平台.该加速平台的设计主要分为软件子系统的设计和硬件加速器的设计.加速平台处理具体应用的时候会在 CPU 端通过接口来调用具体的聚类算法,算法通过相应的驱动调用硬件加速器来处理比较费时的关键代码,加速器加速热点代码并将计算结果返回到 CPU 端,然后处理器使用计算结果继续运行直至完成整个算法.整个加速框架如图 5.2 所示.软件子系统的设计工作主要包括编写加速器的硬件驱动和面向用户的加速平台的接口设计.硬件加速器的设计工作包括加速器框架的设计、加速器方案的选择、加速器指令集的设计以及分片技术的实现.从图 5.2 可以看出,运行时库包含三个重要的接口:加速系统接口、IP 核接口、DMA 接口.首先加速系统接口调用 IP 核接口启动加速器,然后加速系统接口调用 DMA 接口向加速器内传输数据,最后加速器执行硬件逻辑完成计算.

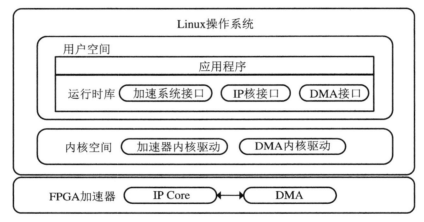

图 5.2　加速平台的整体框架

整个加速系统的实现是软硬件协同处理完成的,图 5.3 揭示了加速器软硬件设计的整个流程,具体步骤参见文献[16].

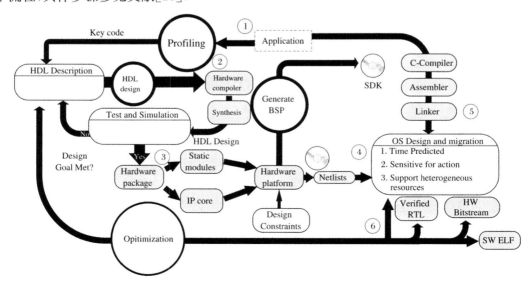

图 5.3　加速器软硬件协同设计的流程

基于以上软硬件协作设计流程,本小节的设计工作流程如下:

(1) 通过热点分析的技术找出聚类算法的关键代码.

(2) 细化算法的功能逻辑并找出相同的功能逻辑单元(公共算子).

(3) 设计硬件加速器的 IP Core,这部分工作包括加速方案的选择、指令的设计、各个硬件逻辑单元的实现.

(4) 设计与开发加速器核的驱动程序.

(5) 设计软件子系统实现软硬件的协同工作.

(6) 评估加速器的性能:加速比、能效比.

5.3.2.2　热点代码分析与软硬件划分结果

本小节选用 Profile 工具统计了在 Linux 下算法中各个函数的运行时间.GNU Profiler 经常被用于分析和测试 Linux 程序中各个函数或运算操作的时间,从而找出比较费时的代码或者函数.图 5.4 给出了它的使用方法,源代码是 k-Means.c.热点分析的具体过程参考文献[16],该文章给出了每个算法中各个函数占用的时间比例,并简单给出了加速系统的软硬件划分结果.

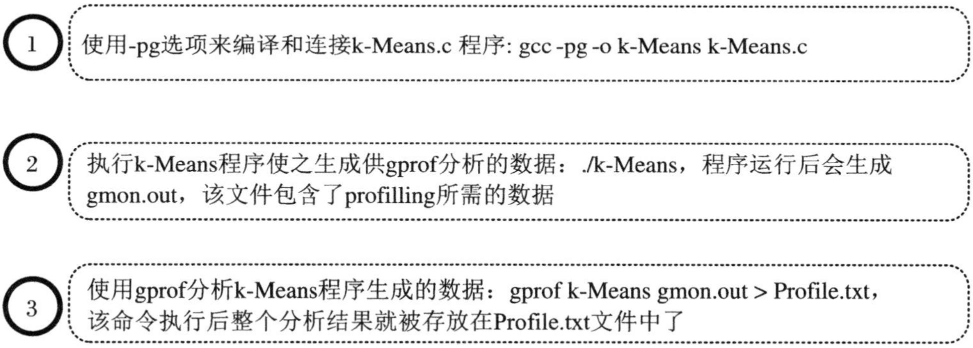

1　使用-pg选项来编译和连接k-Means.c 程序: gcc -pg -o k-Means k-Means.c

2　执行k-Means程序使之生成供gprof分析的数据: ./k-Means,程序运行后会生成 gmon.out, 该文件包含了profilling所需的数据

3　使用gprof分析k-Means程序生成的数据: gprof k-Means gmon.out > Profile.txt, 该命令执行后整个分析结果就被存放在Profile.txt文件中了

图 5.4　Profiler 工具的使用方法

k-Means 整个算法在 FPGA 端实现;PAM 算法分为两部分:簇的划分和簇的更新操作.二者都在 FPGA 上实现,但是彼此之间需要 CPU 的协同操作,这是因为 FPGA 内部无法存储大规模的数据集,簇的更新操作需要的数据必须从 CPU 端传送;SLINK 算法中更新距离矩阵,以及行最小值的寻找操作都是在 CPU 端运行的,算法的其他操作是在 FPGA 上实现的;DBSCAN 算法的距离矩阵的计算在 FPGA 端实现,算法的其他部分在 CPU 端实现.

图 5.5(a)给出的是操作系统和加速器之间的协作来完成 k-Means 算法加速的流程图,整个步骤如下:

(1) CPU 从 DDR 中读取数据并将数据传送到 FPGA 的 BRAM 中.

(2) FPGA 接收数据,并执行距离计算的操作.

(3) 在 FPGA 内部执行距离最小值的寻找操作并将数据划分到不同的簇中.

(4) 在 FPGA 内部判断迭代次数是否满足阈值.如果满足,执行 Send_CentroID 函数,将数据对象的簇的标号传送到操作系统的 DDR 中,算法完成计算;反之,将数据对象和簇中数据进行相加,并执行(5)和(6)中的操作.

(5) 在 FPGA 内部使用平均值的方法更新簇的中心点.

（6）FPGA将新的中心点传送到操作系统的DDR中,完成算法的一次迭代,然后重复（1）～（6）中的步骤.

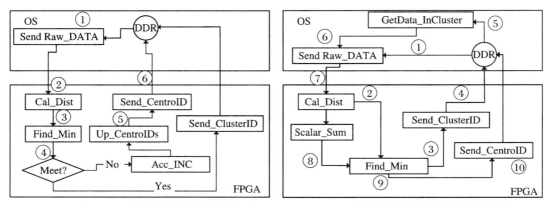

(a) k-Means 算法的软硬件协作图　　　　　　(b) PAM算法的软硬件协作图

图 5.5　在 k-Means 算法和 PAM 算法下加速系统的软硬件协作图

图 5.5(b)给出的是操作系统和加速器之间的协作来完成 PAM 算法加速的流程图,整个步骤如下:

（1）CPU 从 DDR 中读取数据并将数据传送到 FPGA 的 BRAM 中.

（2）FPGA 接收数据,并执行距离计算的操作.

（3）在 FPGA 内部执行距离最小值的寻找操作并将数据划分到不同的簇中.

（4）FPGA 将计算结果传输到操作系统的 DDR 中.

（5）操作系统下 CPU 从 DDR 中读取数据并统计每个簇中的数据对象.

（6）CPU 将每个簇中的数据对象传送到 FPGA 内部.

（7）FPGA 接收数据,并执行距离计算的操作.

（8）在 FPGA 内部执行距离的累加操作.

（9）FPGA 从累加和的数组中找到最小的元素,即该簇新的中心点.

（10）将每个簇的中心点的信息传送到 DDR 中,完成算法的一次迭代操作.

然后按照（1）～（10）中的操作不断迭代直至迭代次数达到收敛的阈值.

图 5.6(a)给出的是操作系统和加速器之间的协作来完成 DBSCAN 算法加速的流程图,整个步骤如下:

（1）CPU 从 DDR 中读取数据并将数据传送到 FPGA 的 BRAM 中.

（2）FPGA 接收数据,并执行距离计算的操作.

（3）将计算得到的距离矩阵传送到 DDR 中.

（4）CPU 从 DDR 中获取距离矩阵并统计核心点数据.

（5）统计核心点的邻居节点.

（6）执行聚簇的操作,完成对数据对象的划分.

（7）将聚簇的结果存储在 DDR 中.

图 5.6(b)是 SLINK 算法软硬件协作的处理流程图,整个处理流程如下:

（1）CPU 从 DDR 中读取数据并将数据传送到 FPGA 的 BRAM 中.

（2）FPGA 接收数据,并执行距离计算的操作.

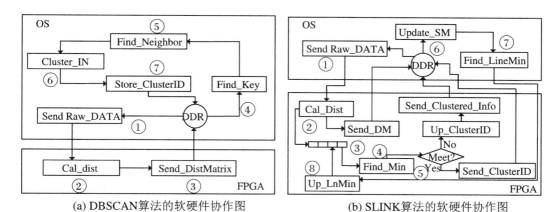

(a) DBSCAN算法的软硬件协作图　　　　(b) SLINK算法的软硬件协作图

图 5.6　在 DBSCAN 算法和 SLINK 算法下加速系统的软硬件协作图

（3）将计算得到的距离矩阵传送到 DDR 中.

（4）FPGA 内部在行最小值数组内查找最小值.

（5）判断该最小值是否满足停止条件,如果满足,执行 Send_ClusterID 函数,将数据对象的簇的标号传送到 DDR 中;反之,执行 Up_ClusterID 和 Send Clustered_Info 函数,然后执行（6）～（8）.

（6）CPU 从 DDR 中获得聚簇的信息并更新簇的距离矩阵.

（7）计算需要更新的行的最小值并将数据传送到 FPGA 内部.

（8）FPGA 内部执行行最小值的更新操作,并重复（4）～（8）的操作.

5.3.2.3　相同代码的提取和局部性分析

1. 相同代码的提取

图 5.5 和图 5.6 给出了加速系统的软硬件划分的结果.为了更加有效地利用硬件资源以提高加速器的性能,需要对四种算法的关键代码进行分析、细化,从而提取关键代码中相同的功能逻辑单元(公共算子).表 5.1 给出了四种算法的关键代码细化后的功能逻辑单元,Vector_Sub, Vector_Fab, Vector_Mult, Scalar_Sum, Find_Min, Vector_Add, Vector_Div,SQRT,Up_Vector 分别代表的是向量减法操作、向量绝对值操作、向量乘法操作、标量求和操作、最小值查找操作、向量加法操作、向量除法操作、开方操作和向量的更新操作.

表 5.1　四种算法关键代码细化后的功能逻辑单元

算法	功能逻辑单元
k-Means	Vector_Sub, Vector_Fab, Vector_Mult, Scalar_Sum, Find_Min, Vector_Add, Vector_Div,SQRT
PAM	Vector_Sub, Vector_Fab, Vector_Mult, Scalar_Sum, Find_Min, SQRT
SLINK	Vector_Sub, Vector_Fab, Vector_Mult, Scalar_Sum, Find_Min, Vector_Up, SQRT
DBSCAN	Vector_Sub, Vector_Fab, Vector_Mult, Scalar_Sum, SQRT

从图 5.5 和图 5.6 中可以看出四种算法相同的功能逻辑主要有:距离计算、最小值的查找.但是由于距离计算采用了 Manhattan 和 Euclid 两种相似度度量的标准,而且这两种相

似度度量标准的计算中含有相同的功能逻辑，所以在提取公共算子的时候对距离计算进行了更细粒度的细化，如表 5.1 所示. Manhattan 公式包括向量减法、向量求绝对值、标量求和；Euclid 公式含有向量减法、向量乘法、标量求和、开方操作. 这种细粒度的划分不仅使得算法之间的硬件逻辑能够共享，而且在每个算法中两种相似度度量标准之间也可以共享相同的功能逻辑单元，大大提高了硬件资源的利用率. 距离计算是四种算法共有的功能逻辑，而且是四种算法的关键代码，所以应该优先设计这部分代码的加速. 对于各种算法独有的功能逻辑单元，加速器需要针对算法设计单独的硬件逻辑单元.

2. 局部性分析

通过分析知道，计算距离的操作是所有算法共有的功能逻辑，而且是非常耗时的关键代码. 对此我们给出了距离计算的局部性分析，至于优化的操作已在第 4 章进行了介绍. k-Means算法和 PAM 算法中的距离计算操作指的是 n 个数据对象和 m 个簇的中心点之间的距离计算，DBSCAN 和 SLINK 算法中的距离计算是多个数据对象两两之间的距离计算. 虽然四种算法中的数据对象有些差别，但是这些数据对象的类型相同，所以四种算法中的数据可以用相同的数组来存储，即不需要为每个算法存储各自的数据. 在 FPGA 端用两个向量数组来存储即可，这样减少了硬件资源在存储方面的使用，为优化功能逻辑提供了一定的保障.

从算法 5.1 可以看出，每个簇的中心点数据都会被重复利用 n 次. 但 FPGA 的硬件资源是有限的，而有时簇的个数 m 又非常大，FPGA 不可能将其完全存储在 BRAM 中，大部分的数据都会存储在片外. 由于代码中每个数据对象和 m 个簇相关联，在处理每个数据对象的时候就需要多次片外访存，数据传输的带宽将成为加速器性能提升的瓶颈. 原始的代码结构没能够很好地利用数据局部性的原理，数据没有得到缓存利用就被换出，导致片外访存的次数太过频繁. 本小节后续部分利用分片技术给出频繁片外访存的解决方案.

算法 5.1　k-Means 算法中簇的划分操作的伪代码

Algorithm 1 Original Distance Calculation Algorithm
Input：n is Data Size
Input：m is Number of Clusters
Output：Dist[X, Y] denotes the Distance Array
1.　　　for i<－0 to n do
2.　　　　for j<－0 to m do
3.　　　　　　Read_Obj(i;&Objects[i])
4.　　　　　　Read_Means(j;&Centroid[j])
5.　　　　　　Dist[i;j] = Dist_Cal(Objects[i]; Means[j])
6.　　　　end for
7.　　　end for

5.3.3　加速器的框架结构介绍

5.3.3.1　加速器的基本框架

用 FPGA 实现四种算法最简单的方法就是针对这四种算法直接进行硬件固化. 但是这

种方法大大降低了加速器的灵活性和扩展性.如果某种算法的关键代码与这四种算法基本相同或者只存在少量的差别,就不得不重新设计一个新的加速器.本小节采用了为加速器设计指令集的方式,来实现四种不同算法的加速.在 FPGA 端通过执行扩展指令的语义来实现相应的硬件逻辑,通过指令执行的过程来实现算法的功能.这种方法大大提高了加速器的灵活性,如果某种应用能够根据指令集的重组来解决问题,那么只需要输入一些对应的指令集,加速器读取指令,译码,执行相应的操作即可.

从图 5.7 中可以看到整个加速平台的基本结构,它主要由 CPU、DDR、加速器的控制单元、执行单元、DMA、指令缓存等组成.CPU 负责与硬件加速器之间进行通信,通过相互协作来完成整个算法的加速;DDR 是软件和硬件之间数据交互的纽带,加速器通过 DMA 从 DDR 传送数据到 FPGA 内部,然后 FPGA 将计算结果再通过 DMA 传送到 DDR 上,CPU 通过数据总线读取 DDR 中的数据并进行计算;加速器的控制器主要控制加速器指令读取和执行;指令缓存用来存储通过 DMA 从 DDR 传送的指令集合;执行单元内部包含有各条指令对应的硬件逻辑单元,以及相应的内存存储单元.整个加速器工作在 SIMD 模式下,即在不同的输入数据集上执行相同的指令操作.每个执行单元内部都是一些相同的硬件逻辑,执行单元之间是完全并行的,而执行单元的个数受限于实验平台的硬件资源.加速器一旦启动,CPU 就调用 DMA 将指令集合从 DDR 传送到 FPGA 的指令缓存中,然后控制器从指令缓存按序读取指令并执行指令相应的硬件逻辑功能,例如数据加载、向量减法、向量求和、数据存储操作等,整个加速器就像一个处理器一样,通过取指、译码、执行特定的指令集来完成算法的功能.

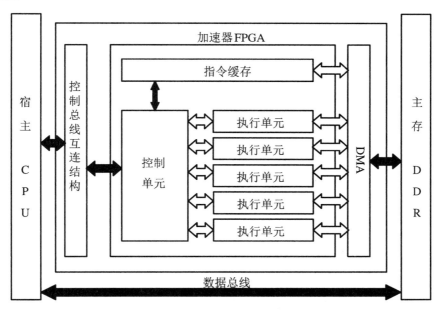

图 5.7　加速器的整体框架

5.3.3.2　执行单元的内部结构

整个加速器的核心是加速器的执行单元,本小节将对加速器执行单元的内部结构进行介绍.从图 5.8 中可以看出整个执行单元由内存存储模块和功能硬件逻辑模块组成.执行单元在内存存储方面设置了三个输入数组和两个输出数组:Objects 是个二维数组,用来存储待划分的数据对象；Means 为二维数组，用来存储簇的中心点；ClusterID 是一个一维数组，用来存储各个数据对象所在簇的标号；Distance 是一维数组，用来存储点与点之间的距离. 在本小节的设计中还有一些其他的内存单元，例如存储数据集信息的参数数组 Para 以及存储中间结果的临时数组等.

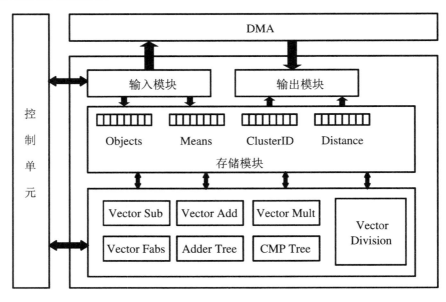

图 5.8　加速器执行单元内部结构

指令集对应的硬件逻辑分为两块，一块为 I/O 指令对应的硬件逻辑单元，一块为计算的硬件逻辑单元. I/O 指令分为输入模块和输出模块：前者含有多种数据加载的指令，后者包含多个数据存储的指令. 计算指令包括向量减法、向量乘法、向量求绝对值、向量加法、标量数组求和、找出数组的最小值、向量除法等.

整个执行单元的执行流程如下：① 控制器从指令缓存读取第一条指令：Load 指令. ② 控制器译码，并执行指令对应的硬件逻辑，即通过输入模块中相应的硬件逻辑单元调用 DMA 从 DDR 读取数据到片内指定的数组中. ③ 控制器从指令缓存中读取指令. ④ 控制器译码，执行指令对应的硬件逻辑. ⑤ 控制器重复③和④中的操作，直至最后从指令中读取最后一条指令：Store 指令；然后译码并调用输出模块中相应的硬件逻辑单元，将计算结果从片内通过 DMA 输出到片外的 DDR.

5.3.3.3　加速方案的选择

从算法的热点代码分析可以看出，距离计算在四种算法中都占有很大的比例，所以针对 n 个 A 类型数据点到 m 个 B 类型数据点之间的距离计算的加速尤为重要. 目前加速该部分代码的方案主要有两种：一种加速方案是在计算每个 A 类型的数据对象与所有 B 类型的数据对象之间的距离时采用并行的方式，另一种加速方案是采用流水的方式. 本小节将简单介绍这两种加速方案以及其各自的优缺点，并给出本书的选择.

1. 并行方式的加速方案

图 5.9 给出了并行方案的具体设计，多个处理单元（PE）之间能够并行执行，且 PE 的功

能都是相同的.每个 PE 被划分成三个阶段,第一阶段是减法操作,第二阶段是绝对值操作,第三阶段是加法操作.三个阶段的顺序执行可以完成距离计算中一个维度上的计算操作,通过流水处理后 PE 能够将每个维度上的计算进行累加,从而完成点对点的距离计算;而多个 PE 的并行操作能够完成一个数据对象与多个簇的中心点之间的距离计算.

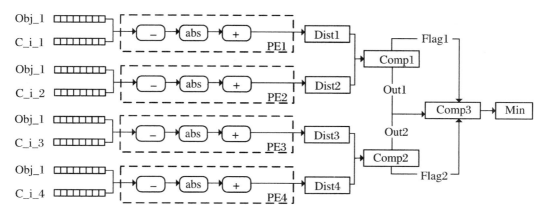

图 5.9 距离计算的并行方案的示意图

由于处理的数据很大,在 FPGA 内部不可能将数据存储为 register 格式,只能将数据存储在 BRAM 上,而 BRAM 每个周期只支持两个端口的读写操作,所以要实现一个数据对象与多个簇的中心点之间的并行计算,就要复制多份相同的数据对象,即并行操作的额外开销就是数据的冗余存储.如果数据 Obj_1 要实现与 8 个簇的中心点并行计算,则要在不同的 BRAM 中存储四份 Obj_1 的数据,这是以空间换时间的方法来加速数据与多个簇中心点之间的距离计算.假设加速器最大支持的并行度是 32,当簇的个数大于 32 时,就要分批计算,每次计算与 32 个簇的中心点之间的距离,然后再将结果进行整合.

2.流水方式的加速方案

流水方案的原理是点与所有簇的中心点之间的距离计算采用流水的方式,而点与单个簇的中心点之间的距离计算采用的是维度上的并行操作.如图 5.10 所示,整个距离计算划分为三个阶段:第一阶段是向量的减法操作,第二阶段是向量的绝对值操作,第三阶段是标量的累加操作,该阶段使用加法树来实现功能.三个阶段顺序执行一次就完成了一次点对点的距离计算,三个阶段流水执行就可以完成数据对象到所有簇的中心点之间的距离计算.在 FPGA 中只需要将数据按照维度划分到不同的 BRAM 上,就可以实现维度上的并行操作,然后给这三个阶段添加流水设计的指令就可完成该方案的设计.为了实现每个周期处理一个距离计算的理想结果,在加法树操作中设置了不同的数组,使得加法树的每个阶段的数据源是不同的,从而解决了数据的依赖.从图 5.10 中可以看出,需要的硬件逻辑单元有向量的减法、向量求绝对值、加法树操作.假设加速器支持的并行度是 8,则每 8 个不同维度上的计算操作可以并行处理,而且数据对象在每个周期内就可以完成与一个簇的中心点的计算操作.

根据文献[16],在大数据时代,一般簇的个数都比较大,所以从这点考虑流水方案的加速效果更优.随着数据维度的不断变大,在流水方案中如果加速器无法并行处理所有维度上的计算,则要分批处理维度上的计算,但是在计算点与多个簇中心点之间的距离的时候采用

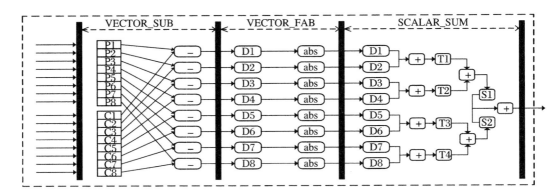

图 5.10 流水方案的距离计算的示意图

流水处理,就会导致维度上的计算不再是分批处理,而是所有维度并行计算,这样会导致 FPGA 的硬件资源不够用,加速器无法完成设计. 如果不采用流水处理,则整个加速效果远远不如并行方案. 综上可以得到两点:

(1) 对于维度较低的数据集,流水的加速方案比并行的加速方案更优.

(2) 对于维度很大的数据集,流水方案无法实施,加速器难以完成设计. 相比而言,此时并行的加速方案是个不错的选择,即并行方案比流水方案在数据维度上的适应性更好.

本小节考虑到加速器的通用性和性能的均衡,选择了对加速效果更优的流水方案进行设计. 两种方案各有优点和缺点,本小节的主要工作是针对流水方案进行相应的硬件设计.

5.3.3.4 硬件逻辑单元的实现

在加速方案的选择上采用的是外层计算流水、内层维度计算并行的方式. 加速器设计的指令主要有两种,即 I/O 指令和计算指令. 为了提高加速器的执行效率,指令集中的指令都不包含数据源地址和目的地址,即任何指令操作读取或存储数据的地址是固定的,不再需要译码操作,所以在 I/O 指令中就要设计多条针对不同数据源地址或者目的地址的读写指令. 计算指令的源地址和目的地址的起始地址在 FPGA 内部是设置好的,随着同一条指令重复执行的次数的增加,计算指令的源地址和目的地址会发生相应的偏移,整个指令集如表 5.2 所示.

表 5.2 指令集及各条指令的功能

指令名称	指令功能的介绍
LOAD_OBJ	从 DMA 读取数据,并加载到 FPGA 内 Objects 数组中
LOAD_CLU	从 DMA 读取数据,并加载到 FPGA 内 Means 数组中
LOAD_TMP	从 DMA 读取数据,并加载到 FPGA 内 TMP 数组中
LOAD_PARA	从 DMA 读取数据,并加载到 FPGA 内 PARA 数组中
STORE_TMP	通过 DMA 将 TMP 数组中的数据传送到 DDR 中
STORE_ID	通过 DMA 将 ClusterID 数组中的数据传送到 DDR 中
STORE_DIST	通过 DMA 将 Distance 数组中的数据传送到 DDR 中
STORE_LOCA	通过 DMA 将两个距离最近的簇的下标传到 DDR 中

指令名称	指令功能的介绍
VECTOR_SUB	向量减法操作
VECTOR_FAB	向量求绝对值操作
VECTOR_MULT	向量乘法操作
SCALAR_SUM	标量数组的求和操作
SQRT	距离开放操作
FIND_MIN	找出数组中的最小值
CLUSTER_IN	根据距离的最小值给数据对象添加簇的标签
VECTOR_ADD	向量加法操作
VECTOR_DIV	向量除法操作
VECTOR_UP	更新簇的标号,更新行最小值,更新行最小值的位置数
K-MEANS	执行该指令会执行一组指令集合
PAM_CLU	执行该指令会执行一组指令集合
PAM_UPD	执行该指令会执行一组指令集合
DBSCAN	执行该指令会执行一组指令集合
SLINK	执行该指令会执行一组指令集合

从指令集的表格中可以看到五种粗粒度的指令:k-Means、PAM_CLU、PAM_UPD、SLINK、DBSCAN.这些指令是为了提高加速器的加速性能而设计的,每种粗粒度指令执行的过程中都会执行表 5.2 中的一组指令.一次读指令、译码和执行指令的过程就可以完成算法的功能,这相比读指、译码、执行多条指令的效率高了很多.除此之外,我们可以通过传送多条指令来完成功能相似的算法的加速,所以这种设计在保证性能的同时,也使加速器提高了一定的灵活性.

距离计算是四种算法共同的逻辑功能,而且是比较费时的关键代码,所以它应该是我们优先设计加速的模块.在我们的设计中采用了两种相似度度量的标准来计算距离,即 Manhattan 和 Euclid.所以对应的距离计算的指令集就有两种不同的集合.Manhattan 公式: $Dists = \sum_{i=1}^{n} | x_i - y_i |$.实现该公式只需要三条指令,顺序为:向量减法、向量绝对值、标量求和.向量减法和向量绝对值操作都是在维度上并行的,而标量求和是通过加法树来实现的,整个距离计算的硬件逻辑如图 5.11 所示.

图 5.11 给出了 VECTOR_SUB、VECTOR_FAB、SCALAR_SUM 这三条指令的具体硬件逻辑.VECTOR_SUB 的数据源是 Objects 数组和 Means 数组,目的数据存储在向量 Dist 中;VECTOR_FAB 指令的源地址和目的地址都是向量 Dist;SCALAR_SUM 指令的数据源是 Dist,目的数据存储在 Distance 数组中.图中给出的向量维度是 8,在本小节的设计中,实现了 32 级别的向量减法、向量求绝对值以及 32 级别的加法树.当数据的维度小于 32 时,加速器会将一些向量的维度填充为 0,0 对向量的减法、求绝对值以及标量的求和操作不会产生任何影响,这保证了数据计算的正确性,也是采用流水加速设计方案的基础.

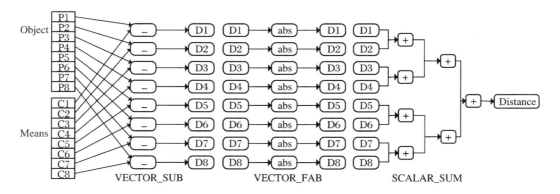

图 5.11　采用 Manhattan 计算的硬件逻辑设计

Euclid 公式: $Dists = \sqrt{\sum_{i=1}^{n}(x_i - y_i)^2}$ 实现该公式需要顺序执行四条指令,即 VECTOR_SUB、VECTOR_MULT、SCALAR_SUM、SQRT.图 5.12 给出了每条指令具体的硬件逻辑设计,其原理与图 5.11 相同,只是第二条指令用 VECTOR_MULT 替换了 VECTOR_FAB.开平方操作相对于减法操作和乘法操作比较费时,当向量的维度比较低时,使用 Euclid 公式相比于 Manhattan 更费时.当向量维度非常大时,在点与点距离计算时开平方操作在整个操作中占的时间比例就非常小;而 Manhattan 采用的是求绝对值函数,向量每个维度上都会调用函数,整个时间的花销就会很大,所以相比 Euclid 公式更为费时.

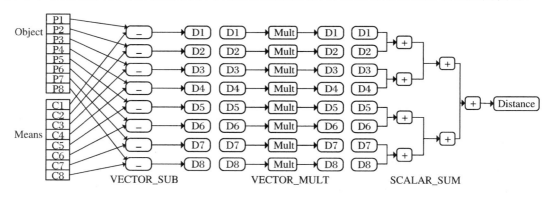

图 5.12　采用 Euclid 计算的硬件逻辑设计

图 5.13 给出了比较树、向量加法、向量除法的硬件逻辑设计.在 FIND_MIN 指令中,首先判断待排序的数组中数据的个数,然后分批次地使用 CMP_TREE 进行处理,最后给出比较结果.FIND_MIN 指令的数据源是数组 Distance,目的数据存储在寄存器 index 中.VECTOR_ADD 指令完成的是向量的累加操作:一旦数据被划分到一个簇中,就会使用向量加法的指令执行累加操作.VECTOR_ADD 的输入数据是二维数组 Objects 和 Sum,输出数据存储在二维数组 Sum 中.当所有的数据划分完毕后,Sum 数组中存储的就是每个簇的数据向量的累加和,它也是 VECTOR_DIV 指令的一个数据来源.VECTOR_DIV 指令执行后将结果存储在 Means 数组中,该数组就是下次迭代操作需要的新的簇中心点.

表 5.3 给出了各个粗粒度指令会使用到的细粒度指令的集合.粗粒度指令是细粒度指令的集合,对应着算法的关键代码,这种设计省去了很多细粒度指令的读取、译码操作,在一

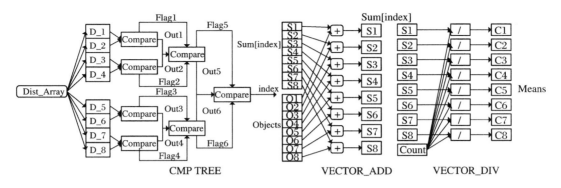

图 5.13 FIND_MIN、VECTOR_ADD、VECTOR_DIV 的硬件实现

定程度上提高了加速器的性能. 五种粗粒度指令的执行除了使用列出的细粒度的指令以外可能还会使用一些简单的 ALU 操作,例如加法、减法、比较操作.

表 5.3 粗粒度指令对应的指令集

粗粒度指令	使用的指令集
K-MEANS	VECTOR_SUB, VECTOR_FAB, VECTOR_MULT, SCALAR_SUM, FIND_MIN, VECTOR_ADD, VECTOR_DIV, SQRT
PAM_CLU	VECTOR_SUB, VECTOR_FAB, VECTOR_MULT, SCALAR_SUM, FIND_MIN, SQRT
PAM_UPD	VECTOR_SUB, VECTOR_FAB, VECTOR_MULT, SCALAR_SUM, FIND_MIN, SQRT
SLINK	VECTOR_SUB, VECTOR_FAB, VECTOR_MULT, SCALAR_SUM, FIND_MIN, VECTOR_UPD, SQRT
DBSCAN	VECTOR_SUB, VECTOR_FAB, VECTOR_MULT, SCALAR_SUM, SQRT

5.3.3.5 频繁片外访存的解决方案

从算法的局部性分析可以看出在计算距离矩阵时,由于硬件资源有限,片内无法存储所有的数据,必然会导致片外访存的频繁发生. 而数据从片外向片内传输的速度很慢,这使得带宽成为了制约加速器加速性能的一个因素. 为了解决该问题,本小节提出了一种称为分块(tile)的技术来减小片外访存发生的概率. 原始的距离计算如算法 5.1 所示,每个数据对象需要依序和所有的中心点计算距离,即每个数据对象和所有的中心点相关联. 假设数据个数 $n = 60000$,簇的个数 $m = 600$,而 FPGA 内部只能存储 100 个中心点数据,原始的代码结构在每个数据的划分操作中都会造成 6 次的片外访存,则 n 个数据共需要 $60000 \times 6 = 360000$ 次片外访存,每次片外访存都要读取 100 个簇的中心点数据. 如此频繁的片外访存必然影响加速器的加速性能,成为加速器性能提升的瓶颈. 原始的代码结构导致 FPGA 内部存储的中心点数据没有得到重复利用就被换出,数据的局部性没有得到任何利用. 如果 FPGA 内部的数据在被覆盖之前得到重复利用,则片外访存的次数会降低. 因为算法本身决定了每个簇中心点被使用的次数,而片内数据在覆盖之前得到重复利用,则需要从片外读取数据的次数就会减少.为了充分利用算法的数据局部性,本小节给出了分块的技术.

从算法 5.2 可以看出,分块技术指的是将 n 个数据对象和 m 个中心点分别划分成一定大小的块,每次的计算都以块为单位,块内的中心点数据会被另一个块内的数据对象重复使用.这种方法使得存储在 FPGA 中的整块的簇中心点数据在被覆盖之前得到充分利用,这大大提高了片内数据的利用率,减少了数据从片外向片内传输的次数.

假设由于硬件资源的限制,FPGA 片内能存储的簇中心点个数为 S,待划分的数据的个数为 T,则采用 Tiled 分块技术前后产生的片外访存的次数分别为 $Num_1 = \dfrac{n \times m}{S}$;$Num_2 = \dfrac{n}{T} \times \dfrac{m}{S}$.由等式可知,分片前的片外访存的次数是分片后的 r 倍,而且每次片外访存都要读取 S 个数据.由此可见,分片技术确实可以减少片外访存的次数.

算法 5.2　采用分块技术重构之后的距离计算的伪代码

Algorithm 2　Tiled Distance Calculation Algorithm
Input:S is Block Size of Means Array;T is Block Size of Objects Array Output:Dist[X,Y] denotes the Distance Array
1.　　　for i<－0 to n/T do 2.　　　　　Read_Obj(T, &Objects[i_T]) 3.　　　　for j<－0 to M/S do 4.　　　　　　Read_Means(j;&Centroid[j]) 5.　　　　　　forii<－i * T to (i+1) * T do 6.　　　　　　　forjj<－j * S to (j+1) * S do4: 7.　　　　　　　　　Dist[ii;jj] = Dist_Cal(Objects[ii]; Means[jj]) 8.　　　　　　　end for 9.　　　　　end for 10.　　　　end for 11.　　end for

图 5.14 更好地阐释了分块技术的原理,图中的形状代表了数据的类型,颜色代表了数据存储的方式.图中方块代表待划分的数据,圆圈代表簇的中心点;灰色代表的是数据存储在 FPGA 片内,白色代表的是数据存储在片外.原始的计算方式是针对每个待划分的数据按序计算它与所有的簇的中心点的距离,步骤如下:

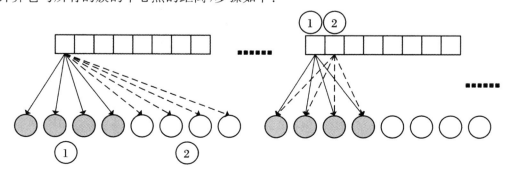

图 5.14　利用分块技术前后算法的执行过程

（1）计算待划分数据与片内中心点数据之间的距离；

（2）将不在片内的簇的中心点数据通过片外访存加载到片内；

（3）重复（1）和（2）直至所有的簇的中心点计算完毕；

（4）针对每个待划分的数据重复上述三步操作.

由于上述步骤是针对每个待划分的数据的,所以每个待划分数据的计算都需要很多次的片外访存才能完成,这导致了片外访存太过频繁,而分片技术很好地解决了这一问题.在分块技术中数据计算的中心不再围绕着单个待划分的数据进行,而是针对多个待划分的数据,也称为以块为单位的计算,整个计算步骤如下：

（1）将块内所有的待划分的数据依次与 FPGA 片内所有的簇的中心点计算距离,并将距离结果暂存；

（2）将不在片内的簇的中心点数据从片外加载到片内；

（3）重复（1）和（2）中的操作,直至所有的簇的中心点计算完毕；

（4）将存储在片外的待划分的数据以块为单位加载到 FPGA 片内,然后重复上述三步操作,直至所有的待划分数据划分完毕.

由于 tile 技术是以块为单位进行计算的,片内簇的中心点数据在被换出之前已经被待划分的数据充分利用,这大大提高了数据使用的局部性.算法中所有簇的中心数据被重复使用的次数是固定的,而 tile 技术提高了每次片外访存加载的簇中心点数据被重复使用的次数,减少了数据从片外传输到片内的次数.

本章小结

如前所述,现实世界中大量应用会需要使用不同的聚类算法进行处理,所以对多种聚类算法的加速是很有必要的.在本章中,我们给出了一个能够支持 k-Means、PAM、SLINK、DBSCAN 四类聚类算法的硬件加速平台定制方案,并且其中加速器在处理每种算法时可以选用两种不同的相似度度量标准,这大大扩展了加速器的灵活性和通用性.基于该平台定制方案,后续仍有相关优化和改进空间可供读者参考.

首先,在数据维度方面,由于 FPGA 硬件资源有限,采用了流水方案的设计使得加速器能够支持的最大的数据维度是 32,对于数据维度大于 32 的数据集应用就不再支持.在本章中给出了另一种加速方案的设计,即并行方案的设计.虽然该方案在维度相同情况下与流水方案相比,其加速效果不如后者,但是该方案支持的数据维度却可以得到很大的扩展,所以针对高维度的数据集应用,采用该方案进行设计是一个不错的选择.

其次,本章给出的设计是针对单个 FPGA 进行的,而单个 FPGA 的硬件资源是很有限的,这会大大制约加速器的性能.如果能够将数据和功能进行划分并分配到不同的 FPGA 中,而 FPGA 之间通过数据传输来实现算法同步和数据的一致性,则整个加速器的加速性能能够得到很大的提升.

参考文献

［1］　郎为民,陈凯,张国峰.无监督学习在认知网络中的应用研究[J].电信快报,2014(2):3-6.

［2］　韩家炜,范明,孟小峰.数据挖掘：概念与技术[M].北京：机械工业出版社,2012.

［3］ Hong Y，Kwong S. Learning assignment order of instances for the constrained k-means clustering algorithm[J]. IEEE Transactions on Systems，Man，and Cybernetics，Part B（Cybernetics），2008，39(2)：568-574.

［4］ 贺玲，吴玲达，蔡益朝. 数据挖掘中的聚类算法综述[J]. 计算机应用研究，2007，24(1)：10-13.

［5］ 孙吉贵，刘杰，赵连宇. 聚类算法研究[J]. 软件学报，2008，19(1)：48-61.

［6］ George A. Efficient high dimension data clustering using constraint-partitioning k-means algorithm [J]. International Arab Joural of Information Technology，2013，10(5)：467-476.

［7］ Hwang S，Hanke T，Evans C. Automated extraction of community mobility measures from GPS stream data using temporal DBSCAN[C]//Computational Science and Its Applications-ICCSA 2013：13th International Conference，Ho Chi Minh City，Vietnam，June 24-27，2013，Proceedings，Part Ⅱ 13. Springer Berlin Heidelberg，2013：86-98.

［8］ Ma C，Zhang H H，Wang X. Machine learning for big data analytics in plants[J]. Trends in Plant Science，2014，19(12)：798-808.

［9］ 周涛，陆惠玲. 数据挖掘中聚类算法研究进展[J]. 计算机工程与应用，2012，48(12)：100-111.

［10］ 白冬艳. 数据挖掘在煤炭综合统计系统的应用研究[D]. 邯郸：河北工程大学，2010.

［11］ Xiong S，Ji D. Exploiting capacity-constrained k-means clustering for aspect-phrase grouping[C]// Knowledge Science，Engineering and Management：8th International Conference，KSEM 2015，Chongqing，China，October 28-30，2015，Proceedings 8. Springer International Publishing，2015：370-381.

［12］ Zhang Q，Couloigner I. A new and efficient k-medoid algorithm for spatial clustering[C]// International Conference on Computational Science and Its Applications，Berlin，Heidelberg：Springer Berlin Heidelberg，2005：181-189.

［13］ Zhao Y，Karypis G，Fayyad U. Hierarchical clustering algorithms for document datasets[J]. Data Mining and Knowledge Discovery，2005，10：141-168.

［14］ Arlia D，Coppola M. Experiments in parallel clustering with DBSCAN[C]//Euro-Par 2001 Parallel Processing：7th International Euro-Par Conference Manchester，UK，August 28-31，2001 Proceedings 7. Springer Berlin Heidelberg，2001：326-331.

［15］ 何宾. Xilinx FPGA 设计权威指南[M]. 北京：清华大学出版社，2012.

［16］ 贾发慧. 基于 FPGA 的聚类算法的加速平台的研究与设计[D]. 合肥：中国科学技术大学，2016.

第6章 面向图算法的硬件加速器定制技术

最近十年,随着信息与通信技术的蓬勃发展,人类社会步入了大数据时代.每时每刻都在生成海量的信息,这些信息累积为"数据金矿".其中有很多种类型的信息可以被自然地抽象为图结构数据,例如,社交网络图、网页链接图、消费者-产品关系图等,相应的实际问题可以很自然地转换为图计算问题.最近几年,随着图结构数据的规模越来越大,高效地分析和处理大规模图结构数据能够带来越来越显著的科研、经济以及社会效益,大规模图计算问题正受到学术界和工业界的广泛关注.本章围绕图处理算法的硬件加速器定制与优化展开介绍,首先介绍图算法的硬件加速背景,而后介绍图处理算法中的基本计算原理,最后对面向图处理算法的典型计算系统和加速器定制相关工作进行介绍.

6.1 图算法背景

6.1.1 传统图计算算法

随着大数据、云计算技术和互联网产业的逐渐成熟与发展,人类生活进入了数据爆炸的时代[1].大数据有着"4V"的特征,分别是数据体量大(Volume)、数据类型多(Variety)、增长速度快(Velocity)以及价值密度低(Value)[2].图作为最经典、最常用的数据结构之一,现实生活中的很多数据经常被抽象成多种多样图结构的数据[3].图中的顶点可以代表不同的实体,图中的边可以代表不同实体之间的关系[4].常见的图结构类型的数据有社交关系图(social networks)、网页链接图(web graphs)、交通网络图(transport networks)、基因分析图(genome analysis graphs)等[5].此外,图数据规模的增长非常迅速,如在2011年,Twitter公司每天发布的推文量超过2×10^{8}[6],而在2013年,Twitter公司每天发布的推文量则上升至5×10^{9}[7].随着机器学习和数据挖掘日益广泛的应用,图数据的规模也变得越来越大.另一方面,由于大规模的图数据表现出极度的不规则性[8,9],在传统的Map-Reduce[10]和Hadoop[11]系统上进行计算的过程中会产生大量的数据通信,进而造成计算效率低下的问题[12].如何有效地进行大规模图数据的处理与分析是目前学术界和工业界的一大研究热点,为了有效地应对上述挑战,很多图计算系统被提出来进行高效的图数据的处理,其中主要包括分布式图计算系统、单机图计算系统和图计算加速器.

对于设计基于分布式平台的图计算系统,业界涌现出许多具有代表性的工作,如Pregel[13]、PowerGraph[14]、GraphLab[15]、GraphX[16]、Giraph[17]、Chaos[18]、Gemini[19]等.其中,GraphX已经被集成至Spark[20]中,以供Spark平台的用户进行高效的图数据处理,并且,Giraph已经成为了Facebook公司处理大规模社交网络图数据的专用计算系统.在分布式图计算系统的设计过程中,研究者们往往关注图数据划分、负载均衡、数据通信、系统容错、分布式算法优化等问题,尽管分布式图计算系统能够处理超大规模的图数据,但是上述问题对分布式系统的设计者们提出了严峻的挑战,对于程序员来说,如何编写、调试和优化分布式图算法也是一大难点.

随着单机的计算资源和存储资源的不断提升,在单机上实现大规模图数据的处理成为了可能.近几年,学术界和工业界也把目光投向了单机图计算系统的设计,如GraphChi[21]、X-Stream[22]、GridGraph[23]、Ligra[24]、VENUS[25]、AsyncStripe[26]、MOSAIC[27]等.以传统的通用处理器为计算核心的单机图计算系统的研究取得了重大的进展和突破,单机图计算系统使得用户在自己的计算机上即可完成较大规模的图数据的处理.

然而,随着图计算技术的不断深入研究和异构技术的不断兴起,人们发现传统的通用处理器在面对大规模计算密集型任务和访存密集型任务显得较为乏力,于是希望通过异构计算的方式来对计算任务进行加速.对于图计算而言,根据加速平台的不同进行划分,可以分为基于GPU的图计算加速器(如CuSha[28]、Medusa[29]、Gurirock[30]等)、基于ASIC的图计算加速器(如Graphicionado[31]、Ozdal等人[32]、Tesseract[33]、TuNao[34]等)和基于FPGA的图计算加速器(如GraphGen[35]、FPGP[36]、ForeGraph[37]、Zhou等人[38]、GraphOps[39]等).

在基于GPU的图计算加速器设计中,设计者们往往关注如何提高计算的并行度、如何降低众多核心的同步开销等,而图结构数据本身不规则,因此给GPU上的图计算带来了新的挑战;另外,GPU的计算核心众多,导致计算平台的功耗和能耗相对较高,如CuSha所使用的Nvidia Gefore GTX780 GPU其本身具有2304个计算核心,3 GB的显存空间,热设计功率为250 W[40];Medusa所使用的Nvidia Tesla C2050 GPU,其本身具有448个CUDA核心,3 GB的显存空间,最大功耗为238 W;Gunrock所使用的Nvidia Tesla K40c GPU,其本身具有2880个CUDA核心,12 GB的显存空间,功耗为235 W.

GPU平台的计算功耗过高,而基于传统通用处理器CPU的计算效率较低.因此,为了提高图数据处理的计算和访存效率,研究者们采用定制硬件的方式来进行图数据的处理和加速,其中包括基于ASIC的图计算加速器和基于FPGA的图计算加速器,这两者均具有较低的功耗.ASIC硬件加速器往往能够实现比FPGA上的硬件加速器更高的效率,因为相较于FPGA的硬件加速器而言,定制的ASIC硬件加速器的计算频率较高,但是ASIC硬件加速器的灵活性不如FPGA,因此在面对多种多样的图处理算法的时候显得灵活性不足,而FPGA的可重构、可编程等特性弥补了ASIC的这一不足.传统通用处理器CPU、GPU、ASIC与FPGA的综合对比如图6.1所示.

随着研究的不断深入,新型存储材料也逐渐被应用在图计算系统中,如Malicevic等人[41]认为传统的DRAM不能匹配持续增长的图数据的规模,因此将新型的按字节编址的非易失性存储器(Non-Volatile Memory,NVM)引入图计算系统中,采用DRAM-NVM混合存储系统来进行图数据的存储,实验证明相比于只用DRAM或者只用NVM的图计算系统能够取得良好的加速效果.

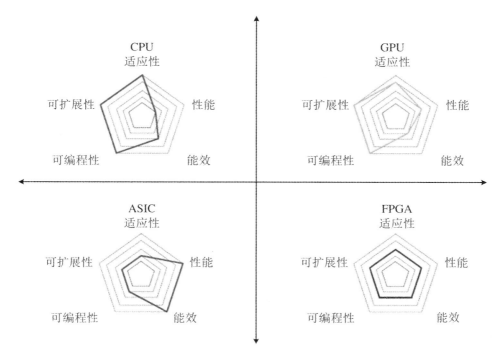

图 6.1　CPU、GPU、ASIC 与 FPGA 综合对比

6.1.2　图神经网络算法

近些年来,随着人工智能技术的迅速发展,深度神经网络因其强大的建模能力引起广泛关注,在自然语言处理、图像识别等领域成功应用,例如卷积神经网络(Convolutional Neural Networks,CNN),长短期记忆网络(Long Short Term Memory,LSTM)和注意力机制网络(Transformer)等.但上述网络只能处理结构化的欧式空间数据(如图像、文本和语音等).现实生活许多场景中的数据都是以图结构的形式存在的,属于非欧式空间的数据.不同于图像和文本数据,图数据中的每个节点的局部结构各异.图数据的复杂性对现有机器学习算法提出了重大挑战.因为图数据是不规则的.图的大小不同、节点无序,一张图中的每个节点都有不同数目的邻近节点,使得一些在图像中容易计算的重要运算(如卷积)不能直接应用于图.研究人员开始关注如何在图上构建神经网络模型,由此定义并设计了一种专门用于图结构数据处理的神经网络结构,即图神经网络(Graph Neural Network,GNN).借助于卷积神经网络对局部机构的建模能力及图上普遍存在的节点依赖关系,图神经网络精妙地设计了一种从图结构数据中进行特征提取的方法,并使用从图结构数据中提取到的特征信息进行分类和预测.作为一项新兴的用于图数据的深度学习技术,图神经网络受到了工业界和学术界广泛的关注[42-44].2018 年末,图神经网络领域同时发表了三篇综述型论文,这种“不约而同”体现了学术界对该项技术的认可.随后,在 2019 年的各大顶级学术会议上,与图神经网络有关的论文也占据了相当可观的份额.根据最新的 NeurIPS(CCF-A 会)2021 年论文接收关键词统计结果显示,与图神经网络相关的研究论文已经进入前三,受到广泛关注.图作为一种基本的数据结构载体,在与深度学习网络结合后,在大数据时代被广泛研究并应用[45-47].

图神经网络算法的不断发展也带动了体系结构领域对设计高效图应用架构的研究,为上层算法适配高效的架构已然成为迫在眉睫之事.为高效地执行图神经网络,在通用处理器上,已经出现了一系列软件系统框架,例如 Deep Graph Library（DGL）[48]、Pytorch Geometric（PyG）[49]和 Neugraph[50]等.但因为图数据本身结构的复杂性,再加上通用处理器以细粒度指令为载体,具有通用性的同时带来了性能损失.图神经网络在通用处理器上的实际执行过程中面临计算低效性和访存低效性问题,具体表现为缓存命中率低和流水线中的大量停顿等待开销等.图数据的固有特点造成了通用处理器上图神经网络程序执行的低效性.

为了改善上述问题,一些研究人员也希望通过异构计算的方式来对图深度学习任务进行加速.想要为其在专用处理器上设计高效的硬件架构,主要面临以下三个挑战:

挑战一:图深度学习需要处理非结构化的图数据,带来了特有的挑战.图处理过程中面临以下三个难点:① 数据规模大:真实图数据集规模大,远超硬件片上缓存的容量,需要选取合适的分片策略;② 访存局部性差:图结构数据是非结构化的,其对应的邻接矩阵具有极高的稀疏性,稀疏度甚至会达到 99.9%,由此带来的随机且频繁的数据访问造成其访存瓶颈;③ 负载不均衡:图数据满足幂律定律,数据分布高度不均衡,造成了计算过程中的负载不均衡的问题.

挑战二:图神经网络主要包含了两个不均衡的工作负载,即图计算阶段（聚合阶段）和神经网络阶段（组合阶段）.其中图计算阶段可以被抽象为稀疏-稠密的矩阵乘运算模式,神经网络阶段可以被抽象为通用矩阵乘运算模式.大多数现有专用处理器面向的都是单一工作负载任务,例如 Diannao[51]、Dadiannao[52]抽象出了面向稠密应用的专用处理器范式,Cambricon-X[53]实现了面向稀疏应用的专用加速器.如果想要实现一个面向图神经网络的专用处理器,我们需要在一个处理器内同时支持稀疏和稠密两种运算模式的应用.但因为图计算阶段属于访存密集型应用,神经网络阶段属于计算密集型应用,两个阶段在流水执行时还会面临停顿等待开销.两段执行过程如果不能够合理调度,将会面临大量停顿等待开销.如何设计一个高效的面向图神经网络应用的专用硬件架构已经成为一个研究难点,值得我们进一步研究.

挑战三:图神经网络在各种应用领域受到了广泛关注.与此同时,各种新兴的图神经网络模型层出不穷,从最开始的图卷积神经网络（GCN）,到 GraphSage 网络,再到图注意力网络（GAT）,以及目前正在不断发展的各类网络.为不同大小和类型的图神经网络模型同时提供高效的解决方案,实现一个用户友好且具有可拓展性的图神经网络处理系统同样成为一个设计挑战.

目前国内外已经开展了许多关于图神经网络专用加速器设计的相关研究.主要可以分为两段式处理器和统一式处理器.其中两段式处理器为图计算和神经网络架构分别设计硬件架构.统一式处理器为图计算和神经网络部分设计统一的硬件架构.

6.2　图算法模型

该部分我们以传统的图计算算法和图深度学习算法为例,介绍其算法的模型实现.

6.2.1　图计算模型

图具有很强的抽象性与灵活性,相比传统的数据组织方式,例如线性表、层次树等,图在结构和语义等方面具有更强的表示能力,是最常用、最重要的数据结构之一.现实中很多的数据都是以图载体的形式存在的.近些年来,图数据规模的不断增长,同时对图计算能力的要求越来越高,大量面向图数据处理的计算系统被提出.大规模图数据主要由顶点、边、权重构成,在图数据处理的过程中,最为常见的图计算模型有 vertex-centric 计算模型(以顶点为中心)和 edge-centric 计算模型(以边为中心)两种类型.下面分别介绍.

6.2.1.1　vertex-centric 计算模型

在图计算领域中,vertex-centric 计算模型由于实现较为容易,并且适用于多种图类型算法,因此被广泛用于图计算系统的设计与实现,如 GraphChi[21]、VENUS[25]、Gemini[19]等.该计算模型如算法 6.1 所示.vertex-centric 计算模型将图数据的处理过程分为三个阶段:Gather - Apply - Scatter.vertex-centric 计算模型顺序地遍历图数据的顶点集,访问顶点集中的每一个顶点.对于特定的顶点 v,在 Gather 阶段,该计算模型遍历顶点 v 的"入边"集合,收集所有指向顶点 v 的边的源顶点的状态值,这些邻接点的状态值通过某种规则产生一个更新值;在 Apply 阶段,该计算模型将该更新值更新至顶点 v 上;在 Scatter 阶段,该计算模型遍历顶点 v 的"出边"集合,将该顶点产生的新的更新值分量沿着其出边传播至其所有出边的目标顶点.至此,vertex-centric 计算模型完成对于顶点 v 的计算.vertex-centric 计算模型的示意图如图 6.2 所示,该模型在顺序访问顶点集的同时对顶点的边集进行非顺序式的随机访问,从图中可以看出其随机的边访问模式.

算法 6.1　vertex-centric 计算模型

1.	for each vertex v in V do
2.	Gather：
3.	for each edge e in v. inEdges（）do
4.	gather updates from incoming edges of v；
5.	end
6.	Apply：
7.	Apply updates to vertex v；
8.	Scatter：
9.	for each edge e in v. outEdges（）do
10.	scatter the property of vertex v through the outgoing edges of v；
11.	end
12. end	

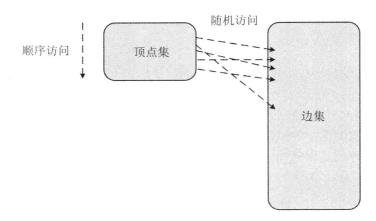

图 6.2 vertex-centric 计算模型示意图

6.2.1.2 edge-centric 计算模型

edge-centric 计算模型是图计算领域中另一个常用的计算模型. 该模型也能够很好地适用于多种图类型算法, 因此也被广泛用于图计算系统的设计与实现中, 如 X-Stream[22]、GridGraph[23]、Chaos[18] 等, edge-centric 计算模型也将图数据的处理分为三个阶段: EdgeScatter – UpdateGather – Apply. 该计算模型如算法 6.2 所示. 在 EdgeScatter 阶段, edge-centric 计算模型顺序地访问图数据中的每一条边, 读取边的源顶点的状态值, 产生更新值 *update*, 并且将更新值 *update* 传播至边的目标顶点; 在 UpdateGather 阶段, edge-centric 计算模型访问更新值列表, 将属于同一目标顶点的更新值 $u.destination$ 进行收集; 在 Apply 阶段, 该计算模型将收集后的更新值更新至目标顶点 $u.destination$. edge-centric 计算模型示意图如图 6.3 所示, 该计算模型对边集进行顺序访问, 对顶点集进行随机访问.

算法 6.2 edge-centric 计算模型

1.	while not done do
2.	EdgeScatter:
3.	for each edge e in E do
4.	generate and send updates over e;
5.	end
6.	UpdateGather:
7.	for each update u in updates do
8.	gather the updates of u. destination;
9.	end
10.	Apply:
11.	Apply updates to u. destination;
12. end	

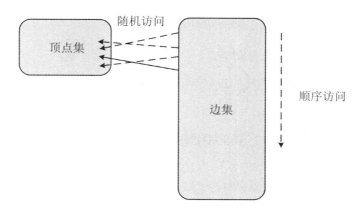

图 6.3　edge-centric 计算模型示意图

6.2.1.3　其他计算模型

图计算领域中还有一些其他的计算模型被用于图计算系统的设计与实现中,如 block-centric 计算模型和 path-centric 计算模型.文献[54]和 Blogel[55] 提出并采用 block-centric 计算模型来进行图计算系统的设计.vertex-centric 计算模型以顶点为计算粒度,属于细粒度的计算模型,因此在迭代类型的图算法中,需要较多轮次的迭代或者超步(SuperSteps)才能达到收敛条件,而 block-centric 计算模型粒度较粗,能够减少图算法的迭代时间,并且在分布式系统中能够减少系统的调度开销.文献[56]和[57]提出了 path-centric 的图计算模型,为了保证图数据的局部性和提高图数据的存储效率,path-centric 计算模型将图数据基于树形结构进行划分,保证了子图内的数据的"序",进而提高了数据局部性,此外,文献[56]和[57]尽可能对图数据顺序访问,减少随机访问带来的性能损失.

6.2.2　同步计算方式和异步计算方式

在图计算领域中,图算法的计算方式可以分为同步计算方式和异步计算方式两类.对于图 $G = (V, E)$,整个图数据的顶点集合记为 V,边集合记为 E,需要计算的顶点记为 u,顶点 u 的入边集合记为 $E'(E' = u. inEdges())$,$E' \in E$,将 E' 中每一条边的源顶点分别记为 $v_1, v_2, \cdots, v_m$,由这些顶点构成的顶点子集记为 V',$V' \in V$.

$v_1, v_2, \cdots, v_m$ 在第 i 次迭代计算的状态值分别记为 $state^i_{v1}, state^i_{v2}, \cdots, state^i_{vm}$.同步计算指的是在迭代类型的图算法中,算法的执行以轮次(iterations)进行,当前次迭代计算产生的更新值不能被当前次迭代计算所使用,只能在下一次迭代计算过程中被使用,也即 $state^{i+1}_u = f(state^i_{v1}, state^i_{v2}, \cdots, state^i_{vm})$,$f$ 为计算过程中的更新函数.算法 6.3 为同步执行模式下的 PageRank 算法伪代码,图 6.5 为同步执行模式下的 PageRank 算法处理图 6.4 所示示例图的过程.从算法 6.3 来看,同步执行模式下的 PageRank 算法在初始阶段将所有顶点的 *oldPageRank* 初始化为 1.0,*newPageRank* 初始化为 0.0.同步执行模式下的 PageRank 算法在每一轮迭代计算完成之后需要将新的状态值向量与老的状态值向量进行交换,以使得新状态值向量能在下一轮迭代中被使用;从图 6.5 来看,*sumdiff* 与 *average_ diff* 为判断算法是否收敛的指标,其计算如式(6.1)和式(6.2)所示:

$$sumdiff = \sum_{i=1}^{|V|} |newPageRank[i] - oldPageRank[i]| \qquad (6.1)$$

$$average\_diff = \frac{sumdiff}{|V|} \qquad (6.2)$$

同步执行模式下的 PageRank 算法收敛需要 4 次迭代,图 6.5 中 PageRank 算法的同步执行模式,当 $Iterations = 3$ 时,$sumdiff = 0$,此时表示算法达到收敛状态.

算法 6.3 同步执行模式下的 PageRank 算法

```
1.   vertices←|V|; edges←|E|;
2.   inDegree[1,2,…,vertices] = {0,…,0};
3.   outDegree[1,2,…,vertices] = {0,…,0};
4.   oldPageRank[1,2,…,vertices] = {1.0,1.0,…,1.0};
5.   newPageRank[1, 2,…,vertices] = {0.0,0.0,…,0.0}
6.   temp = 0;
7.   for each edge e[i] in E do
8.   │   inDegree[e[i].destination] + +;
9.   │   outDegree[e[i].source] + +; i + +;
10.  end
11.  while not convergent do
12.  │   for each vertex v in V do
13.  │   │   Gather:
14.  │   │   for each edge e[k] in v.inEdges() do
15.  │   │   │   temp = temp + oldPageRank[e[k].source] /
     │   │   │       outDegree[e[k].source];
16.  │   │   end
17.  │   │   Apply:
18.  │   │   newPageRank[v] = 0.15 + 0.85 * temp;
19.  │   │   temp = 0;
20.  │   │   swap(oldPageRank,newPageRank);
21.  │   end
22.  end
```

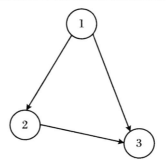

图 6.4 示例图

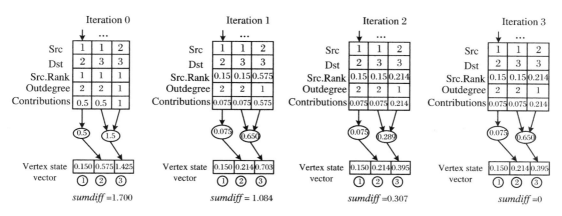

图 6.5　同步执行模式下的 PageRank 算法

用 $v_1, v_2, \cdots, v_m$ 在第 i 次迭代计算后最新状态值分别记为 $state_{v1}^{ik1}, state_{v2}^{ik2}, \cdots,$ $state_{vm}^{ikm}$. 上面介绍了同步计算模式, 异步计算指的是在迭代类型的图算法中, 每一轮迭代更新函数将选择 $v_1, v_2, \cdots, v_m$ 的最新状态值作为输入进行计算, 也即 $state_u^{i+1} = f(state_{v1}^{ik1},$ $state_{v2}^{ik2}, \cdots, state_{vm}^{ikm})$, f 为计算过程中的更新函数. 算法 6.4 显示了异步执行模式下的 PageRank 算法的伪代码 (代码 12 行中的 DST 表示图数据所有边的目标顶点构成的集合). 图 6.6 显示了异步执行模式下 PageRank 算法的执行流程. 从算法 6.4 可以看出, 异步计算方式下的 PageRank 算法预先将 *oldPageRank* 和 *newPageRank* 向量分别初始化为 1.0 和 0.0, 在此后的计算过程中, 顶点的状态值在更新之后传递给该顶点的 *oldPageRank* 区域, 以备后续的计算过程使用 (如代码 20 行), 代码 22 行至 29 行将孤立顶点的状态值设置为 0.15, 由于这些孤立顶点的状态值在此后的计算过程中不会改变, 因此只需要在 *Iterations* =0 时设置即可. 从图 6.6 中可以看出, 异步执行模式下的 PageRank 算法只需要 3 次迭代即可完成对图 6.4 的处理.

算法 6.4　异步执行模式下的 PageRank 算法

```
1.   vertices←|V|; edges←|E|;
2.   inDegree[1,2,…,vertices] = {0,0,…,0};
3.   outDegree[1,2,…,vertices] = {0,0,…,0};
4.   oldPageRank[1,2,…,vertices] = {1.0,1.0,…,1.0};
5.   newPageRank[1,2,…,vertices] = {0.0,0.0,…,0.0};
6.   temp = 0;
7.   for each edge e[i] in E do
8.       inDegree[e[i].destination]++;
9.       outDegree[e[i].source]++; i++;
10.  end
11.  while not connvergent do
```

```
12.    for each vertex v in DST do
13.        Gather：
14.        for each edge e[k] in v.inEdges() do
15.            temp = temp + oldPageRank[e[k].source]/
               outDegree[e[k].source];
16.        end
17.        Apply：
18.        newPageRank[v] = 0.15 + 0.85 * temp；
19.        temp = 0；
20.        oldPageRank[v] = newPageRank[v]；
21.    end
22.    if Iterations = = 0 then
23.        for j=1 to vertices do
24.            if inDegree[i] = = 0 then
25.                newPageRank[i]←0.15；
26.                oldPageRank[j] = newPageRank[j]；
27.            end
28.        end
29.    end
30. end
```

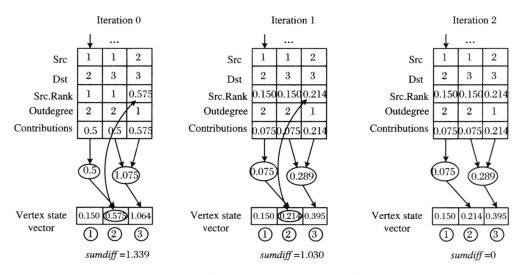

图 6.6　异步执行模式下的 PageRank 算法

6.2.3　图计算系统和图算法介绍

本小节我们简单介绍以 GraphChi、X-Stream、GridGraph 为代表的经典单机图计算系统,随后介绍以 PageRank、BFS 和 WCC 为代表的经典图算法.

6.2.3.1　图计算系统

1. GraphChi

GraphChi 是最为经典的单机图计算系统之一,该系统采取 vertex-centric 的计算模型,采用 C/C++ 语言进行实现.在单机图计算系统的设计过程中,需要减少由于局部性造成的随机访问图数据的次数,因此 GraphChi 设计了并行滑动窗口机制来减少随机访问,提高对图数据的顺序访问.GraphChi 处理图数据的流程如图 6.7 所示,对于给定的图 $G = (V, E)$,GraphChi 首先对图数据进行预处理,将图 G 处理成若干个子图数据,将顶点划分成 P 个不相交区间,每个区间中的顶点是连续的.每个顶点区间对应着一个边集文件,称为 $Shard$,该边集文件中存储的是以当前顶点区间中顶点为目标顶点的边,并且按照源顶点进行排序.从而使得,对于每个顶点区间,该顶点区间对应的边集文件存放有该区间顶点的所有"入边",该顶点区间的"出边"则需要访问其余 $P - 1$ 个边集文件.因此,并行滑动窗口机制要求 GraphChi 在处理一个子图时,需要顺序地从磁盘访问 1 次"入边"文件,$P - 1$ 次"出边"文件.

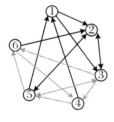

Execution Interval:
vertices 1-2

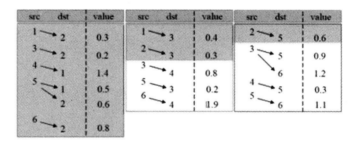

Execution Interval: vertices 1-2

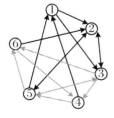

Execution Interval:
vertices 3-4

Execution Interval: vertices 3-4

......

Execution Interval: vertices 5-6

图 6.7　GraphChi 图数据处理流程[21]

2. X-Stream

与 GraphChi 不同的是,X-Stream 采用 edge-centric 的计算模型,对图数据进行流式处理. X-Stream 将图数据的处理划分成三个阶段:Scatter – Shuffle – Gather. 在 Scatter 阶段, X-Stream 计算每一条边的源顶点状态值,并决定其是否需要发送至该边的目标顶点. 在 Gather 阶段,X-Stream 将源顶点产生的更新值应用于目标顶点上. X-Stream 以顺序地读取边为目的,以提高磁盘的有效带宽,然而这将导致对顶点的随机访问,因此 X-Stream 将顶点划分成若干个不相交的大小相等的顶点区间以减少顶点的随机访问. 在 X-Stream 的设计中,一个流划分包括顶点区间、边表和更新表. 下面详细描述 X-Stream 的处理流程,图 $G = (V,E)$ 如图 6.8 所示,该图为有向图,由 4 个顶点和 7 条有向边组成,X-Stream 处理该图的流程如图 6.9 所示,整个处理过程分为三个部分:Scatter – Shuffle – Gather. 在图数据处理之前,X-Stream 将图 G 划分成两个子图,分别是 Partition-1(包含顶点 1,2)和 Partition-2(包含顶点 3,4),在 Scatter 阶段,X-Stream 分别顺序地遍历两个 Partition 的边,并且产生对应的 $update$,将 $update(1\sim7)$ 存储至 U_{out};在 Shuffle 阶段,X-Stream 将每个 $update$ 分类至对应的 U_{in1} 或 U_{in2},如 $update(1)$ 由边$(1,2)$产生,目标顶点为 2,因此 $update(1)$ 存至 U_{in1},而 $update(2)$ 由边$(1,3)$产生,目标顶点为 3,因此 $update(2)$ 存至 U_{in2};在 Gather 阶段,X-Stream 依次遍历 U_{in1} 和 U_{in2} 中的所有 $update$,执行 edge-gather 操作,将对应于同一个目标顶点的更新值进行收集,产生最终的更新值更新至顶点之上.

3. GridGraph

GridGraph 也是一个 edge-centric 的单机图计算系统,X-Stream 将图数据进行一维的划分,而 GridGraph 根据源顶点和目标定点将图数据进行二维的划分. 在预处理阶段, GridGraph 将顶点划分成 P 个大小相等的区间,分别记为 $C_1,C_2,\cdots,C_i,\cdots,C_P$,相应地, GridGraph 将图数据的边划分成 $P \times P$ 个"边块",记为 $B_{11},B_{12},\cdots,B_{PP}$.

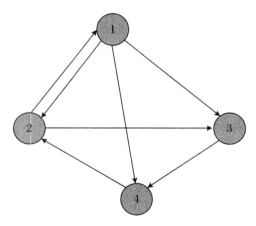

图 6.8 示例图 $G = (V,E)$

例如,给定图 $G = (V,E)$,$V = \{1,2,3,4\}$,P 值设定为 2,因此,$C_1 = \{1,2\}$,$C_2 = \{3,4\}$,边$(1,2)$属于 B_{11}(因为该边源顶点 $1 \in C_1$,目标顶点 $2 \in C_1$),而边$(1,3)$则属于 B_{12}(因为该边源顶点 $1 \in C_1$,而目标顶点 $3 \in C_2$). 图数据的不规则特性,导致部分"边块"的规模可能很小,进而造成性能损失,因此 GridGraph 将多个规模较小的"边块"进行合并,进而

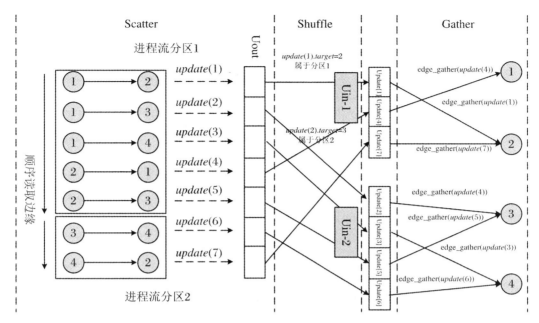

图 6.9　X-Stream 图数据处理流程

提高磁盘带宽的有效利用率. GridGraph 采用 PageRank 算法处理图数据的过程如图 6.10 所示，在初始阶段，GridGraph 将所有的顶点的 *newPageRank* 值设置为 0.0，其 *oldPageRank* 值设置为 1.0，在计算过程中，GridGraph 顺序地读取每个"边块"，读取源顶点的 PageRank 值，根据 PageRank 计算公式更新目标顶点的 PageRank 值，GridGraph 的迭代处理"边块"的过程如图 6.10(b)～图 6.10(e)所示，在每个"边块"的内部处理采用多线程机制并行地计算目标顶点的状态值，图算法运行结束，GridGraph 将对应的数据（*metadata* 等）写回至外存.

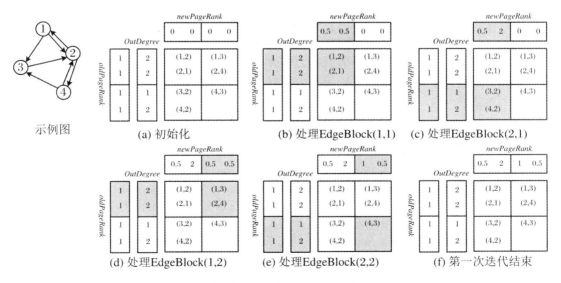

图 6.10　GridGraph 图数据处理流程[23]

6.2.3.2　图算法介绍

在图计算领域的研究当中，很多经典的图算法的性能往往作为评价图计算系统的重要指标，如网页排名（PageRank）算法、广度优先遍历（BFS）算法、单源最短路径（SSSP）算法、强连通分量（SCC）和弱连通分量（WCC）等．PrefEdge[12]将图算法分为三类，分别是图遍历算法（如广度优先遍历算法、单源最短路径算法、深度优先遍历算法等）、不动点迭代算法（如网页排名算法、三角计数算法等）、特征描述算法（如稀疏矩阵乘向量算法、图谱算法等）．其中在图数据的处理过程中，图遍历算法可能会多次遍历顶点，但是每次遍历只是针对图数据的一部分；不动点迭代算法以迭代收敛条件作为算法结束的标志，如网页排名算法常常用迭代次数和顶点的平均状态差值 Δ 作为算法的收敛条件，并且算法的执行过程中，每一轮迭代都需要访问整个图数据，所有的顶点都将被更新；特征描述算法常常需要完整遍历一遍整个图数据，但是算法本身比上述两类复杂．

6.2.3.3　网页排名（PageRank）算法

PageRank算法是数据挖掘领域十大经典算法之一，常常被应用于搜索引擎以进行网页的排名与推荐．在该算法中，网页被抽象作图数据的顶点，网页与网页之间的跳转链接关系抽象为图数据的边，在算法的初始阶段，所有的顶点的初始 PR 值被初始化为1，之后的每一轮按照式（6.3）计算顶点的状态值：

$$PR^{i+1}[t] = 1 - d + d \times \sum_{s|(s,t)\in E} \frac{PR^i[s]}{OutDegree[s]} \tag{6.3}$$

其中 d 为常参数，常常被设定为0.85；E 为图数据的边集；(s,t) 为处理的边，s 代表该边的源顶点，t 代表该边的目标顶点；$OutDegree[s]$ 代表源顶点 s 的"出度"．

6.2.3.4　广度优先遍历（BFS）算法

BFS算法是图论中最为经典的图遍历算法之一，该算法以图数据的顶点和边作为输入，设定顶点 r 为根节点，在算法结束后，BFS算法将构造一棵以顶点 r 为根节点的广度优先搜索树．对于无权图而言，在算法初始化阶段，该算法为每个顶点设定初始的距离值 $distance$（距离根节点的深度），根节点的距离值初始化为0，其余顶点初始化为1；在算法执行的过程中每个顶点的距离值将被更新，并且等于从根节点出发至该顶点的最小边数；该算法的计算公式如下所示：

$$distance[t] = \min(distance[s] + 1), \quad s \mid (s,t) \in E \tag{6.4}$$

其中 s 代表该边的源顶点，t 代表该边的目标顶点，$distance[t]$ 代表与顶点 t 间的距离．

6.2.3.5　弱连通分量（WCC）

对于给定的无向图 $G = (V, E)$，连通分量 C 指的是在该分量中，任意的顶点到其他的顶点均是可达的．弱连通分量问题则是寻找图 G 中的 $C_1, C_2, \cdots, C_k$，使得 $\bigcup_i C_i = V$，并且不同的分量中的顶点之间是不可达的．

6.2.4　图神经网络（GNN）算法

图6.11表示了GNN算法的执行过程．GNN算法首先通过聚合函数 $Aggregate()$ 聚合

其邻居顶点,再通过组合函数 *Combine*() 进行特征变换操作.在经过 k 次迭代后,每个顶点会捕捉到其 k-hop 邻居的特征向量,并由变换后特征向量进行表示.这里我们主要关注 GNN 算法的推理过程.推理过程主要包括采样操作(Sample)、聚合操作(Aggregation)、组合操作(Combination)和池化操作(Pooling)等.下面我们对每个阶段进行介绍.

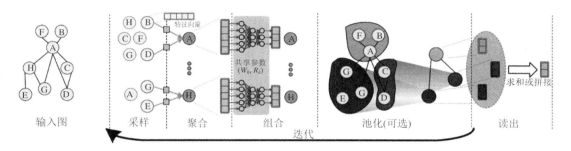

图 6.11　GNN 算法过程[61]

采样(Sample):当某顶点的邻居节点很多时,为了减少计算阶段的复杂性,采样函数 *Sample* 通常被用在聚合函数 *Aggregate* 前面,用于从每个顶点的邻居顶点中抽取子集作为新邻居[58],用于后续计算.公式表示如式(6.5)所示,其中 $N(v)$ 表示顶点 v 的所有邻居节点,$S(v)$ 表示筛选后的邻居节点:

$$S(v) = Sample(N(v)) \tag{6.5}$$

聚合(Aggregation):聚合过程负责为每个图顶点聚合其邻居节点的特征信息,其特征信息通常以向量形式表示.该过程处理的是非结构化的图数据,也可以称作图计算阶段.从运算角度来看,该阶段可以看作稀疏-稠密矩阵乘模式(Sparse-matrix Multiplication Matrix,SpMM),其具有动态且不规则的运算特点.

组合(Combination):组合过程负责将聚合后的顶点特征向量映射为低维空间的特征向量.该阶段类似于神经网络的多层感知机(MLP)的执行模型,其中权值 *weight* 和偏差 *bias* 在多个顶点间共享.从运算角度来看,该阶段可以被抽象为通用矩阵乘模式(General Matrix Multiplication,GEMM),其具有静态且规则的计算特征.

下面式(6.6)和式(6.7)是第 k 轮推理过程聚合和组合两个阶段的公式.其中 u 是筛选后的邻居节点,$N(v)$ 表示邻居节点,h_u^{k-1} 是顶点 u 在 $k-1$ 轮推理后的特征向量,a_v^k 是聚合后顶点 v 的特征向量,h_v^k 是经过组合阶段操作后的特性向量.

$$a_v^k = Aggregate(h_u^{k-1} : u \in N(v)) \tag{6.6}$$

$$h_v^k = Combine(a_v^k) \tag{6.7}$$

池化(Pool):池化函数 *Pool* 通常在组合函数 *Combine* 后被使用,用于将原始图转换为更小的图,减少计算量.

在 GNN 算法的推理过程中,聚合和组合阶段占据了 GNN 模型推理执行的主要时间.

6.2.4.1　图卷积神经网络(Graph Convolution Network,GCN)

图卷积神经网络将卷积运算模式从传统数据(例如图像、文本)推广到图数据中,也是目前最成功的图学习网络之一.其核心思想是学习一个函数映射 $f(\cdot)$.通过该映射,对于图中的每个顶点 v 可以聚合它自己的特征向量与它的邻居特征向量来生成节点 v 的新特征向量.图卷积神经网络是许多复杂图神经网络模型的基础,包括基于自动编码器的模型、生成模型和时空网络等.

总结来说,GCN 的核心思想是把一个节点在图中的高维的邻接信息降维为一个低维的向量表示,其优点是可以捕捉图的全局信息,从而很好地表示顶点特征.图卷积神经网络层与层的传播方式如式(6.8)所示.其中,A 是经过简单变换后的稀疏邻接矩阵,H 是第 l 层的顶点特征向量矩阵,W 是第 l 层的权重转换矩阵,Act 是非线性激活函数.

$$H^{(l+1)} = Act(AH^l W^l) \tag{6.8}$$

6.2.4.2 GraphSAGE(Graph Sample and Aggregate)图网络

GraphSAGE 图网络不是学习一个图上所有节点的特征向量,而是学习一个为每个顶点产生特征向量的映射.上面所介绍的图卷积神经网络属于直推式学习过程,不能直接泛化到未知节点,其过程是在一个固定的图上直接学习每个节点的特征向量,但是大多数情况下图是会演化的,当网络结构改变以及新节点出现时,直推式的图卷积神经网络需要重新训练,很难落地在需要快速生成未知节点特征向量的机器学习系统上.此时,GraphSAGE 图网络被研究出来,其基本思想为学习一个图顶点的信息是怎样通过其邻居节点的特征聚合而来的.学习到了这样的"聚合函数"后,又已知各个节点的特征和邻居关系,当图结构数据中增加少部分顶点时,可以暂时使用原来的特征向量,不需要重新训练.其层与层间的传播如式(6.9)和式(6.10)所示.其中,h_u^k 表示顶点 u 在第 k 层的特征,W^k 表示第 k 层的权重向量,$Aggregate$ 表示聚合函数,$Concat$ 表示特征向量的连接函数,Act 表示非线性的激活函数.

$$h_{N(v)}^k = Aggregate(\{h_u^{k-1}, u \in N(v)\}) \tag{6.9}$$

$$h_v^k = Act(W^k \cdot Concat(h_v^{k-1}, h_{N(u)}^k)) \tag{6.10}$$

6.2.4.3 图注意力网络(Graph Attention Network，GAT)

注意力机制如今已经被广泛地应用到了基于序列的任务中,它的优点是能够放大数据中最重要部分的影响.这个特性已经被证明对许多任务有用,例如机器翻译和自然语言理解等.如今融入注意力机制的模型数量正在持续增加,图注意力网络就是其中之一,其将注意力机制引入基于图神经网络的设计中.其在聚合过程中使用注意力机制,整合多个模型的输出.在上面介绍的图卷积神经网络中,各个邻居节点被等同看待,然而在实际场景中,不同的邻居节点可能对中心节点的重要程度是不同的.图注意力网络是一种基于空间的图神经网络,它的注意机制能够在聚合特征信息时,将注意机制应用于邻接节点的权重上.其使用类似 Transformer 网络里面自注意方式计算图里面某个节点相对于每个邻接节点的注意力,将节点本身的特征和注意力特征连接起来作为该节点的特征,在此基础上完成节点的分类等实际任务.

6.2.4.4 图同构网络(Graph Isomorphism Network，GIN)

图表征学习要求根据节点属性、边和边的属性生成一个向量作为图的表征,基于图表征我们可以进行图的预测任务.其中,利用图同构网络实现的表征网络是当前最经典的图表征学习网络.因为不同图的节点、边、权重不都是相同的,图同构网络要解决的最大问题就是区分不同的网络.基于图同构网络的图表征学习主要包含以下两个过程:首先计算得到节点表征;其次对图上各个节点的表征做图池化（Graph Pooling）,或称为图读出（Graph

Readout),得到图的表征信息(Graph Representation).GIN 网络有效的原因有两点:第一点是 GIN 的网络层数相对更多,可以捕捉到更多特征信息;第二点是 GIN 采用求和函数 sum 来聚合其顶点的邻居信息,相比于最大值函数 max 和最小值函数 min 可以学习到更多的网络结构信息.

6.3　硬件部署/加速定制相关工作

为应对大规模图数据处理带来的各种挑战,学术界和工业界设计了多种专用的图计算系统来进行高效的图数据处理与分析,如分布式图计算系统、单机图计算系统、基于 GPU 的图计算加速器、基于 ASIC 的图计算加速器以及基于 FPGA 的图计算加速器等.

6.3.1　分布式图计算系统

如前所述,分布式图计算系统能够处理超大规模的图数据,这也是分布式图计算系统最大的优势所在.近年来,学术界典型的分布式图计算系统有 Chaos[18]、Gemini[19] 等.Chaos 是英特尔公司与洛桑联邦理工学院完成的图计算系统,该系统对单机图计算系统 X-Stream[22] 进行了分布式扩展,借助机械硬盘或者固态硬盘等外部存储设备来存储图数据,随着分布式集群规模的增长,Chaos 能够处理的图数据规模可达 1×10^{12} 条边.Chaos 采用 edge-centric 计算模型来进行图数据的处理,将顶点存放在节点的内存中,边存放在节点的外存中,因此 edge-centric 计算模型造成的顶点随机访问发生在内存中,对边进行顺序的访问以提高磁盘带宽的有效利用率.由于 Chaos 所处的网络环境的带宽远超节点的磁盘带宽,因此 Chaos 将大规模的图数据随机均匀地分配至各个节点,而并不考虑子图在节点上的局部性.此外,Chaos 采用工作窃取的方式实现整个系统的动态负载均衡.该系统由 32 台 16 核的机器组成,每台机器配备 32 GB 内存、一个 480 GB 的 SSD(带宽为 400 MB/s),2 个 6 TB 的磁盘(带宽为 200 MB/s),网络环境为 40 GigE,总的来说,相比于单台机器的 Chaos,采用 32 台机器的 Chaos 执行 BFS 算法时获得 20 倍的加速比,执行 PageRank 算法时获得 18.5 倍的加速比.然而,Chaos 受限于集群所处的网络聚合带宽和整个集群所有设备的存储容量.Gemini 为清华大学和赖扬卡塔尔研究所合作完成的分布式图计算系统,该系统从另一个角度优化大规模图数据的处理,设计基于 Chunk 的图数据划分方式来保证每个子节点上的图数据的局部性,采用稀疏-稠密混合 push-pull 计算模型进行计算.Gemini 将边数超过 $|E|/20$ 的活跃边集定义为稠密型活跃边集,边数小于 $|E|/20$ 的活跃边集定义为稀疏型活跃边集($|E|$ 为边的总数).稀疏型活跃边集通过 push 的方式将源顶点的状态沿着"出边"(outgoing edges)传播至目标顶点效率更高,而稠密型活跃边集通过 pull 的方式将源顶点的状态沿着"入边"(incoming edges)收集至目标顶点效率更高,因此 Gemini 的编程抽象根据节点上子图数据的稀疏-稠密模式进行 push 或者 pull 模型的选取,并且将稀疏型子图以 CSR(Compressed Sparse Row)结构进行存储,稠密型子图以 CSC(Compressed Sparse Column)结构进行存储.此外,在实现过程中,Gemini 将分布式集群中的节点以环形拓扑结

构进行组织,采用优化后的高性能计算通信库(如 MPI[44]中的 AllGather 等)进行节点间的通信,采用细粒度的工作窃取来实现分布式系统的动态负载均衡,在保证计算效率不受损失的前提下尽可能提高系统的可扩展性.Gemini 在 8 个节点组成的分布式集群实现下,网络环境为 Infiniband EDR Networks(可达 100 Gb/s 带宽),每个节点包括两个 Intel E5-2670 v3 CPUs(12 核,每个 CPU 带有 30 MB L3 Cache)和 128 GB 内存,实验结果表明,相比于其他的分布式系统(如 PowerGraph[14]、GraphX[16]、Powerlyra[59]),Gemini 平均加速比为 19.1 倍.

6.3.2　单机图计算系统

随着单机系统中计算资源和存储资源的不断提升,在单机平台上设计和实现较大规模的图数据的分析和处理成为可能,学术界和工业界近年来对单机图计算系统的研究也越来越多.按照图数据规模与单机系统内存容量的大小划分,可以将单机图计算系统分为基于内存的单机图计算系统(in-memory)和基于外存的单机图计算系统(out-of-core).其中基于内存的单机图计算系统是指在图数据的处理过程中,图数据的顶点、边以及其余的暂存数据结构均能存放于单机系统的内存中,以 Ligra[24]为代表,基于外存的单机图计算系统是指在图数据的处理过程中,图数据的顶点、边以及其余的暂存数据结构只能部分存放于单机系统的内存中,并且需要借助外存空间来进行数据存储,以最新的研究成果 MOSAIC[27]为例.Ligra 是基于共享内存的轻量级图数据处理框架,在该框架之下能够很容易进行图遍历算法等应用的实现,如广度优先搜索、图半径估计、图连通分量、网页排名、单源最短路径等.Ligra 将每一轮迭代中活跃顶点组成的集合称为顶点子集,在系统初始化时,Ligra 设定了阈值($|E|/20$),当顶点子集中所有顶点的"出边"的总数不超过阈值时,Ligra 将其定义为稀疏型活跃顶点集,并且遍历该顶点集的"出边"集合,读取"出边"集合中源顶点的状态值进行计算,通过"出边"将计算后的更新值传播给目标顶点(EDGEMAPSPARSE);当顶点子集中的所有顶点的"出边"总数超过阈值时,Ligra 将其定义为密集型活跃顶点集,遍历该顶点集的"入边"集合,读取"入边"源顶点的状态值进行计算,并通过"入边"将计算后的更新值传播至目标顶点(EDGEMAPDENSE).为了提高系统性能和系统资源的利用率,Ligra 在处理稀疏型活跃顶点集时,采用并行读取顶点和并行遍历"出边"的方式来进行系统性能的优化;在处理密集型活跃顶点集时,并行读取顶点如顺序遍历"入边"以进行计算.因此,在处理较小的顶点子集时,EDGEMAPSPARSE 的效率要高于 EDGEMAPDENSE,而在处理较大的顶点子集时,则反之.

单机的计算资源和存储资源受限,导致单机图计算系统能够处理的图数据规模和单机系统的性能有限.要想扩展单机系统能够处理的数据规模,就需要将单机系统的外部存储空间进行扩展,如采用外存(磁盘、SSD 等)来进行大规模图数据的存储.但是这样做会造成性能的下降.要想提升单机系统的性能,就需要尽可能扩展内存空间和提升内存中的数据局部性.然而,单机系统中的 out-of-core 和 in-memory 计算引擎的设计很难做到性能与处理能力的相互兼容.MOSAIC 以纵向提高性能和横向扩展规模为目标,采用 NVMe 作为其外存的扩展,设计基于希尔伯特顺序的图数据划分方式,按照希尔伯特空间曲线将图数据划分成若干个子图,采用流式处理方式对图数据进行处理和分析.MOSAIC 将访存密集型的操作放在主机端快速的主 CPU 上完成,将计算和 I/O 密集型操作(如整个图的 edge-centric 操作）放在协处理器上完成.此外,MOSAIC 提出了 Pull-Reduce-Apply 编程抽象,采用选择性调度减少数据传输量,在单机多核环境中实现协处理器之间的负载均衡以及单核多线程之间的负载均衡.该系统使得能够在单机上完成 1×10^{12} 条边规模的图数据分析.在处理较小规模的图数据时,MOSAIC 的表现优于目前最好的单机的图计算系统,对于更大规模的图数据,MOSAIC 表现出是 Chaos(基于磁盘的)分布式图计算系统 9.2 倍的性能.

6.3.3　图计算加速器

除了上述分布式图计算系统与单机图计算系统,图计算加速器研究也是图计算领域的一个研究热点,按照加速平台的不同其可分为基于 GPU 的图计算加速器、基于 ASIC 的图计算加速器与基于 FPGA 的图计算加速器.

6.3.3.1　基于 GPU 的图计算加速器

CuSha[28]是一种基于 GPU 平台的以顶点为中心的图计算加速器,由加州大学河滨分校(University of California,Riverside)相关研究团队完成.该加速器采取的计算模型为 vertex-centric 计算模型.CuSha 指出此前基于 GPU 平台的图计算加速器大多采用 CSR(Compressed Sparse Row)方式对图数据进行存储,然而这种方式会造成不规则的存储器访问,因此 CuSha 优化图数据的表示形式,采取 G-Shards 和 Concatencated Windows(CW)来对图数据进行存储,CuSha 的 GPU 硬件资源与图数据之间的映射能够使得 CuSha 完全合并内存访问,因此 CW 能够提高 GPU 资源的利用率;CuSha 挖掘图数据处理过程中的数据并行度,采用多个硬件单元并行处理多个子图数据,此外,为了降低用户编程的难度,CuSha 提供了基于 GPU 平台的加速器编程框架,使得用户调用其接口即可实现自身的 vertex-centric 的图算法应用.Medusa[29]为简化版的基于 GPU 平台的图计算加速器,该工作由南洋理工大学相关研究团队完成,Medusa 提供了简化版本的基于 GPU 平台的图计算编程框架,该编程框架能够降低用户的编程难度,简化代码的数量.此外,Medusa 设计了一系列以子图数据为中心的优化策略来提高加速器的性能,提出了一种新型的图计算编程模型——"Edge-Message-Vertex(EMV)".Medusa 能够在运行时进行高效的消息传递,并且可以将用户自定义的算法程序自动地安排在同一个 GPU 的不同计算单元上执行或者安排在多个 GPU 上执行,该分配过程对用户来说是透明的.为了提高 Medusa 的访存效率,该加速器设计了新的图数据的布局方式以提高合并内存访问的次数,Medusa 采用复用技术减少数据的传输以及计算与传输重叠技术提高加速器的性能.

6.3.3.2　基于 ASIC 的图计算加速器

Tesseract[33]是韩国首尔大学、Oracle 实验室以及卡耐基梅隆大学合作完成的图计算加速器,该加速器是基于内存计算的可扩展并行图计算加速器.随着图数据规模的不断增长,传统的计算机系统由于内存带宽的限制,性能并不能随内存容量的增加而线性上升,因此,内存计算(Processing-in-Memory)成为解决该问题的可行方案之一.3D 堆叠技术(将计算逻辑和存储晶圆进行堆叠)成为内存计算的关键推动者,3D 堆叠技术能够使得系统的性能与内存容量呈线性增长.利用上述技术,Tesseract 提出了一种新的图计算硬件架构并且能够充分利用内存带宽,在加速器设计过程中,Tesseract 在不同的内存分区之间设计了高效的通信方式,根据图数据处理的访存模式,Tesseract 设计了两种专用的硬件预取方式.为了使用底层定制的硬件,Tesseract 设计了一套编程接口.实验结果表明,相较于基于 DDR3 的图数据处理系统,Tesseract 能够达到 10 倍的加速比,降低 87% 的能耗.Graphicionado[31]是由普林斯顿大学、加州大学伯克利分校以及英特尔公司并行计算实验室合作完成的高性能高能效图数据分析加速器.Graphicionado 分析了单机图计算系统上的访存效率和计算效率,分析发现在单机图计算系统中,Cache 和 Memory 之间的数据交互以 cache-line(64 字节)为单位,但是图算法的执行过程中往往只能有效利用 cache-line 中的 4～8 字节,因此内存带宽的有效利用率很低,此外,在单机图计算系统中,真正用于运算类的(包括算术运算与逻辑运算)指令占比不足 6%,导致单机图计算系统计算效率较低.Graphicionado 为提高计算效率设计专用于图计算的数据通路,为提高访存效率设计专用于图计算的存储子系统,设计多条流水线并行计算模式,尽可能消除流水线中的冲突问题,以提高图数据处理的并行度.实验结果显示,Graphicionado 相比于单机图计算系统 GraphMat 有着 1.76～6.54 倍的加速比和 50～100 倍的能效比.

6.3.3.3　基于 FPGA 的图计算加速器

FPGP[36]是清华大学信息科学技术国家实验室设计的基于 FPGA 的图数据处理框架,FPGP 是对单机图计算系统 NXGraph[60] 在 FPGA 平台上的定制与实现.FPGP 采用 vertex-centric 计算模型,图数据基于 Interval-Shard 进行存储,图数据的顶点存储于共享顶点存储区,边存储于私有边集存储区,在每个 FPGA 片上有多个处理核心,对片上顶点数据的读写进行分离,以消除多处理核心之间的因读写相同的顶点数据造成的数据冲突,该框架能使多种不同的图算法映射于其上.此外,FPGP 分析了基于 FPGA 平台的图计算加速器的性能瓶颈问题,建立了基于 FPGA 的图计算加速器性能模型.实验结果证明,在处理 Twitter 数据集和 Yahoo Web 数据集时,FPGP 相比于 GraphChi 分别能够达到 1.22 倍和 3.86 倍的加速比.Zhou 等人[38]提出了高吞吐率高能效的基于 FPGA 的图计算加速器,该工作由南加州大学相关课题组完成.与 FPGP 不同,该加速器采用 edge-centric 的计算模型进行图数据的处理,是对单机图计算系统 X-Stream 的基于 FPGA 平台的定制与实现.该加速器相关工作在 X-Stream 的图数据存储结构的基础上进行了数据布局的优化,减少了因访问片上存储区造成的功耗.该加速器设计多条流水线并行的图计算加速器结构,尽可能挖掘图数据处理过程中的并行度.实验结果证明,该加速器的吞吐率超过 600 MTEPS (Million Traversed Edges Per Second,每秒遍历的百万条边),能效超过 30 MTEPS/W,相比于对比对象,有着 3.6 倍的性能提升和 5.8 倍的能效提升.上述基于 FPGA 的图计算加速器的设计主要优化了图数据的布局方式,设计流水线结构进行并行计算,然而采用异步计算方式设计基于 FPGA 的图计算加速器研究成为其中的研究空白.该研究可以从基于通用处理器的单机图计算系统的评估与分析出发,分析其计算效率和访存效率,比较同步计算与异步计算方式,设计了异步高能效图计算加速器,并且以硬件加速器为基础构建异构图计算系统.

6.3.4　图神经网络加速器

目前国内外已经开展了许多关于图神经网络加速器的研究,用于为图神经网络 GNN 设计专用处理器.现有研究主要可以分为两段式处理器和统一式处理器.其中两段式处理器为图计算和神经网络架构分别设计硬件架构,统一式处理器为图计算和神经网络架构设计统一的硬件架构.下面对这两类相关工作分别进行介绍.

6.3.4.1　两段式处理器

HyGCN[61]是较早提出的用于图神经网络推理的两段式处理器.其架构如图 6.12 所示,针对聚合和组合两个阶段分别设计单独的硬件架构.聚合阶段(Aggregation)面向的是不规则的稀疏运算,采用边并行执行模式,主要包含稀疏消除模块和多个单指令多数据(SIMD)执行单元.图数据较大,需要先执行分片,再读取到缓存上执行聚合操作.稀疏消除模块通过滑动和收缩方法,筛选到合适的分片,加载到加速器上处理,减少访存量.组合阶段(Combination)面向的是规则的矩阵乘法计算,采用可配置的脉动阵列实现,这里的可配置是指脉动阵列的独立模式和协同模式.聚合和组合阶段可以独立执行,两阶段间应用了流水线优化方法,但还存在以下问题:SIMD 间的负载均衡问题,文献[61]并没有给出具体的优化策略.在不同的图数据集上,因为两阶段间计算量差异较大,所以聚合和组合间的负载不均衡问题值得进一步优化.

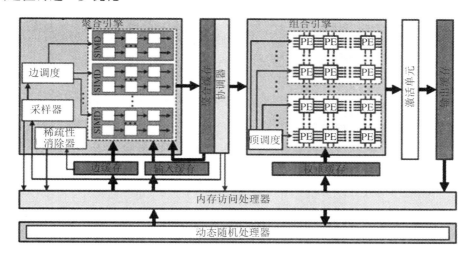

图 6.12　HyGCN 架构设计

文献[62](Two Stage Accelerator)是一篇基于 FPGA 平台实现的图神经网络加速器的设计工作的文章.其采用了两段式流水架构,为聚合阶段的稀疏矩阵运算和组合阶段的稠密矩阵运算分别设计专用计算单元.稀疏运算的瓶颈发生在存储上,解决方案是充分利用局部性,提高片上缓存复用.稠密运算的瓶颈发生在计算上,利用脉动阵列执行.FPGA 上的片上缓存采用了双缓存结构,以节省流水等待开销.文章对输入数据进行划分,使得分片可以填充到 FPGA 中.接着,该研究提出了两种预处理算法——图稀疏划分和节点重排序.两种方法都是针对邻接矩阵拓扑结构的优化,使得分片后的输入数据可以更好利用数据局部性.文章面向的均为静态图,预处理算法虽然耗时较多,但可以离线完成.文章中还实现了两种数据流,分别对应先执行聚合操作和先执行组合操作.实际应用时,可以根据具体数据集和参数配置进行选择.

EnGN[63]是在 ASIC 上实现的专用加速器,其架构如图 6.13 所示,该工作将图算法抽象为三个处理过程,即特征提取、聚合和更新操作,设计一个支持多种图神经网络的处理器

EnGN. 主体计算单元为二维处理单元阵列（Processing Engine，PE），包含特征提取处理单元、聚合处理单元和更新处理单元. 每个处理单元内部包含乘累加单元、特征缓存和权值缓存，以更好地实现数据复用. 在存储优化方面，文献[63]实现一个多级访问结构. 该研究对图数据进行预处理，以高效地将图数据映射到处理器上执行，利用静态方法解决负载均衡问题. 针对输入数据，采用分片技术，尽量保证连续访问，最小化访问次数. 分片后的数据间会存在依赖关系，因此需要合适的调度策略.

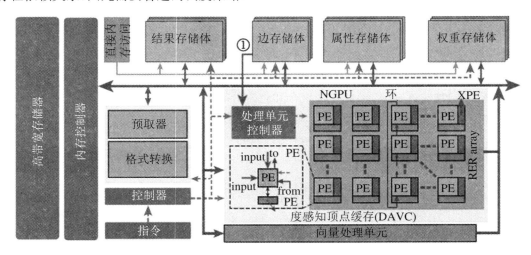

图 6.13　EnGN 整体架构设计

GRIP[64] 将图算法的推理过程执行抽象为 Gather，Reduce，Transform 和 Activate 四个阶段. 该研究依次实现上述四种功能的计算单元，以指令集驱动方式执行，以支持多种 GNN 模型的执行（GCN，GraphSage，G-GCN，GIN）. 文献[64]中主要包括 3 类计算单元，分别是 Edge Unit，Vertex Unit 和 Update Unit. 在 Edge Unit 单元中，将图模型抽象为 Nodeflow 结构后，对图数据进行划分. 该模块包含多个预取单元，以缓解访存不规则问题；Vertex Unit 由并行乘法单元和累加树组成，通过优化内存层级，提高权值复用；Update Unit 实现了对激活函数的支持.

6.3.4.2　统一式处理器

AWB-GCN[65] 实现一个以列为主序的稀疏处理器，其架构如图 6.14 所示，该工作针对图神经网络中的图数据的执行特点，在稀疏处理器基础上，采用软硬件协同设计方法增加动态负载均衡支持. 在算法调度层面，提出了三种动态负载均衡算法——分发平滑（分发给邻居节点，组内调优）、远程交换（以邻居为组，实现组间调优）和特殊行重映射（某行数据太多）. 在硬件架构上，通过任务分发队列对负载重分提供支持. 动态负载均衡方法相比于静态负载均衡的预处理算法来说，不需要额外的离线预处理过程. 该研究中的架构同时支持层间流水和层内流水. 该研究的实验平台是 FPGA 硬件，也可以较容易地迁移到其他硬件平台上实现.

文献[66]提出了统一式 GNN 处理器 GCNAX. 作者首先通过实验评估了 $(AX)W$ 和 $A(XW)$ 两种数据流，其中 A 是稀疏的邻接矩阵，X 是特征矩阵，W 是权重矩阵. 该研究中发现 $A(XW)$ 模式相较于 $(AX)W$ 模式，计算量可以减少为原来的 1/32. 采用 $A(XW)$ 这种

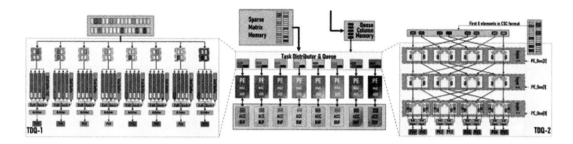

图 6.14　AWB-GCN 架构设计

数据流后,图神经网络算法被统一为两个连续的稀疏乘法运算,利用外积算法实现了稀疏矩阵乘法.作者分析两阶段的稀疏乘法运算的循环执行过程,以提高片上数据复用和减少片外存储的访存次数为目标,提出了循环展开、循环交换和循环融合三种优化策略,并利用启发式探索方法找到合适解.该研究的硬件架构很大程度上参考稀疏处理器实现,主要包括多类缓存模块和计算单元,其中输入缓存和输出缓存可以交错使用.软件调度器用于实现循环优化策略,并产生对应指令发送给控制单元.

　　基于对以往相关工作的调研,我们发现,两段式架构是将图计算和神经网络架构分别部署,但没有考虑两段架构间融合后带来的负载均衡问题.其访存和架构实现也没有做到最优化.统一式架构实现一个通用核心同时支持图计算和神经网络阶段,着重考虑如何调度分发数据,以达到负载均衡的目的,但缺少针对访存优化进行分析,值得进一步探索.

本章小结

　　随着大数据的发展,用户数据规模迅速增加,大规模图数据处理逐渐成为国内外学术界和工业界的关注重点,也成为了一项重要的研究挑战.在倡导绿色发展战略的今天,系统功耗、能耗成为系统设计的一项重要指标.本章较为详尽地介绍了关于图处理算法的典型计算系统和加速器的定制方法,希望能够为相关研究工作的开展提供借鉴和参考.

参考文献

［1］　Howe D，Costanzo M，Fey P，et al. The future of biocuration［J］. Nature，2008，455（7209）：47-50.

［2］　Hashem I A T，Yaqoob I，Anuar N B，et al. The rise of "big data" on cloud computing：Review and open research issues［J］. Information Systems，2015，47：98-115.

［3］　Robinson I，Webber J，Eifrem E. Graph databases：New opportunities for connected data［M］. Sevastopol：O'Reilly Media，Inc.，2015.

［4］　Xu C，Zhou J，Lu Y，et al. Evaluation and trade-offs of graph processing for cloud services［C］// 2017 IEEE International Conference on Web Services（ICWS），IEEE，2017：420-427.

［5］　Zhou S，Chelmis C，Prasanna V K. Accelerating large-scale single-source shortest path on FPGA ［C］//2015 IEEE International Parallel and Distributed Processing Symposium Workshop，IEEE，2015：129-136.

［6］　Gao Q，Abel F，Houben G J，et al. A comparative study of users' microblogging behavior on Sina

Weibo and Twitter［C］//User Modeling，Adaptation，and Personalization：20th International Conference，UMAP 2012，Montreal，Canada，July 16-20，2012，Proceedings 20，Springer Berlin Heidelberg，2012：88-101.

［7］ Twitter usage statistics［EB/OL］. http：//www. internetlivestats. com/twitter-statistics/.

［8］ Beamer S，Asanovic K，Patterson D. Locality exists in graph processing：Workload characterization on an ivy bridge server［C］//2015 IEEE International Symposium on Workload Characterization，IEEE，2015：56-65.

［9］ Satish N，Sundaram N，Patwary M M A，et al. Navigating the maze of graph analytics frameworks using massive graph datasets［C］//Proceedings of the 2014 ACM SIGMOD International Conference on Management of Data，2014：979-990.

［10］ Dean J，Ghemawat S. MapReduce：Simplified data processing on large clusters［J］. Communications of the ACM，2008，51(1)：107-113.

［11］ Hadoop A. Hadoop［J］. Avaliable：http：//hadoop apache org［Accessed：27 Dec 2017］，2009.

［12］ Nilakant K，Dalibard V，Roy A，et al. PrefEdge：SSD prefetcher for large-scale graph traversal ［C］//Proceedings of International Conference on Systems and Storage，2014：1-12.

［13］ Malewicz G，Austern M H，Bik A J C，et al. Pregel：A system for large-scale graph processing ［C］//Proceedings of the 2010 ACM SIGMOD International Conference on Management of Data，2010：135-146.

［14］ Gonzalez J E，Low Y，Gu H，et al. {PowerGraph}：Distributed {Graph-Parallel} computation on natural graphs［C］//10th USENIX Symposium on Operating Systems Design and Implementation (OSDI 12)，2012：17-30.

［15］ Low Y，Gonzalez J，Kyrola A，et al. Distributed graphlab：A framework for machine learning in the cloud［J］. arXiv preprint arXiv：1204.6078，2012.

［16］ Xin R S，Gonzalez J E，Franklin M J，et al. Graphx：A resilient distributed graph system on spark［C］// First International Workshop on Graph Data Management Experiences and Systems，2013：1-6.

［17］ Avery C. Giraph：Large-scale graph processing infrastructure on hadoop［C］//Proceedings of the Hadoop Summit，Santa Clara，2011：5-9.

［18］ Roy A，Bindschaedler L，Malicevic J，et al. Chaos：Scale-out graph processing from secondary storage［C］//Proceedings of the 25th Symposium on Operating Systems Principles，2015：410-424.

［19］ Zhu X，Chen W，Zheng W，et al. Gemini：A {Computation-Centric} distributed graph processing system［C］//12th USENIX Symposium on Operating Systems Design and Implementation (OSDI 16)，2016：301-316.

［20］ Karau H，Konwinski A，Wendell P，et al. Learning spark：Lightning-fast big data analysis［M］. Sevastopol：O'Reilly Media，Inc.，2015.

［21］ Kyrola A，Blelloch G，Guestrin C. {GraphChi}：{Large-Scale} Graph computation on just a {PC} ［C］//10th USENIX Symposium on Operating Systems Design and Implementation (OSDI 12)，2012：31-46.

［22］ Roy A，Mihailovic I，Zwaenepoel W. X-stream：Edge-centric graph processing using streaming partitions［C］//Proceedings of the Twenty-Fourth ACM Symposium on Operating Systems Principles，2013：472-488.

［23］ Zhu X，Han W，Chen W. {GridGraph}：{Large-Scale} Graph processing on a single machine using 2-level hierarchical partitioning［C］//2015 USENIX Annual Technical Conference (USENIX ATC 15)，2015：375-386.

［24］ Shun J，Blelloch G E. Ligra：A lightweight graph processing framework for shared memory［C］//

Proceedings of the 18th ACM SIGPLAN Symposium on Principles and Practice of Parallel Programming，2013：135-146.

[25] Cheng J，Liu Q，Li Z，et al. VENUS：Vertex-centric streamlined graph computation on a single PC [C]//2015 IEEE 31st International Conference on Data Engineering，IEEE，2015：1131-1142.

[26] Cheng S，Zhang G，Shu J，et al. Asyncstripe：I/O efficient asynchronous graph computing on a single server[C]//Proceedings of the Eleventh IEEE/ACM/IFIP International Conference on Hardware/Software Codesign and System Synthesis，2016：1-10.

[27] Maass S，Min C，Kashyap S，et al. Mosaic：Processing a trillion-edge graph on a single machine [C]//Proceedings of the Twelfth European Conference on Computer Systems，2017：527-543.

[28] Khorasani F，Vora K，Gupta R，et al. CuSha：Vertex-centric graph processing on GPUs[C]// Proceedings of the 23rd International Symposium on High-Performance Parallel and Distributed Computing，2014：239-252.

[29] Zhong J，He B. Medusa：Simplified graph processing on GPUs[J]. IEEE Transactions on Parallel and Distributed Systems，2013，25(6)：1543-1552.

[30] Wang Y，Davidson A，Pan Y，et al. Gunrock：A high-performance graph processing library on the GPU[C]//Proceedings of the 21st ACM SIGPLAN Symposium on Principles and Practice of Parallel Programming，2016：1-12.

[31] Ham T J，Wu L，Sundaram N，et al. Graphicionado：A high-performance and energy-efficient accelerator for graph analytics[C]//2016 49th Annual IEEE/ACM International Symposium on Microarchitecture (MICRO)，IEEE，2016：1-13.

[32] Ozdal M M，Yesil S，Kim T，et al. Energy efficient architecture for graph analytics accelerators [J]. ACM SIGARCH Computer Architecture News，2016，44(3)：166-177.

[33] Ahn J，Hong S，Yoo S，et al. A scalable processing-in-memory accelerator for parallel graph processing [C]//Proceedings of the 42nd Annual International Symposium on Computer Architecture，2015：105-117.

[34] Zhou J，Liu S，Guo Q，et al. Tunao：A high-performance and energy-efficient reconfigurable accelerator for graph processing[C]//2017 17th IEEE/ACM International Symposium on Cluster，Cloud and Grid Computing (CCGRID)，IEEE，2017：731-734.

[35] Nurvitadhi E，Weisz G，Wang Y，et al. GraphGen：An FPGA framework for vertex-centric graph computation[C]//2014 IEEE 22nd Annual International Symposium on Field-Programmable Custom Computing Machines，IEEE，2014：25-28.

[36] Dai G，Chi Y，Wang Y，et al. FPGP：Graph processing framework on FPGA a case study of breadth-first search[C]//Proceedings of the 2016 ACM/SIGDA International Symposium on Field-Programmable Gate Arrays，2016.

[37] Dai G，Huang T，Chi Y，et al. ForeGraph：Exploring large-scale graph processing on multi-FPGA architecture [C]//Proceedings of the 2017 ACM/SIGDA International Symposium on Field-Programmable Gate Arrays，2017：217-226.

[38] Zhou S，Chelmis C，Prasanna V K. High-throughput and energy-efficient graph processing on FPGA[C]//2016 IEEE 24th Annual International Symposium on Field-Programmable Custom Computing Machines (FCCM)，IEEE，2016：103-110.

[39] Oguntebi T，Olukotun K. Graphops：A dataflow library for graph analytics acceleration[C]// Proceedings of the 2016 ACM/SIGDA International Symposium on Field-Programmable Gate Arrays，2016：111-117.

[40] Gtx N G. 780 [J]. URL：http://www nvidia com/gtx-700-graphics-cards/gtx-780.

[41] Malicevic J, Dulloor S, Sundaram N, et al. Exploiting NVM in large-scale graph analytics[C]// Proceedings of the 3rd Workshop on Interactions of NVM/FLASH with Operating Systems and Workloads, 2015: 1-9.

[42] Hamilton W, Ying R, Leskovec J. Inductive representation learning on large graphs[J]. Advances in Neural Information Processing Systems, 2017, 30: 1-9.

[43] Ying R, He R, Chen K, et al. Graph convolutional neural networks for web-scale recommender systems[C]//Proceedings of the 24th ACM SIGKDD International Conference on Knowledge Discovery & Data Mining, 2018: 974-983.

[44] Duvenaud D K, Maclaurin D, Iparraguirre J, et al. Convolutional networks on graphs for learning molecular fingerprints [J]. Advances in Neural Information Processing Systems, 2015, 28: 2224-2232.

[45] 徐冰冰, 岑科廷, 黄俊杰, 等. 图卷积神经网络综述[J]. 计算机学报, 2020, 43(5): 755-780.

[46] Wu Z, Pan S, Chen F, et al. A comprehensive survey on graph neural networks[J]. IEEE Transactions on Neural Networks and Learning Systems, 2020, 32(1): 4-24.

[47] Zhou J, Cui G, Hu S, et al. Graph neural networks: A review of methods and applications[J]. AI open, 2020, 1: 57-81.

[48] Wang M Y. Deep graph library: Towards efficient and scalable deep learning on graphs[C]// Proceedings of the ICLR Workshop on Representation Learning on Graphs and Manifolds, 2019.

[49] Fey M, Lenssen J E. Fast graph representation learning with PyTorch Geometric[J]. arXiv preprint arXiv:1903.02428, 2019.

[50] Ma L, Yang Z, Miao Y, et al. {NeuGraph}: Parallel deep neural network computation on large graphs[C]//2019 USENIX Annual Technical Conference (USENIX ATC 19), 2019: 443-458.

[51] Chen T, Du Z, Sun N, et al. Diannao: A small-footprint high-throughput accelerator for ubiquitous machine-learning[J]. ACM SIGARCH Computer Architecture News, 2014, 42(1): 269-284.

[52] Chen Y, Luo T, Liu S, et al. Dadiannao: A machine-learning supercomputer[C]//2014 47th Annual IEEE/ACM International Symposium on Microarchitecture, IEEE, 2014: 609-622.

[53] Zhang S, Du Z, Zhang L, et al. Cambricon-X: An accelerator for sparse neural networks[C]// 2016 49th Annual IEEE/ACM International Symposium on Microarchitecture (MICRO), IEEE, 2016: 1-12.

[54] Tian Y, Balmin A, Corsten S A, et al. From "think like a vertex" to "think like a graph"[J]. Proceedings of the VLDB Endowment, 2013, 7(3): 193-204.

[55] Yan D, Cheng J, Lu Y, et al. Blogel: A block-centric framework for distributed computation on real-world graphs[J]. Proceedings of the VLDB Endowment, 2014, 7(14): 1981-1992.

[56] Xie W, Wang G, Bindel D, et al. Fast iterative graph computation with block updates[J]. Proceedings of the VLDB Endowment, 2013, 6(14): 2014-2025.

[57] Yuan P, Xie C, Liu L, et al. PathGraph: A path centric graph processing system[J]. IEEE Transactions on Parallel and Distributed Systems, 2016, 27(10): 2998-3012.

[58] Chen J, Ma T, Xiao C. Fastgcn: Fast learning with graph convolutional networks via importance sampling[J]. arXiv preprint arXiv:1801.10247, 2018.

[59] Chen R, Shi J, Chen Y, et al. Powerlyra: Differentiated graph computation and partitioning on skewed graphs[J]. ACM Transactions on Parallel Computing (TOPC), 2019, 5(3): 1-39.

[60] Chi Y, Dai G, Wang Y, et al. Nxgraph: An efficient graph processing system on a single machine [C]//2016 IEEE 32nd International Conference on Data Engineering (ICDE), IEEE, 2016: 409-420.

［61］　Yan M，Deng L，Hu X，et al. Hygcn：A gcn accelerator with hybrid architecture［C］//2020 IEEE International Symposium on High Performance Computer Architecture（HPCA），IEEE，2020：15-29.

［62］　Zhang B，Zeng H，Prasanna V. Hardware acceleration of large scale gcn inference［C］//2020 IEEE 31st International Conference on Application-specific Systems，Architectures and Processors（ASAP），IEEE，2020：61-68.

［63］　Liang S，Wang Y，Liu C，et al. Engn：A high-throughput and energy-efficient accelerator for large graph neural networks［J］. IEEE Transactions on Computers，2020，70(9)：1511-1525.

［64］　Kiningham K，Levis P，Ré C. GRIP：A graph neural network accelerator architecture［J］. IEEE Transactions on Computers，2022，72(4)：914-925.

［65］　Geng T，Li A，Shi R，et al. AWB-GCN：A graph convolutional network accelerator with runtime workload rebalancing［C］//2020 53rd Annual IEEE/ACM International Symposium on Microarchitecture（MICRO），IEEE，2020：922-936.

［66］　Li J，Louri A，Karanth A，et al. GCNAX：A flexible and energy-efficient accelerator for graph convolutional neural networks［C］//2021 IEEE International Symposium on High-Performance Computer Architecture（HPCA），IEEE，2021：775-788.

第7章　面向神经网络算法的硬件加速方法综述

随着人工智能、计算机视觉、语音识别和机器学习的应用不断涌现,神经网络已经成为目前相关领域应用广泛的解决方案.针对神经网络在通用处理器中效率较低的问题,提出了变量特定的异构神经网络加速器.本章首先对神经网络算法原理与硬件加速背景进行介绍,而后对几种常见神经网络硬件加速器体系结构进行综述,进而对典型神经网络加速器的设计和优化方法进行总结,最终给出相关工作的进展和结论.以本章内容为铺垫,后续将以FPGA平台上的加速器部署为例,具体阐述面向神经网络算法的硬件加速器定制方法.

7.1　神经网络算法及其硬件加速背景

7.1.1　神经网络算法原理

神经网络来源于对人脑神经系统运转过程的模拟,是由基本计算单元,即神经元构成的规模庞大的计算模型.神经元如图 7.1 所示,它可以接受多个来自其他神经元的信号,并向其他神经元传递信号.单个神经元的计算过程如式(7.1)所示.其中 x 表示输入,w 表示权重,b 表示偏移量,f 表示阈值或者激活函数.

$$y = f\left(\sum_{i=0}^{n} x_i \cdot w_i + b\right) \tag{7.1}$$

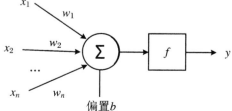

图 7.1　神经元计算过程

据生物神经元特性,每个神经元都有一个阈值,当输入信号的加权值累加效果超过阈值时,神经元即处于激活状态.为了建模这一过程,人工神经网络引入了激励函数,或称为激活函数.典型的激励函数有阈值函数、线性函数和 S 型函数等.

为了模拟生物神经系统中信息的分块表示,神经元连接在拓扑表示上采用分层表示.这种分层表示方式,导致神经元之间有三种互连方式:层内连接、循环连接和层间连接.层内连接是本层神经元和本层的其他神经元之间的连接,可用于加强或竞争本层内神经元的信号;循环连接是神经元与自身的连接,用于加强神经元自身,是一种反馈连接;层间连接是不同层之间的神经元连接,此种方式实现层间的信号传递,层间的信号传递可以是前向传递,也可以是反向传递.图 7.2 展示了三种不同的网络示意图.

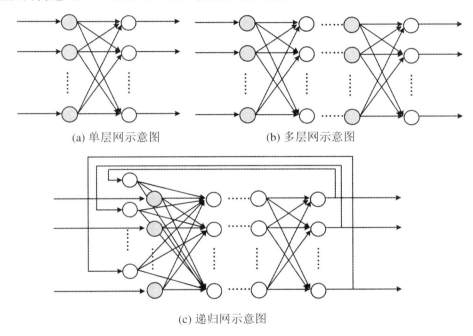

(a) 单层网示意图　　　　　　　　(b) 多层网示意图

(c) 递归网示意图

图 7.2　三种不同的网络示意图

不仅运转方式类似,神经网络在两个方面也和人脑相似:一是神经网络获取的知识是从外界环境中学习得来的,网络的成型是一个学习过程;二是神经元的连接强度,或称为突触权值,用于存储学习到的知识.我们将得到这些突触权值的过程称为训练过程或学习过程.根据这些突触权值处理数据的过程称为预测过程.神经网络训练过程利用了梯度下降和反向传播法,又称为监督学习,训练是一个学习过程,学习的来源是数据集,这些数据包括值和标签.将训练数据集的值送入神经网络进行预测,获取标签,通过比较预测的标签和真实值的差值反过来调整每层的权值参数,它是一个从输出层至输入层的反向计算[1,2].这里以误差反向传播(Error Back Propagation)算法为例详细介绍神经网络的计算过程.

第一步:将各层神经元的权值参数进行初始化,一般是在一个范围内随机初始化.

第二步:对训练集的数据进行预测,并存储各层预测产生的数据值,记为 D_i.

第三步:从网络的最后一层开始,将预测的数值 D_n 和真实的标签值 L 进行比较,计算输出层的误差值 E_n,误差根据实际情况有多种计算方式,一个例子如式(7.2)所示.获取 E_n 后按照梯度下降对权值进行更新,如下所示:

$$E_n = D_n \cdot (1 - D_n) \cdot (L - D_n) \tag{7.2}$$

$$\Delta W_n = D_{n-1}^{\mathrm{T}} \cdot E_n \tag{7.3}$$

第四步:据上层的误差值,反向计算本层的误差值,然后根据误差值更新权值.沿着神经网络循环上述操作直至输入层.

构建层数很深的大型网络模型的过程被称为深度学习,常见的深度学习网络拓扑结构有深度神经网络(Deep Neural Networks,DNNs)、卷积神经网络(Convolutional Neural Networks,CNNs)、递归神经网络(Recurrent Neural Networks,RNNs)、注意力机制模型(Trans-former)等.深度学习模型结构各异,在分类、图像识别、自然语言理解等领域取得了显著成效.

7.1.2　神经网络算法的硬件加速背景

随着信息时代的进步和互联网的发展,神经网络应用范围逐渐扩大.然而,为了解决更加抽象、更加复杂的学习问题,深度学习的网络规模在不断增加,计算和数据的复杂性也随之剧增,其优异成果的背后是复杂庞大的网络模型、海量的数据集和计算量.目前一个大型网络模型的参数规模上亿级,在现有的通用计算设备上性能不足,开销大.如何高性能低能耗地实现深度学习相关算法,成为科研机构的研究热点.此外,研究者们观察到神经网络计算过程整体上有规律可循,计算时可以挖掘出大量并行性,利用并行计算对其加速成为可能.另一方面,计算时有大量的数据重复使用,可以挖掘出高复用性,通过一定手段减少数据的重复访问,可以降低运行开销.当然,一切的前提都需要底层硬件的支持.因此,对神经网络算法进行硬件加速是一个发展趋势.

硬件加速充分利用计算过程中的并行性,最大化减少计算中的冗余,使用硬件计算模块来替代通用 CPU 运行的软件算法,通过对性能、功耗、开发成本及周期综合考虑,获得性能的提升和开销的下降.常见的硬件加速技术有专用集成电路(Application Specific Integrated Circuit,ASIC)、现场可编程逻辑门阵列(Field Programmable Gate Array,FPGA)和图形处理器(Graphics Processing Unit,GPU).

7.2　硬件加速器的体系结构

7.2.1　面向深度学习的 ASIC 异构加速器

随着深度学习和神经网络的发展,智能芯片和 ASIC 加速器已经成为计算机体系结构领域的研究热点.代表性的研究包括 DianNao[3]、DaDianNao[4]、PuDianNao[5]等一系列工作.这些代表性工作包括由中国科学院计算技术研究所和寒武纪提出并开发的计算机机器学习与神经网络异构加速芯片,以及 Nervana 等人工智能专用芯片.另外,在 ISCA、MICRO等国际会议上也出现了很多 ASIC 神经网络加速器.举例来说,CNVlutin[6]提出了一种消除无效神经元的深度神经网络加速器.由于表示函数的参数数目是充分大的,神经网络实际上具有很高的稀疏性.CNVlutin 提出了一种无效神经元剔除方法,根据算子值设计神经网络加速器.CNVlutin 不是针对控制流,而是将包含零运算符的指令从其余指令中分离并重组,从而减少计算资源的使用,加速内存访问,进而优化性能和能耗.Cambricon[7] 提出了一种面向大规模神经元和突触处理的神经网络指令集.这意味着一条指令可以处理一组神经元,特别是支持在芯片上转移神经元和突触.EIE[8] 提出了一种高效的压缩深度神经网络推理机和压缩卷积神经网络硬件实现.由于卷积神经网络的压缩系数具有很高的信息冗余度,完全依赖于 SRAM,大大降低了传统卷积神经网络加速器对 DRAM 访问的最大能耗.Eyeriss[9] 为卷积神经网络提出了一种低功耗的数据结构.虽然 SIMD GPU 架构满足了卷积神经网络大规模计算的需求,但是带来了大量的数据传输开销,特别是数据计算成本之外的数据传输成本,因此,Eyeriss 使用现代数据传输模式来设计加速器,以取代 SIMD/SIMT GPU 架构的加速器.NeuroCube[10] 提出了一种使用 3D 堆叠存储的可编程神经网络加速器架构.该加速器采用现代 3D 堆叠存储技术作为内存计算架构的基础,在 3D 堆叠存储器(逻辑层)的深层增加计算单元,并通过特定的逻辑模块来加速神经网络计算,以消除不必要的数据传输,同时利用大的内存基础带宽.Minerva[11] 是一款低功耗、高精度的深度神经网络加速器,Minerva 提出了基于设计空间探索的加速器和优化流程.通过神经网络剪枝降低了数据复杂度和带宽,进而降低了系统功耗.Redeye[12] 提出了一种针对移动视觉的模拟卷积神经网络图像传感器架构,采用模块化并行设计思想,降低模拟设计的复杂度,促进物理设计和算法的重用.这些研究充分证明了神经网络加速器已经成为计算机体系结构领域的研究热点和重点.文献[13]提出的基于数据流的可重构深度卷积神经网络硬件加速器体系结构采用了典型的专用卷积集成 DSP 处理器的架构.在神经网络中处理卷积运算占据了大部分的运算,因此加速器通过发掘并行性,在加速引擎与 DSP 处理器上对卷积进行加速.DNPU[14] 是一款能效可重构的通用深度神经网络处理器,按照解决瓶颈的场景,实现了卷积层独立结构的计算瓶颈和全连接的存储瓶颈两种类型的结构.卷积加速模块 CP 和 RNN-LSTM 模块 FRP 使用分布式存储器来确保处理元件的数据需求,而加速器核负责收集数据并与递归神经网络计算模块通信.文献[15]设计了一种基于芯片的稀疏神经网络加速器,它采用两种措施来优化整个系统.一种是采用符号-量值数字格式存储参数和计算,这种方法增加了补码表示的位翻转速率.另一种是在计算中消除零运算符.文献[16]将限制网络宽度和量化稀疏权重矩阵方法用于自动语音识别和语音活动检测电路,以提高精度、可编程性和可扩展性.enVision[17] 是一种基于 DVAFS 的可调卷积神经网络处理器.针对嵌入式设备的计算要求和有限的功耗,enVision 扩展了动态电压精度可扩展(DVAS)到动态电压精度频率可分级方法(DVAFS),优化乘法器,并最终实现频率调节.DVAFS 实现了所有可配置参数(如活动性、频率和电压)的增加值.通过高位和低位乘法,两个 8 位乘法可在 16 位数组上运行,实现在不同精度下显著提高吞吐量和资源利用率.文献[18]提出了一种始终在线的和物联网的应用场景,利用 CIS 和卷积神经网络实现了一个较小的人脸识别 SOC.根据不同应用场景下的能源需求,架构各不相同.物联网深度神经网络加速专用芯片[19]的主要特点是具有不同速度和能量的四级缓存.

为了提高性能、能量效率,并利用 FPGA 的优势,中国科大团队提出了基于 FPGA 的深度学习和大数据应用的加速器.这项工作[20]提出了一种基于软件定义的 FPGA 加速器,名为 SODA for Big Data.该加速器通过将复杂的应用分解,能够针对数据密集型应用的各种需求进行重构和重组.由于逐层结构和层之间的数据依赖性,文献[21]提出了基于流水线能量高效得多的 FPGA 加速器 PIE,其通过在流水线中处理两个相邻层来加速深度神经网络中的操作.随着用于高精度的深度学习神经网络的多样性和不断增加的规模,文献[22]和文献[23]设计了加速器架构,以提高性能并适应各种神经网络的可扩展性.文献[22]提出了一种面向服务的深度学习架构 Solar,该架构通过基于 GPU 和 FPGA 等各种加速器的方法来实现.Solar 提供了一个统一的编程模型,该模型隐藏了硬件设计和调度,便于上层应用编程.文献[23]提出了一种基于 FPGA 的大规模深度学习网络加速单元 DLAU.为了提高吞吐量并充分利用应用程序的数据局部性,加速器使用三个流水线处理单元.

7.2.2　神经网络的 GPU 加速器

作为固定电路,ASIC 的设计和验证周期长,以及神经网络算法和应用程序开发中模型迭代与优化的高速度,设计未来的神经网络专用芯片具有很大的难度和风险.然而,异构GPU 加速器具有设计周期短、带宽高等优点,是业界广泛采用的构建快速原型系统的解决方案.另外,在学术界已有一些针对 GPU 的神经网络加速器.例如,随着对卷积神经网络计算效率的研究,忽略卷积神经网络的内存效率,文献[24]研究了不同卷积神经网络层的记忆效率,论证了数据布局和访存方式对性能的影响.文献[25]提出了大规模递归神经网络的高效 GPU 实现,并给出了该 GPU 的可扩展性实现方法.利用递归神经网络的潜在并行能力,提出了一种细粒度的两级流水线结构.文献[26]建议在深度神经网络的执行时间内进行卷积运算,并旨在改进高级卷积算法 Winograd 卷积在 GPU 上的性能.卷积神经网络一般具有大量的零权值,研究提出了一种低延迟、高效率的硬件机制来传递零输入乘法,并给出结果 0 跳过操作.同时,具有额外数据转换的 Winograd 卷积限制了性能,但是 ADD 操作的数据重用优化(ADOPT)提高了局部寄存器的利用率,从而减少了片上缓冲器的访问.实验结果表明,与未优化的方法相比,该方法的性能提高了 58%.文献[27]比较了基于 GPU 的开源卷积神经网络实现,并分析了系统性能的潜在瓶颈 EST 优化方法.文献[28]提出了两种优化目标检测任务的调度策略,提高了系统性能:① 利用一种高效的图像合成算法来加速卷积神经网络的前向处理过程;② 一种低内存消耗的算法,使得在有限的内存空间内训练任意规模的卷积神经网络模型成为可能.总体来看,基于 GPU 的异构加速系统已经比较成熟,可以在 GPU 板间快速迭代神经网络拓扑模型和算法.

7.2.3　神经网络的 FPGA 异构加速器

除了 ASIC 和 GPU,FPGA 也是实现异构硬件加速器的重要平台.与 ASIC 和 GPU 相比,FPGA 具有更高的灵活性和更低的能耗.此外,目前的神经网络,如深度神经网络和递归神经网络,都具有快速进化的能力.例如,利用稀疏性(剪枝)和简单数据类型(1~2 位)使算法非常高效.然而,自定义数据类型的创新引入了不规则的并行性,导致了 GPU 处理困难,同时适应 FPGA 可定制的特性.

近年来,出现了一系列具有代表性的基于异构 FPGA 的加速器,例如,ESE[29]提出了一种基于 FPGA 的稀疏 LSTM 高效语音识别引擎,实现了软件和硬件的同时优化.不仅在算法上将神经网络压缩成很小的尺寸,而且在硬件上支持压缩的深度学习算法.在软件方面,ESE 提出了一种负载平衡感知修剪算法,考虑了多核最终并行加速计算时不同核间的负载均衡问题. 在硬件方面, ESE 重新设计了支持多用户和递归神经网络的硬件结构. Nurvitadhi 等人[30]评估在加速下一代深度神经网络时 FPGA 和 GPU 之间的性能和功率效率的差异并得出结论:GPU 强大的计算资源使其与规则神经网络具有天然的并行性,然而,剪枝和压缩方法会导致不规则的神经网络,从而影响使用 GPU 并行计算神经网络. 为了解决上述问题, FPGA 可以采用定制的方法. 随着下一代 FPGA 资源的不断增加, FPGA 将成为下一代深度神经网络加速平台的选择. Nurvitadhi 等人[31]研究一种称为 GRU 的递归神经网络的变体,提出了一种避免部分稠密矩阵向量乘法(SEGMV)的优化存储方法. 此外,还评估了 FPGA、ASIC、GPU 和多核 CPU 的实现,结果表明,与其他实现相比, FPGA 具有更高的能量效率. DnnWeaver[32]为特定的模型设计加速器,同时根据网络拓扑和硬件资源,实现了一个自动生成的可综合的加速器框架.

从优化的角度来看,循环展开、平铺、切换或微调固定加速器架构和数据流是优化神经网络的通用方法. Ma 等人[33]提出了一种基于定量多变量的分析和优化方法来优化卷积环. 通过对设计变量配置的搜索,在硬件卷积神经网络加速器中,通过一定的数据流最小化访存和数据迁移,同时,最大限度地提高资源效率,以通过数据流获得更好的性能. 同样, Zhang 等人[34]提出了一种深入分析卷积神经网络分类核资源需求的性能分析模型以及由最先进的 FPGA 提供的资源. 由于关键的瓶颈是内存带宽运算芯片,因此提出了一种新的核设计,它有效地定位带宽受限问题,以最优地平衡计算片上存储器访问和片外存储器访问.

以上工作表明,采用 FPGA 构建神经网络硬件加速器是可行的,但大多数研究受限于 FPGA 的带宽,不能完全解决计算中的访存优化问题. 因此,研究一种计算与存储相结合的体系结构,有助于提高 FPGA 硬件的访问带宽.

7.2.4　现代存储加速器

在传统的计算机系统中,我们采用 DRAM 作为系统存储器,在处理之前,程序和数据都要加载到主存中. 由于数据规模的增长速度远快于主存储器,而传统的主存容量的增加并不能同时提高其带宽,“存储墙”的挑战将变得严峻. 随着现代存储技术(如 3D 堆叠技术[35])的快速发展,国内外研究人员还发现了金属氧化物电阻随机存储器(ReRAM). 自旋转移力矩磁阻随机存取存储器(STT-RAM)和相变存储器(PCM)不仅能够存储数据,而且能够执行逻辑和算法操作. 因此,新型存储神经网络加速器的研究越来越广泛.

例如, Prime[36]提出了一种神经网络存储计算机体系结构. 部分重写交叉阵列既可以作为神经网络应用的加速计算设备,也能够作为存储扩展主存的容量. 此外,本方法的电路、结构和 Prime 的软件接口,使得 ReRAM 阵列具有在主存与加速器之间动态重构的能力,也让 Prime 支持的计算类型不只限于神经网络. Isaac[37]提出了一种用于卷积神经网络的纵横模拟计算加速器. Isaac 使用 eDRAM 作为流水级之间的数据寄存器,实现了神经网络中不同层次的加速计算,并设计了模拟数据编码类型,以减少模数转换的开销. 尽管 Prime 和 Isaac 都使用 ReRAM 现代存储来加速神经网络计算,它们只是加速了神经网络的推理阶段,而神经网络的训练阶段仍然采用传统的方法. 因此, Pipelayer[38]提出了一种同时支持测试阶段和训练阶段的加速器,其分析了训练阶段的数据依赖和权值更新问题,并设计了实现分层并行计算的流水线. Pipelayer 提出了一种高度并行的设计,并基于并行粒度的概念对冗余进行加权. Ahn 等人[39]提出了一种可扩展的加速器 Tesseract,它在图形数据处理的主存中进行并行计算.将计算单元放置在三维叠加 HMC 中,HMC 的每个库负责处理不同的子图数据,Vault 之间使用了消息传递通信机制.为了提高存储器带宽的利用率,Tesseract 设计并实现了适合图形数据访存方式的两种预取机制.Graphicionado[40] 提出了一种基于 eDRAM 的高性能、高能效的图形数据分析加速器.加速器对图形数据的处理分为两个阶段,即处理阶段和应用阶段,通过流水线实现.另外,Graphicionado 设计了新的图形数据访问模式,减少随机访问的次数.Oscar[41] 采用 STT-RAM 作为末级 Cache 来缓解 CPU-GPU 异构架构中的 Cache 冲突.Oscar 集成了异步批处理调度机制和基于优先级的分配策略,以最大限度地发挥基于 STT-RAM 的潜力末级缓存.文献[42]提出了用于数据密集存储器计算的基于忆阻器的体系结构,其在交叉开关拓扑结构忆阻器中集成了存储和计算.文献[43]提出了一种基于 ReRAM 的 Crossbar 加速器,用于二元卷积神经网络的前向处理.在基于 ReRAM 的计算系统中,该研究采用低位级 ReRAM 和低位级 ADC/DAC 接口,实现了更快速的读写操作和更高的能量效率.当交叉开关不能在神经网络层存储总权重时,加速器设计了矩阵分割型和流水型两种实现方式.Resparc[44] 提出了一种用于脉冲神经网络的基于忆阻器的交叉开关加速器,该加速器可重构且高效.Resparc 利用高能效纵横制进行内积,实现了包括数据流模型在内的 SNN 分层可重构设计.Resparc 可以将脉冲神经网络的拓扑结构映射到最优规模的交叉杆上.

上述工作都基于现代存储技术实现的典型神经网络应用的异构加速器,但由于存储结构实现逻辑的能力有限,将现有 GPU、FPGA 等设备上的计算单元集成到一个存储结构中的方法仍是需要进一步研究的领域.

7.3 硬件定制中的常用优化方法

神经网络是计算密集型和存储密集型的应用.而在神经网络加速器的设计中,存在诸多矛盾与挑战问题,所以在近年来的相关工作中,大部分从优化计算、优化存储、优化面积和功耗的角度来设计神经网络加速器,也有一些将神经网络应用到具体问题中,大概涵盖以下方面.

7.3.1 优化计算

尽管先进的 CNN 加速器可以提供高计算吞吐量,但性能通常不稳定.一旦出现不同模型结构(如层和内核大小)的新网络,固定的硬件可能难以很好地匹配新应用.因此,由于逻辑资源或存储器带宽的利用不足,加速器将不能提供高性能.为了克服这个问题,C-Brain[45] 提出了一种新型的深度学习加速器,它提供了多种类型的数据级并行:核间、核内和混合.在并行处理不同层时,并行方式与特征图数据一块是输入的一部分.核间并行用于处理输入特征图的不同层,核内并行用于处理特征图的同一层.该设计能够在三种并行类型和相应的数据分块方案之间自适应地切换,以动态地匹配不同的网络甚至是单个网络的不同层.无论我们如何改变硬件配置或网络类型,所提出的网络映射策略确保了最优的性能和能量效率.

Caffeine[46]首先指出神经网络的卷积层是计算密集型的,而全连接层属于内存密集型.在FPGA 上对 CNN 进行加速时,不能只对卷积层进行加速.否则,全连通层的运行将成为新的瓶颈.Caffeine 对卷积层和全连接层神经网络的统一表示进行了分析和研究,如图 7.3 和图7.4 所示,以减少生成的中间数据量.最后,文献[46]设计了软硬件协同设计库,在 FPGA 上高效加速整个 CNN,优化加速器的带宽.

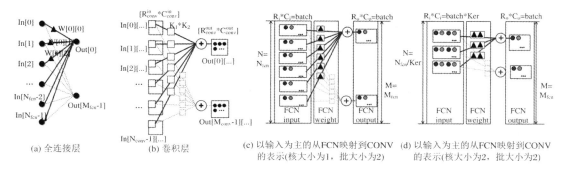

(a) 全连接层　　(b) 卷积层　　(c) 以输入为主的从FCN映射到CONV的表示(核大小为1，批大小为2)　　(d) 以输入为主的从FCN映射到CONV的表示(核大小为2，批大小为2)

图 7.3　各计算层到 CONV 的输入输出映射

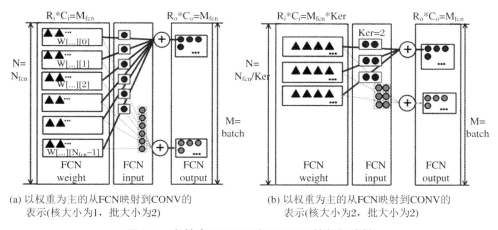

(a) 以权重为主的从FCN映射到CONV的表示(核大小为1，批大小为2)　　(b) 以权重为主的从FCN映射到CONV的表示(核大小为2，批大小为2)

图 7.4　多批次 FCN 层到 CONV 层的数据映射

脉冲神经网络作为第三代人工神经网络出现在越来越多的应用中.当网络规模上升到人类视觉皮层的细胞数量级时,脉冲神经网络面临着严重的计算效率问题.AXSNN[47]利用近似计算方法选择神经元,选择性地跳过不影响这些神经元输出的脉冲接收和脉冲输出,从而减少冗余计算,提高计算效率.在实验中,对基于近似计算的脉冲神经网络进行了软硬件实现.

卷积神经网络的计算过程复杂,在计算处理器核心和存储器层次之间的大量数据移动占据了功耗的大部分.Chain-NN[48]重点介绍了与输入数据复用相关的卷积运算的硬件计算过程,并设计了基于一维链结构的神经网络加速器 Chain-NN.Chain-NN 由专用的双通道处理引擎组成,可以根据网络的结构参数配置整体结构,提高整体资源利用率.实验结果表明,加速器在处理常用模型时,可以达到 84%～100%的内部资源利用率.卷积神经网络在TSMC 28 nm 结构下,以 700 MHz 的工作频率可达到 806.4 GOPS 的吞吐量,功率效率至少为 2.5～4 倍.文献[5]提出了一种通过封装两个乘积运算来提高卷积神经网络加速器运算速率的新方法,将操作集成到一个现成 FPGA 的 DSP 块中.乘法器的相同特征与对应于多个输出神经元的并行处理的计算模型一致,从而提高了网络的计算效率和资源利用率.实验结果表明,该方法不仅在相同的资源下使 CNN 层的计算吞吐量提高了一倍,与高度优化的一流加速器解决方案相比,网络性能也提高了 14%～84%.基于卷积神经网络中的大量零值严重降低了网络的计算效率.文献[6]提出了一种新颖的利用零权值和激活的 CNNs 硬件加速器.与大多数使用同步并行计算模型的 CNN 加速器不同,该加速器在内部使用更细粒度的程序元素(PE),并且每个 PE 使用弱同步操作模式,可以独立地检测与跳过权重和激活输出值中的零值.此外,作者还报告了零感知并行 CNN 硬件结构中存在的零感知负载不平衡问题,并提出了一种零感知内核分配解决方案.仿真结果表明,运行两个真实深度 CNN 剪枝的 AlexNet 和 VGG-16,所提出的架构提供了 4 倍加速比.可以使用神经网络计算中的固有近似来简化计算过程.LookNN[49]利用相似性思想和神经网络的容错特性,提出了一种新的简化处理策略,将神经网络中所有的浮点乘法运算转化为基于查找表的查询运算.然后,通过增加用于快速检索计算结果的关联存储器,实现计算过程中的快速检索操作.实验结果表明,该策略可使系统在没有额外计算误差的情况下,性能提高了 2.5 倍,能耗降低了 66%.

7.3.2　优化存储

在移动设备和其他嵌入式设备上部署机器学习加速器,由于功耗和面积等因素,加速器的片上存储容量非常有限.为了避免频繁的片外访问,需要压缩网络权重,而传统的稀疏矩阵压缩方法的随机接入和在线编解码会使计算的逻辑吞吐量下降.为了克服这个问题,文献[9]提出了一种用于 CNN 推理加速的高效的片上存储器结构.加速器使用 K-均值加速器存储子系统提供用于快速解码编码数据的机制,以确保计算逻辑的吞吐量,同时压缩重用数据.存储子系统对网络中各层之间输出的中间结果进行编码.通过使用较短的索引来代替输出大量的值 0,从而降低存储中间结果的成本.此外,在将数据存储到计算逻辑中之前,存储子系统可以检测并跳过 0 的操作数的计算,以提高计算速度.实验结果表明,采用该存储子系统的加速器可将存储容量减少 87.5%,能耗降低 75%,这使得移动设备和小型嵌入式设备可以使用加速器来高效地计算大规模 CNN.大规模的人工神经网络在解决广泛的分类和识别应用中表现出显著的前景.然而,其巨大的计算需求扩展了计算平台的能力.数字硬件神经元的核心由乘法器、累加器和激活函数组成.乘法器占据数字神经元中的大部分开销,文献[10]提出了一种近似乘法器,该近似乘法器利用了计算共享的概念并利用了神经网络应用程序的错误恢复能力以降低功耗.作者还提出了无乘数人工神经元,以获得更大的能耗改善,并调整训练过程以确保最小的精度下降.实验结果表明,对于 8 位和 12 位的神经元,能量消耗分别减少了 35% 和 60%.与传统神经元实现相比,网络精度损失了 83%.神经网络需要大量的存储容量和带宽来存储大量的突触权重.文献[11]提出了一种 JPEG 图像编码的应用,通过利用权重的空间局部性和平滑性来压缩权重矩阵.为了最小化由于 JPEG 编码引起的精度损失,作者提出根据误差敏感性(梯度)自适应地控制 JPEG 算法的量化因子.通过自适应压缩技术,具有较高灵敏度的权重块被压缩得较少,以获得较高的精度.自适应压缩降低了对存储空间的要求,从而提高了神经网络硬件的性能,降低了能耗.用 MNIST 数据集对多层感知器推理硬件的仿真结果表明,在识别损失小于 1% 的情况下,有效存储器带宽提高 3 倍.

7.3.3　优化面积和功耗

新兴的金属氧化物阻变存储器(RRAM)及其交叉开关在高能效的神经形态应用中表现出巨大的潜力.然而,模拟 RRAM 交叉开关和数字外围功能(即模数转换器(ADC)和数模转换器(DAC))之间的接口由于 CNN 的中间数据量很大,会产生巨大的开销.基于 RRAM 的 CNN 设计会消耗大部分的面积和能量.文献[12]提出了一种基于 RRAM 的能量高效的 CNN 结构,在分析数据分布的基础上,提出了一种将中间数据转换为 1 bit,消除 DAC 的量化方法.提出了一种使用输入数据作为选择信号的有效结构,以降低用于合并多个交叉杆的结果的 ADC 成本.实验结果表明,所提出的方法和结构可以节省 80% 的面积和 95% 以上的能量,同时在 MNIST 上保持了与 CNN 相同或相当的分类精度.文献[13]提出使用金属-绝缘体-转变(MIT)基于双端器件作为紧凑的振荡神经元,用于从阻性突触阵列中并行读取操作.加权和由振荡神经元的频率表示.与具有数十个晶体管的复杂 CMOS 积分激活神经元相比,振荡神经元面积显著减少,从而减轻电阻存储器中的外围电路的列间距匹配问题.最后,通过电路级基准的比较,在单神经元节点的层次上,振荡神经元与 CMOS 神经元相比,面积减少了 12%.在 128×128 的阵列水平上,振荡神经元被用来减少总面积的 4%,能耗节省 80%,漏电功率降低 97.5%,展示出振荡神经元整合的优势.由于 CNN 中突触的数量远大于神经元的数量,突触的读写操作也占据了很大一部分功耗,文献[14]提出降低电压以提高能量效率,但是传统的 6T SRAM 存储器随着电压下降表现出不稳定性,容易导致计算精度降低,因此文章对存储器结构进行了优化,采用稳定的 8T SRAM 取代部分传统的 6T SRAM(如图 7.5 所示).将比较重要的计算数据存储起来,可以保证计算的准确性,进一步降低电压,达到提高能源利用效率的目的.同时,为了在最小化所使用的面积的同时降低功耗,根据不同网络层对计算结果的重要程度,更改 8T SRAM 最高有效位(MSB)中存储的不同层的突触权重数.为了缓解神经网络中的计算能量效率问题,文章[15]提出了一种技术方案——NNCAM,它可在 GPU 平台上用于计算基于内容可寻址存储器(CAM)的神经网络.首先,NNCAM 存储和搜索使用频率很高的模式匹配的过程,实现了结果的重用,并且在局部挖掘出学习算法.其次,在 NNCAM 中使用了基于层的关联更新和选择性近似技术,以提高计算效率和精度.NNCAM 模块集成到 AMD 的南方群岛架构的 GPU 中,用于实验评估.结果表明,新技术可使能耗降低 68%,性能提高 40%,代价是精度损失不到 2%.

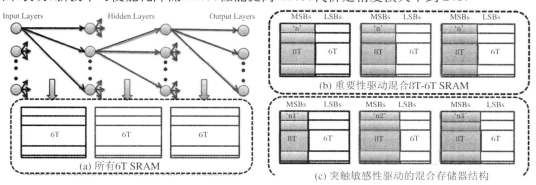

图 7.5　研究中的突触记忆构型

神经联想记忆(AM)是诸如分类和识别等认知工作负荷的关键构建块之一. 设计 AM 的关键挑战之一是在最小化功率和硬件开销的同时扩展存储器容量. 然而,现有技术表明,记忆容量缩放缓慢,通常以对数方式或以根号方式相对突触权重的总比特缩放. 这使得在硬件上不能实现用于实际应用的大容量. 文献[16]提出了一种称为递归权重比特复用的网络模型,这使得能够用总的权重位来对存储器容量进行近线性缩放. 此外,该模型可以处理相关的输入数据,比常规模型更鲁棒. 实验在 Hopfield 神经网络(HNN)中进行. 该模型包含了 5~327 kb 的权重总长度,比传统模型的记忆容量提高了 30 倍. 作者还研究了在 65 nm CMOS 中通过 VLSI 实现 HNN 的硬件成本,证实了所提出的模型能够在相同容量的情况下相比传统网络模型面积节省显著(约为十分之一).

用于实现非线性神经元激活功能的基于 CMOS 的标准人工神经元设计通常由大量晶体管组成,这不可避免地造成了大的面积浪费和功耗. 需要一种新颖的纳米电子器件,其能够固定且有效地实现这种复杂的非线性神经元激活功能. 文献[17]首次提出了一种基于磁 Skyrmion 的阈值可调人工神经元. 同时,作者提出了一种 Skyrmion 神经元簇(SNC),以近似非线性软限制神经元激活函数,例如最流行的 sigmoid 函数. 器件到系统的仿真表明,基于 MNIST 手写体数字数据集的深度学习卷积神经网络识别正确率为 74%. 此外,该 SNC 的能耗比 CMOS 同类产品低两个数量级以上.

7.3.4 方案拟订框架

基于 FPGA 的硬件加速器设计过程复杂,上层应用程序开发人员可能对底层的神经网络结构缺乏了解,导致加速器的设计更加困难. 为了简化设计过程,文献[50]提出了设计自动化工具 DeepBurning(如图 7.6 所示),允许应用程序开发人员从头开始构建针对其特定网络模型的自定义配置和操作的加速器,实现性能优化. DeepBurning 包括一个 RTL 级加速器生成器和一个相对应的编译器,后者在 User-SPE 下生成控制流和数据布局固定的约束. 该工具可用于实现基于 FPGA 的神经网络加速器或帮助生成早期设计阶段的芯片设计. 通常,DeepBurning 支持一大类 NN 模型,极大简化了机器学习或 AI 应用开发者的 NN 加速器设计流程. 评估表明,与最先进的 FPGA 加速器相比,DeepBurning 自动生成的加速器表现出更高的功率效率. 该框架使得上层应用设计者可以像使用 Caffe 一样方便地使用 FPGA 加速神经网络的计算,大大提高了 FPGA 在该领域的适用性.

文献[46]首先分析和研究了计算密集的两个卷积层的统一卷积矩阵乘法表示和通信密集型全连接层,然后设计和实现 Caffeine(如图 7.7 所示)并且为用户配置提供各种硬件/软件可定义的参数. 最后,将 Caffeine 集成到行业标准软件深度学习框架 Caffe 中. 相比传统的 CPU 和 GPU,该加速器在性能和能效方面都有相当大的提升. 如何为给定的 CNN 设计最好加速器的问题还没有得到解决. 文献[19]论述了这一挑战,通过提供一种新颖的框架,可以普遍和准确地评估和探索 FPGA 上 CNN 加速器的各种架构选择. 该探索框架比以往任何涉及设计空间的工作都更广泛,并考虑了各种 FPGA 资源,以最大化包括 DSP 资源、片内存储器和片外存储器带宽在内的性能. 使用一些最大的 CNN 模型(包括具有 16 个卷积层的 CNN 模型)的实验结果证明了框架的有效性,以及需要这种高级体系结构探索方法来为 CNN 模型找到最佳体系结构.

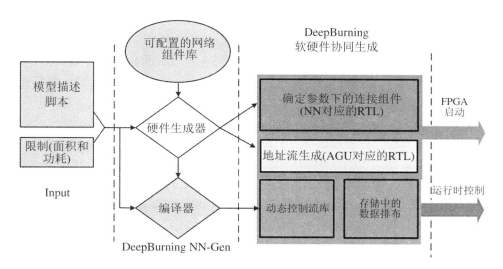

图 7.6　神经网络加速器开发框架——DeepBurning[50]

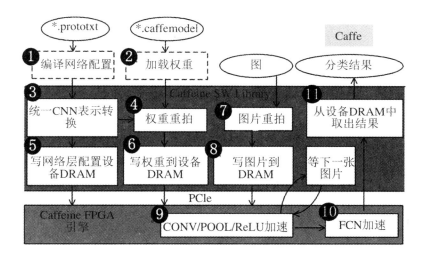

图 7.7　Caffeine FPGA 体系结构

7.3.5　应用于神经网络的新方法

文献[20]提出了一种采用随机计算的高效 DNN 设计（如图 7.8 所示）. 作者指出直接采用随机计算的 DNN 存在随机误差波动、范围限制和累积中的开销. 通过去除接近零的权重、应用权重缩放以及将激活功能与蓄能器集成解决上述问题, 实现高效计算. 实验结果表明, 该方法在门面积、延迟和功耗方面均优于传统的二值逻辑. 文献[21]还通过随机计算简化了深度卷积神经网络（DCNN）的计算. 在本小节中, 从计算精度的角度出发, 对两组共八种使用 SC 的 DCNNs 的特征提取设计进行了详细的探索和优化. 其中, 作者置换了用于内积计算的两种 SC 实现、两种下采样方案和两种 DCNN 神经元的结构. 实验结果表明, 与在CPU/GPU/基于二进制的 ASIC 综合上的软件实现相比, 基于 SC 的 DCNN 的精度得到了保证, 而面积、功耗以及能量消耗显著减少. 文献[22]开发了一类基于随机投影的草图绘制方法的高能量效率的硬件实现,同时展示了如何利用映射矩阵的随机性来构建高效的机器学习应用.作者定义了一种探索特殊稀疏结构的随机矩阵构造方法,从而有效地利用硬件来优化 FPGA 上的转换.所提出的变换设计可以在面积减少 17% 的情况下实现高达 2 倍的加速.将变换应用于 KNN 分类和 PCA 问题,获得了高达 7 倍的延迟和能量改善.更重要的是,平均累积误差的能力允许设计使用 1 位乘法器而不是使用 4 位 KNN 算法,这带来了 6% 的能量节省和 50% 的面积减少.文献[23]提出了脉冲时域编码器的鲁棒且能量有效的模拟实现.作者在多个时间尺度上对神经活动进行模式化,并使用时间依赖的时间尺度对感觉信息进行编码.通过引入迭代结构的概念,构造了一种神经编码器,大大提高了神经编码器的信息处理能力.结合迭代技术和无运放设计,编码器输出时间码的错误率降低到极低的水平.这项工作主要引入了伴随附加验证尖峰的较低采样率,显著地降低了编码系统的功耗.仿真和测试结果表明,该时域编码器不仅具有较高的能量效率,而且具有较高的深度神经网络精度,ORKS(DNNS)包括输入/输出/核大小以及输入步幅等不同参数的多种卷积层.

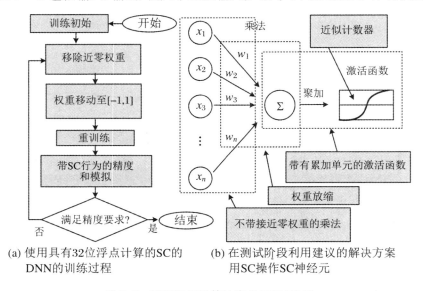

(a) 使用具有32位浮点计算的SC的　　　(b) 在测试阶段利用建议的解决方案
　　 DNN的训练过程　　　　　　　　　　 用SC操作SC神经元

图 7.8　采用随机计算的高效 DNN 设计

设计约束通常要求对给定 DNN 的所有层进行单一设计.因此,一个关键的挑战是如何设计一种通用的架构,这项研究是多样且复杂的.文献[24]提出了一种灵活且高效的 3D 神经元阵列架构,其设计自然适合卷积层.作者还提出了针对现代 FP 的给定资源约束集合优化其参数(包括片上缓冲器大小)的技术.针对 Virtex-7 FPGA 的实验结果表明,该技术可以产出性能优于 STAT 的 DNN 加速器.对于 32 位浮点 MAC 实现,相比最先进的解决方案提高了 22%,并且在计算资源和 DNN 大小方面的可扩展性更高.

基于忆阻器的神经形态计算系统为显著提高计算系统的功耗效率提供了一种有前景的解决方案.这种系统的模拟器,能够对系统进行建模并实现早期阶段的设计空间探索.文献[51]开发了一个基于忆阻存储器的神经形态系统仿真平台(MNSIM,如图 7.9 所示).MNSIM 为基于忆阻器的神经形态计算系统提出了一个通用的层次结构,并为用户提供了一个灵活的接口自定义设计.MNSIM 还为大规模应用提供了详细的参考设计.MNSIM 嵌入了面积、功耗和延迟的估计模型来模拟系统的性能.为了估计计算精度,MNSIM 提出了计算错误率和交叉开关设计参数之间的行为级模型,考虑了互连线和非理想器件因素.实验结果表明,与 SPICE 相比,MNSIM 实现了 7000 倍以上的加速,并获得了合理的精度.针对神经网络计算中大量的点积运算,文献[52]提出并实验验证了 3D-DPE,其为一种通用的点产品引擎,非常适合于加速人工神经网络(Ann).3D-DPE 基于单片集成的 3D CMOS-Memristor 混合电路,并执行高维点积操作,人工神经网络中计算量大的运算使用基于电流的模拟计算,只需一步即可完成.3D-DPE 由两个子系统组成,即作为存储器控制器的 CMOS 子系统和由多层高密度存储器 CRO 构成的模拟存储器子系统.SBAR 阵列在 CMOS 子系统的顶部制造.它们的集成基于高密度的区域分布式接口,导致两个子系统之间的连接性高得多.与使用硅通孔集成的 2D 系统或 3D 系统的传统接口相比,3D-DPE 的单步点积操作不受存储器带宽的限制,并且操作的输入维度与 3D 忆阻阵列的容量很好地成比例.

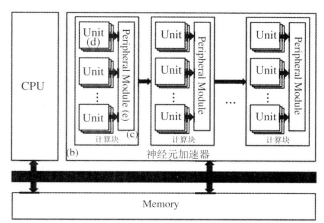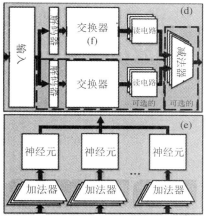

图 7.9　MNSIM 架构

最近,忆阻器交叉阵列被用于实现基于脉冲的神经形态系统.其中忆阻器电导值对应于突触权重.这些系统大多由单个交叉网络(crossbar)层组成,使用基于硬件的仿真在片外进行系统训练,然后将训练后的权重预先编程到忆阻器交叉阵列.然而,多层、片上训练系统对于处理大量数据变得至关重要,必须克服忆阻器随时间推移发生的电阻偏移.文献[27]提出了一种能够在线训练的基于脉冲的多层神经形态计算系统.实验结果表明,在保证计算精度的同时,系统整体性能提高了 42%.然而,由于忆阻器器件中的电阻变化和固定故障,神经网络运行在 RRAM 交叉开关上,不仅芯片成品率显著降低,而且分类精度也会下降.现有的基于硬件的解决方案会产生巨大的开销和功耗,而基于软件的解决方案在容忍固定故障和大的变化方面效率较低.文献[28]提出了一种加速器友好的神经网络训练方法,通过利用神经网络固有的自我修复能力,以基于 RRAM 交叉开关中的故障/变化分布来防止大权重突触被映射到异常忆阻器.实验结果表明,该方法能有效地提高分类精度(以往方法的分类精度降低了 10%~45%),接近理想水平,损失不到 1%.

7.3.6　人工神经网络的应用

人工神经网络为汽车系统等关键领域的故障检测和容错提供了一种合适的机制.然而,常用的 Ann 是计算密集型的,恶劣的汽车环境中的精度要求大型的网络,使得软件实现不切实际.文献[29]提出了一种基于 Xilinx Zynq 平台的混合 ECU 方法,它集成了一个基于 Ann 的预测系统,在持续故障的情况下,该系统可作为备用传感器(如图 7.10 所示).Ann 网络完全包含在部分可重构区内,集成了并行传感器采集接口、故障检测系统、数据处理引擎和网络接口.PR 允许从故障检测 Ann 网络无缝迁移(在正常操作下)到具有有效替换故障传感器的更大、更复杂和精确网络的容错模式.文章提出的并行结构使得 Ann 能够在低于 1 μs的可预测的短延迟内被评估,甚至适用于更大的预测网络.

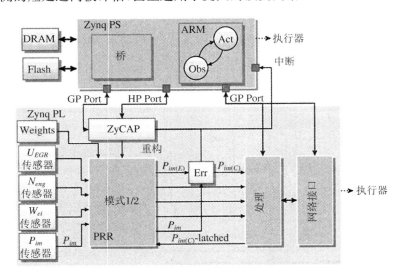

图 7.10　在 Zynq 上提出的混合容错 ECU 模型

深度卷积网络目前在基准性能方面表现优异,但是,对计算和数据传输的相关要求限制了其在能量受限的可穿戴平台上的应用.计算负担可以通过专用的硬件加速器来克服,但还有大量的数据传输影响了能量效率与资源利用水平.文献[30]介绍了神经向量引擎(NVE) ConvNets 的 SIMD 加速器,用于视觉对象分类,针对便携式和可穿戴设备,由于使用了超长指令字体系结构,加速器非常灵活,但代价是较高的取指令开销.作者指出,当灵活性支持高级数据局部性优化并提高硬件利用率时,这种开销是微不足道的.该工作通过 ConvNet Vision,并采用协同优化加速器结构和算法环路结构,实现了 30 GOPS 的性能,功率为 54 mW,采用 TSMC 40 nm 技术,支持便携式甚至可穿戴设备的高端视觉对象识别.系统将采用近传感器计算在传感器端点处来执行这些任务,以最大化数据缩减并最小化数据移动. 然而,近传感器计算产生了独特的新的挑战,例如操作功率约束、能量预算和通信带宽容量. 文献[31]提出了一种随机二元混合设计,该设计将近传感器神经网络的计算在随机域和二元域之间分开应用程序.此外,所提出的设计使用新的随机加法器和乘法器,其比现有的加法器和乘法器明显更精确.作者还表明,重新训练 NN 计算的二进制部分可以补偿由较短的随机数引入的精度损失位流,以最小的精度损失实现更快的运行速度.评价结果表明,所提出的混合随机-二元设计可以使能效提高 9.8 倍.这使得在传感器端对卷积神经网络进行局部处理成为可能.深度神经网络(DNN)通常难以在资源受限的设备上部署,现有的一些尝试主要集中在客户端-服务器计算范例或 DNN 模型压缩,它们分别需要基础设施支持或特殊培训阶段.文献[53]提出了 MODNN———一种用于 DNN 应用的本地分布式移动计算系统.MODNN 可以将已经训练好的 DNN 模型划分到多个移动设备上,以通过降低设备级计算成本来加速 DNN 计算和内存使用.作者设计了两种模型划分方案,以最小化非并行数据传输时间,包括唤醒时间和传输时间.实验结果表明,当工作节点数从 2 个增加到 4 个时,MODNN 可以将 DNN 的计算速度提高 2.17~4.28 倍.

相对于其他类型的神经网络,双向长短期记忆神经网络在字符识别中表现出优越的网络性能.文献[33]提出了第一个具有连接主义时间分类的双向长短期记忆神经网络的硬件结构并用于光学字符识别.基于这种新的体系结构,作者提出了一种 FPGA 硬件加速器,其吞吐量比现有技术高出 459 倍.视觉识别是移动平台上的典型任务,通常使用两种方案:在嵌入式处理器上本地运行任务或卸载任务.作者表示,将计算密集型视觉识别任务迁移到专用硬件加速器和 OUTPER 在运行时间方面形成高性能的 CPU,同时比低功率系统消耗更少的能量,而识别准确性的损失可以忽略不计.

7.3.7　其他

除上述文献外,还有一些探索性、优化性的内容值得关注.在不同的能量消耗和精度要求下,许多神经网络通过使用具有不同数据位的硬件单元来计算.但对神经网络中所需的输入数据和权重数据位缺乏全面的研究.文献[34]量化了浮点数据、定点数据对网络精度、内存占用、功耗能量消耗,以及在网络分析中针对不同位宽的设计区域.在相同的硬件资源下,可以减少数据位宽,以部署更大规模的网络,从而实现网络精度、能耗的优化.TrueNorth 设计存在突触权重精度有限的问题.当前的解决方法是运行多个神经网络副本,其中每个突触权重的平均值接近原始神经网络的平均值.文献[35]从理论上分析了 TrueNorth 芯片中数据精度低对推理精度、内核占用和性能的影响,提出了一种概率偏置的学习方法,通过减少每个计算副本的随机方差来提高推理精度.实验结果表明,所提技术显著提高了 TrueNorth 平台的计算精度,降低了 TrueNorth 平台的计算量.为了提高性能并保持可扩展性,文献[36]提出了 Solar,面向服务的深度学习架构,使用各种加速器,如 GPU 和基于 FPGA 的方法.Solar 为用户提供了一个统一的编程模型,使得硬件实现和调度对于程序员来说都是不可见的.文献[20]介绍了一种基于软件定义 FPGA 的大数据加速器,名为 SODA.它可以根据各种数据密集型应用的需求对加速引擎进行重构和重组.SODA 将大型复杂的应用程序分解为粗粒度的单用途 RTL 代码库,这些代码库以无序的方式执行专门的任务.实验结果表明,在 128 个节点的应用中,SODA 可以达到 43.75 倍的加速比.文献[38]利用 FPGA 设计了一个深度学习加速器,重点实现了预测过程、数据访问优化和流水线结构.为了在提高性能的同时保持低功耗,文献[23]设计了一种深度学习加速单元(DLAU).这是一种用于大规模深度学习网络的可扩展加速器架构.DLAU 加速器采用三个流水线处理单元来提高吞吐量,并利用分片技术来探索局部性运行应用程序.在最新的 Xilinx FPGA 板上的实验结果表明,DLAU 加速器与英特尔酷睿 2 处理器相比,性能提升了 1 倍,功耗仅为 234 MW.在实现两个相邻的层采用不同的计算顺序后,可以减弱层与层之间的数据依赖.文献[21]提出了一种名为 PIE 的流水线节能加速器,通过将两个相邻层流水化来加速 DNN 推理计算.一层产生输出,下一层将输出作为输入读取,并立即以另一种计算方法开始并行计算.以这种方式,相邻层之间的计算被流水线化.

7.4 神经网络的并行编程模型及中间件

尽管异构硬件加速器在性能、带宽、功耗等方面具有诸多优势,但是它们经常会遇到编程困难的问题,需要提供编程模型来支持开发.对于机器学习方法,目前各种开源的深度学习框架在计算机版本上都取得了很好的效果,广泛应用于语音识别、自然语言处理和其他领域.目前,处理各种神经网络的通用开源框架主要有 Theano[54]、Torch[55]、TensorFlow[56]、Caffe[57]、CNTK[58]、Keras[59]、SparkNet[60]、Deeplearning4J[61]、ConvNetJS[62]、MXNet[63]、Chainer[64]、PaddlePaddle[65]、DeepCL[66] 和 PyTorch[67].

Theano 是一个 Python 库,由 Ecole Polytechnique de Montréal 于 2008 年开发.用户可以定义、优化和评估数学公式,特别是多维数组.与 C 语言相比,Theano 要求 GPU 实现大数据量问题,这种方法可以获得更好的加速和性能.随后在学术界和工业界出现的重要开源框架,如 Lasagne[68]、Keras 和 Blocks[69] 都是由 Theano 构建的. Keras 是一个基于 Python 的高级神经网络库,它运行在 TensorFlow 或 Theano 框架上,可以快速构建原型系统.该工具支持在 CPU 和 GPU 上运行的卷积神经网络和递归神经网络以及任意连接策略. Torch 是一个科学计算框架,它首先调用 GPU 来广泛支持机器学习算法. Lua 语言开发的框架是 Facebook 和 Twitter 重点推荐的开源深度学习框架.它可以灵活地构建复杂的神经网络,并行利用多个 CPU 和 GPU. TensorFlow 是 Google 公司用 C++ 语言开发的采用数据流图进行数字计算的开源软件库.数据流图中的每个节点和边分别表示一个数学运算和一个节点间的称为张量的多维数组数据. TensorFlow 具有可行的架构,可以在不同的平台间迁移,支持多个用户使用不同的编程语言,在分布式平台上持续开发.然后迁移到 Spark 上名为 TensorFlow 的 Spark 平台. Caffe 深度学习框架采用模块化实现,基于 C/C++ 语言,由美国加州大学的 Yangqing Jia 博士开发,并且还在顶层提供了 Python 接口. Caffe 的优势是从集群分配到移动设备的模块化定义,并支持分布式项目 Caffe on Spark. CNTK 是微软的开源深度学习工具包,现在更名为微软认知工具包,采用 C++ 编程语言开发,集成 Python 用户界面.在 CNTK 中,使用有向图来描述神经网络中的一系列操作步骤.叶节点和其他节点分别表示输入数据或神经网络参数和矩阵运算.由 Amplab 开发的 SparkNet 是一个基于 Spark 的框架,用于训练深度神经网络.包括从 Spark RDD 读取数据的方便接口, Caffe 深度学习框架中的 Scala 接口和轻量级多维张量库,通过使用集中式参数服务器执行.来自 Skymind 公司的 Deeplearning4J,是第一个基于 Java 的商业开源分布式深度学习库,集成了 Hadoop 和 Spark,可在分布式 CPU 和 GPU 上使用.该方法可通过 Keras 接口导入其他学习框架的模型,包括 TensorFlow、Caffe 火炬和西阿诺. ConvNetJS 是由斯坦福大学的 Andrej Karpathy 开发的浏览器插件,最后完全在浏览器上实现. ConvNetJS 支持一般的神经网络模块,包含分类、逻辑回归功能和其他没有 GPU 参与的基本结构. MXNet 是 CXXNet 的研究人员开发的一个轻量级的、可行的、分布式的、基于 C++ 的移动深度学习框架. Minerva[11] 和 Purine2[70] 项目嵌入在宿主语言中,集成了符号表示和张量计算.对于用户,该框架提供了自动划分以获得梯度.该框架的主要特点是计算和存储高效,运行在各种异构平台，甚至移动设备上. Chainer 是由 Preferred Networks 公司开发的软件框架. Chainer 基于网络在运行中被动态定义的原理，是可视化、高性能的深度学习模型，目前包括模型和可变自编码器. 基于 C++ 语言的 PaddlePaddle 是百度公司深度学习框架，包含 Python 接口，使得用户配置一系列参数来训练传统的神经网络或更复杂的模型，从而在情感分析、机器翻译、图像描述等领域，框架表现出最佳性能. DeepCL 是 Hugh Perkins 开发的 OpenCL 库，用于训练卷积神经网络. PyTorch 专门用于训练复杂模型，实现了一个基于机器学习框架 Torch 的 Python 库，包括基于张量运算库和神经网络库的 CPU 和 GPU 运行. 该框架支持训练模型和共享内存多线程并发，采用动态计算图结构，快速构造整个神经网络.

7.5　最新进展和结论

7.5.1　最新研究进展汇总

近期国际会议上最新研究进展综述表明，神经网络特别是深度神经网络和递归神经网络具有快速演化、稀疏性等特点，而同时简单的数据类型和较短的数据宽度使得算法的效率有了显著的提高. 目前的研究重点是对结构稀疏压缩的深度学习算法进行软硬件加速，并对结果进行优化，以及处理负载平衡问题. 相比 GPU 和 FPGA 的性能和能效，GPU 在并行处理规则神经网络方面具有显著优势，并且 FPGA 可以自定义和重新配置，以处理不规则的修剪和压缩的神经网络，使得 FPGA 成为下一代深度神经网络加速平台的候选者.

下一代深度神经网络加速平台的另一个前景方向是专门的神经网络芯片. 利用神经网络芯片将占据神经网络大部分运算的卷积层分配在加速引擎上，其他运算如 RELU 功能、全连接层等在另一个模块（DSP 或其他）上并行计算，并综合考虑到稀疏性和其他特征.

7.5.2　结论与展望

如何进行神经网络应用的研究已经成为工业界和学术界的热点问题，因此本章对基于 ASIC、基于 GPU 以及基于 FPGA 的硬件神经网络加速器进行了分析. 相关的工作集中在优化存储器访问带宽、高级存储设备和编程模型等领域. 然而，对仍处于发展阶段的异构神经网络加速器的研究最终形成成熟的大规模应用技术，还需要科学家做更多创造性的研究. 首先，神经网络应用的关键问题是需要描述神经网络的特征和存储器访问；其次，在加速器中设计一个计算和存储集成的架构；最后，支持编程框架和代码转换的工具也是目前的关键问题之一.

神经网络广泛应用于计算机视觉、语音识别、自然语言处理等领域. 越来越多的研究将开发新的芯片和软硬件加速系统. 近年来，神经网络不仅在软件应用、算法、编程模型、拓扑结构，而且在构造硬件体系结构方面也是推动构建新型计算机系统、人工智能芯片和系统产业化的坚实基础.

参考文献

［1］ LeCun Y，Boser B，Denker J，et al. Handwritten digit recognition with a back-propagation network ［J］. Advances in Neural Information Processing Systems，1989，2：396-404.

［2］ Chauvin Y，Rumelhart D E. Backpropagation：Theory，architectures，and applications［M］. New York：Psychology Press，2013.

［3］ Chen T，Du Z，Sun N，et al. Diannao：A small-footprint high-throughput accelerator for ubiquitous machine-learning［J］. ACM SIGARCH Computer Architecture News，2014，42(1)：269-284.

［4］ Chen Y，Luo T，Liu S，et al. Dadiannao：A machine-learning supercomputer［C］//47th Annual IEEE/ACM International Symposium on Microarchitecture，IEEE，2014：609-622.

［5］ Liu D，Chen T，Liu S，et al. Pudiannao：A polyvalent machine learning accelerator［J］. ACM SIGARCH Computer Architecture News，2015，43(1)：369-381.

［6］ Albericio J，Judd P，Hetherington T，et al. Cnvlutin：Ineffectual-neuron-free deep neural network computing［J］. ACM SIGARCH Computer Architecture News，2016，44(3)：1-13.

［7］ Liu S，Du Z，Tao J，et al. Cambricon：An instruction set architecture for neural networks［J］. ACM SIGARCH Computer Architecture News，2016，44(3)：393-405.

［8］ Han S，Liu X，Mao H，et al. EIE：Efficient inference engine on compressed deep neural network ［J］. ACM SIGARCH Computer Architecture News，2016，44(3)：243-254.

［9］ Chen Y H，Emer J，Sze V. Eyeriss：A spatial architecture for energy-efficient dataflow for convolutional neural networks［J］. ACM SIGARCH Computer Architecture News，2016，44(3)：367-379.

［10］ Kim D，Kung J，Chai S，et al. Neurocube：A programmable digital neuromorphic architecture with high-density 3D memory［J］. ACM SIGARCH Computer Architecture News，2016，44(3)：380-392.

［11］ Wang M，Xiao T，Li J，et al. Minerva：A scalable and highly efficient training platform for deep learning［C］//NIPS Workshop，Distributed Machine Learning and Matrix Computations，2014：51.

［12］ LiKamWa R，Hou Y，Gao J，et al. Redeye：Analog convnet image sensor architecture for continuous mobile vision［J］. ACM SIGARCH Computer Architecture News，2016，44(3)：255-266.

［13］ Desoli G，Chawla N，Boesch T，et al. 14.1 A 2.9 TOPS/W deep convolutional neural network SoC in FD-SOI 28nm for intelligent embedded systems［C］//IEEE International Solid-State Circuits Conference (ISSCC)，IEEE，2017：238-239.

［14］ Shin D，Lee J，Lee J，et al. 14.2 DNPU：An 8.1 TOPS/W reconfigurable CNN-RNN processor for general-purpose deep neural networks［C］//IEEE International Solid-State Circuits Conference (ISSCC)，IEEE，2017：240-241.

［15］ Whatmough P N，Lee S K，Lee H，et al. 14.3 A 28nm SoC with a 1.2 GHz 568nJ/prediction sparse deep-neural-network engine with> 0.1 timing error rate tolerance for IoT applications［C］//IEEE International Solid-State Circuits Conference (ISSCC)，IEEE，2017：242-243.

［16］ Price M，Glass J，Chandrakasan A P. 14.4 A scalable speech recognizer with deep-neural-network acoustic models and voice-activated power gating［C］//IEEE International Solid-State Circuits Conference (ISSCC)，IEEE，2017：244-245.

［17］ Moons B，Uyttherhoeven R，Dehaene W，et al. 14.5 envision：A 0.26-to-10tops/w subword-parallel dynamic-voltage-accuracy-frequency-scalable convolutional neural network processor in 28nm fdsoi

[C]//IEEE International Solid-State Circuits Conference (ISSCC), IEEE, 2017: 246-247.

[18]　Bong K, Choi S, Kim C, et al. 14. 6 A 0. 62 mW ultra-low-power convolutional-neural-network face-recognition processor and a CIS integrated with always-on haar-like face detector[C]//IEEE International Solid-State Circuits Conference (ISSCC), IEEE, 2017: 248-249.

[19]　Bang S, Wang J, Li Z, et al. 14. 7 a 288μW programmable deep-learning processor with 270kb on-chip weight storage using non-uniform memory hierarchy for mobile intelligence [C]//IEEE International Solid-State Circuits Conference (ISSCC), IEEE, 2017: 250-251.

[20]　Wang C, Li X, Zhou X. SODA: Software defined FPGA based accelerators for big data[C]// Design, Automation & Test in Europe Conference & Exhibition (DATE), IEEE, 2015: 884-887.

[21]　Zhao Y, Yu Q, Zhou X, et al. Pie: A pipeline energy-efficient accelerator for inference process in deep neural networks[C]//IEEE 22nd International Conference on Parallel and Distributed Systems (ICPADS), IEEE, 2016: 1067-1074.

[22]　Wang C, Li X, Yu Q, et al. SOLAR: Services-oriented learning architectures[C]//IEEE International Conference on Web Services (ICWS), IEEE, 2016: 662-665.

[23]　Wang C, Gong L, Yu Q, et al. DLAU: A scalable deep learning accelerator unit on FPGA[J]. IEEE Transactions on Computer-Aided Design of Integrated Circuits and Systems, 2016, 36(3): 513-517.

[24]　Li C, Yang Y, Feng M, et al. Optimizing memory efficiency for deep convolutional neural networks on GPUs[C]//SC'16: Proceedings of the International Conference for High Performance Computing, Networking, Storage and Analysis, IEEE, 2016: 633-644.

[25]　Li B, Zhou E, Huang B, et al. Large scale recurrent neural network on GPU[C]//International Joint Conference on Neural Networks (IJCNN), IEEE, 2014: 4062-4069.

[26]　Park H, Kim D, Ahn J, et al. Zero and data reuse-aware fast convolution for deep neural networks on GPU [C]//Proceedings of the Eleventh IEEE/ACM/IFIP International Conference on Hardware/Software Codesign and System Synthesis, 2016: 1-10.

[27]　Li X, Zhang G, Huang H H, et al. Performance analysis of GPU-based convolutional neural networks[C]//45th International Conference on Parallel Processing (ICPP), IEEE, 2016: 67-76.

[28]　Li S, Dou Y, Niu X, et al. A fast and memory saved GPU acceleration algorithm of convolutional neural networks for target detection[J]. Neurocomputing, 2017, 230: 48-59.

[29]　Han S, Kang J, Mao H, et al. Ese: Efficient speech recognition engine with sparse lstm on fpga [C]//Proceedings of the 2017 ACM/SIGDA International Symposium on Field-Programmable Gate Arrays, 2017: 75-84.

[30]　Nurvitadhi E, Venkatesh G, Sim J, et al. Can FPGAs beat GPUs in accelerating next-generation deep neural networks? [C]//Proceedings of the 2017 ACM/SIGDA International Symposium on Field-Programmable Gate Arrays, 2017: 5-14.

[31]　Nurvitadhi E, Sim J, Sheffield D, et al. Accelerating recurrent neural networks in analytics servers: Comparison of FPGA, CPU, GPU, and ASIC[C]//26th International Conference on Field Programmable Logic and Applications (FPL), IEEE, 2016: 1-4.

[32]　Sharma H, Park J, Amaro E, et al. Dnnweaver: From high-level deep network models to fpga acceleration[C]//the Workshop on Cognitive Architectures, 2016.

[33]　Ma Y, Cao Y, Vrudhula S, et al. Optimizing loop operation and dataflow in FPGA acceleration of deep convolutional neural networks [C]//Proceedings of the 2017 ACM/SIGDA International Symposium on Field-Programmable Gate Arrays, 2017: 45-54.

[34]　Zhang J, Li J. Improving the performance of OpenCL-based FPGA accelerator for convolutional

neural network[C]//Proceedings of the 2017 ACM/SIGDA International Symposium on Field-Programmable Gate Arrays, 2017: 25-34.

[35] Loh G H, Xie Y, Black B. Processor design in 3D die-stacking technologies[J]. IEEE Micro, 2007, 27(3): 31-48.

[36] Chi P, Li S, Xu C, et al. Prime: A novel processing-in-memory architecture for neural network computation in reram-based main memory[J]. ACM SIGARCH Computer Architecture News, 2016, 44(3): 27-39.

[37] Shafiee A, Nag A, Muralimanohar N, et al. ISAAC: A convolutional neural network accelerator with in-situ analog arithmetic in crossbars[J]. ACM SIGARCH Computer Architecture News, 2016, 44(3): 14-26.

[38] Song L, Qian X, Li H, et al. Pipelayer: A pipelined reram-based accelerator for deep learning [C]// IEEE International Symposium on High Performance Computer Architecture (HPCA), IEEE, 2017: 541-552.

[39] Ahn J, Hong S, Yoo S, et al. A scalable processing-in-memory accelerator for parallel graph processing [C]//Proceedings of the 42nd Annual International Symposium on Computer Architecture, 2015: 105-117.

[40] Ham T J, Wu L, Sundaram N, et al. Graphicionado: A high-performance and energy-efficient accelerator for graph analytics [C]//49th Annual IEEE/ACM International Symposium on Microarchitecture (MICRO), IEEE, 2016: 1-13.

[41] Zhan J, Kayıran O, Loh G H, et al. OSCAR: Orchestrating STT-RAM cache traffic for heterogeneous CPU-GPU architectures[C]//49th Annual IEEE/ACM International Symposium on Microarchitecture (MICRO), IEEE, 2016: 1-13.

[42] Hamdioui S, Xie L, Du Nguyen H A, et al. Memristor based computation-in-memory architecture for data-intensive applications[C]//Design, Automation & Test in Europe Conference & Exhibition (DATE), IEEE, 2015: 1718-1725.

[43] Tang T, Xia L, Li B, et al. Binary convolutional neural network on RRAM[C]//22nd Asia and South Pacific Design Automation Conference (ASP-DAC), IEEE, 2017: 782-787.

[44] Ankit A, Sengupta A, Panda P, et al. Resparc: A reconfigurable and energy-efficient architecture with memristive crossbars for deep spiking neural networks[C]//Proceedings of the 54th Annual Design Automation Conference 2017, 2017: 1-6.

[45] Song L, Wang Y, Han Y, et al. C-Brain: A deep learning accelerator that tames the diversity of CNNs through adaptive data-level parallelization[C]//Proceedings of the 53rd Annual Design Automation Conference, 2016: 1-6.

[46] Zhang C, Sun G, Fang Z, et al. Caffeine: Toward uniformed representation and acceleration for deep convolutional neural networks[J]. IEEE Transactions on Computer-Aided Design of Integrated Circuits and Systems, 2018, 38(11): 2072-2085.

[47] Sen S, Venkataramani S, Raghunathan A. Approximate computing for spiking neural networks [C]//Design, Automation & Test in Europe Conference & Exhibition (DATE), 2017, IEEE, 2017: 193-198.

[48] Wang S, Zhou D, Han X, et al. Chain-NN: An energy-efficient 1D chain architecture for accelerating deep convolutional neural networks [C]//Design, Automation & Test in Europe Conference & Exhibition (DATE), 2017, IEEE, 2017: 1032-1037.

[49] Razlighi M S, Imani M, Koushanfar F, et al. Looknn: Neural network with no multiplication[C]// Design, Automation & Test in Europe Conference & Exhibition (DATE), 2017, IEEE, 2017: 1775-

1780.

[50] Wang Y, Xu J, Han Y, et al. DeepBurning: Automatic generation of FPGA-based learning accelerators for the neural network family[C]//Proceedings of the 53rd Annual Design Automation Conference, 2016: 1-6.

[51] Xia L, Li B, Tang T, et al. MNSIM: Simulation platform for memristor-based neuromorphic computing system[J]. IEEE Transactions on Computer-Aided Design of Integrated Circuits and Systems, 2017, 37(5): 1009-1022.

[52] Lastras-Montano M A, Chakrabarti B, Strukov D B, et al. 3D-DPE: A 3D high-bandwidth dot-product engine for high-performance neuromorphic computing[C]//Design, Automation & Test in Europe Conference & Exhibition (DATE), 2017, IEEE, 2017: 1257-1260.

[53] Mao J. Local distributed mobile computing system for deep neural networks[D]. Pittsburgh: University of Pittsburgh, 2017.

[54] Bergstra J, Breuleux O, Bastien F, et al. Theano: A CPU and GPU math compiler in Python[C]// Proceedings of 9th Python in Science Conference, 2010, 1: 3-10.

[55] Collobert R, Kavukcuoglu K, Farabet C. Torch7: A matlab-like environment for machine learning [C]//BigLearn, NIPS Workshop, 2011 (CONF).

[56] Abadi M, Agarwal A, Barham P, et al. Tensorflow: Large-scale machine learning on heterogeneous distributed systems[J]. arXiv preprint arXiv:1603.04467, 2016.

[57] Jia Y, Shelhamer E, Donahue J, et al. Caffe: Convolutional architecture for fast feature embedding[C]//Proceedings of the 22nd ACM International Conference on Multimedia, 2014: 675-678.

[58] Seide F, Agarwal A. CNTK: Microsoft's open-source deep-learning toolkit[C]//Proceedings of the 22nd ACM SIGKDD International Conference on Knowledge Discovery and Data Mining, 2016: 2135.

[59] Chollet F. Keras: Deep learning library for theano and tensorflow[J]. URL: https://keras. io/k, 2015, 7(8): T1.

[60] Moritz P, Nishihara R, Stoica I, et al. Sparknet: Training deep networks in spark[J]. arXiv preprint arXiv:1511.06051, 2015.

[61] Team D. Deeplearning4j: Open-source distributed deep learning for the jvm[J]. Apache Software Foundation License, 2016, 2(2).

[62] Karpathy A. Convnetjs: Deep learning in your browser (2014)[J]. URL http://cs. stanford. edu/people/karpathy/convnetjs, 2014, 5.

[63] Chen T, Li M, Li Y, et al. Mxnet: A flexible and efficient machine learning library for heterogeneous distributed systems[J]. arXiv preprint arXiv:1512.01274, 2015.

[64] Tokui S, Oono K, Hido S, et al. Chainer: A next-generation open source framework for deep learning[C]//Proceedings of Workshop on Machine Learning Systems (LearningSys) in the Twenty-ninth Annual Conference on Neural Information Processing Systems (NIPS), 2015, 5: 1-6.

[65] Ma Y, Yu D, Wu T, et al. PaddlePaddle: An open-source deep learning platform from industrial practice[J]. Frontiers of Data and Domputing, 2019, 1(1): 105-115.

[66] Perkins H. DeepCL: Opencl library to train deep convolutional neural networks[J]. Accessed: Oct, 2015, 14.

[67] Paszke A, Gross S, Chintala S, et al. Pytorch: Tensors and dynamic neural networks in python with strong gpu acceleration[J]. PyTorch: Tensors and Dynamic Neural Networks in Python with Strong GPU Acceleration, 2017, 6(3): 67.

［68］ Battenberg E，Dieleman S，Nouri D，et al. Lasagne：Lightweight library to build and train neural networks in theano［J］. URL https：//github. com/Lasagne/Lasagne，2015.

［69］ Van Merriënboer B，Bahdanau D，Dumoulin V，et al. Blocks and fuel：Frameworks for deep learning［J］. arXiv preprint arXiv：1506.00619，2015.

［70］ Lin M，Li S，Luo X，et al. Purine：A bi-graph based deep learning framework［J］. arXiv preprint arXiv：1412.6249，2014.

第 8 章　基于 FPGA 的深度信念网络硬件加速器定制技术

深度信念网络是深度学习中一种基础的深度神经网络类型，也是一种典型的深度生成式模型，由多层受限玻尔兹曼机堆叠而成．目前深度信念网络普遍应用于语音识别、手写识别、文本分类等领域．深度信念网络属于全连接神经网络，因此当网络规模不断增加时，其参数量和计算量均急剧增加．如何更快速有效地处理海量数据，是深度信念网络的主要研究方向之一．本章围绕深度信念网络的硬件加速器定制与优化展开介绍，首先介绍深度信念网络的硬件加速背景，而后介绍深度信念网络的算法原理，最后结合 FPGA 平台上的一个深度信念网络部署实例介绍具体的硬件定制细节．

8.1　背景及意义

人类大脑对事物的认知是逐层、逐步抽象的，人工神经网络正是在此基础上提出的．多层结构的人工神经网络在提高预测性能的同时，也能降低维数灾难[1]．然而随着神经网络深度不断加深，人工神经网络的训练过程存在局部最优、梯度弥散等问题，导致其性能还不如浅层的神经网络[2]．如何训练多层神经网络曾一度成为困扰人们的研究难题．2006 年，Geoffrey Hinton 及其团队提出一种新的计算模型——深度信念网络（Deep Neural Network，DBN)[3]，并为该模型提出了高效的训练算法，通过逐层训练和 wake-sleep 调优算法代替传统人工神经网络的训练方法，缓解局部最优解问题，将隐层推动到了 7 层，由此，开启了深度学习在工业界和学术界的研究热潮，Hinton 亦被称为深度学习之父．

深度信念网络作为深度学习中的一种基础网络模型，一直在图像识别[4,5]、语音识别和信息检索[9]等领域有所应用．此外，深度信念网络还是一种深度概率生成模型，通过对其网络权重进行训练，深度信念网络可以按照最大概率来生成训练数据．

深度信念网络由一组受限玻尔兹曼机（Restricted Boltzmann Machine，RBM）堆叠而成，采用非监督的贪婪逐层方法预训练得到生成模型的权值，可以最优化网络权重，再概率重建其输入，从而显著减少训练时间，提高训练的效率．DBN 的贪婪逐层训练方法可以最优化深度信念网络的权重，使用配置好的深度信念网络来初始化深度神经网络或多层感知器的权值，常常会得到比随机初始化方法更好的结果．相比于另一种常用的深度学习模型卷积神经网络(Convolutional Neural Network,CNN),DBN 既可以处理带标签的数据,也可以处理无标签的数据,并对一维数据建模也同样有效,更适合处理特征局部性较弱的二值化数据.伴随着应用的不断复杂化和大数据时代的到来,DBN 的发展前景广阔.

大数据时代,深度学习逐渐应用于越来越复杂的计算问题中,处理的数据量不断增加,神经网络的规模也不断扩大.DBN 属于计算密集型和数据密集型应用,当处理大规模数据时,往往存在计算资源需求大、计算时间过长、功耗较大等问题.DBN 的计算过程主要有训练和预测两部分,训练过程采用离线方式即可满足一般应用的需求,而预测则需在线进行,对实时性要求更高.因此加速其预测过程更有实践意义和应用市场,DBN 预测过程的高性能实现已成为学术界和工业界的研究热点之一.

8.2 深度信念网络

8.2.1 深度信念网络简介

8.2.1.1 基本概念

深度信念网络(DBN),也称为深度置信网络,由 Geoffrey Hinton 于 2006 年提出.DBN 属于生成性深度结构,不仅可以识别、分类数据,也可以生成数据.图 8.1 展示了使用 DBN 识别手写数字的过程.图右下方是待识别数字的黑白位图,上方有三个黑色矩形表示三层隐层,每个黑色矩形内有若干个小矩形代表该层上的神经元,其中黑色小矩形表示没有被激活的神经元,白色小矩形表示被激活的神经元.经过三个隐层的计算后,第三层隐层的左下方为识别结果,即第一行最右侧神经元被激活,与画面左上方的表格对比,可以看出正确识别出该数字为 4.

经典的深度信念网络由若干层受限玻尔兹曼机(Restricted Boltzmann Machine,RBM)和一层误差反向传播层(ErrorBackPropagation,BP)构成,如图 8.2 所示.每层 RBM 中含有两层神经元,低层为显性神经元,简称显元,用于输入计算数据,高层为隐形神经元,简称隐元,用于特征检测.在每层 RBM 中,通过显元的输入数据来推断隐元的特征,该层 RBM 的隐元作为相邻高层 RBM 的显元数据,通过多层 RBM 堆叠构成深度信念网络结构.BP 层负责在预训练完成以后,将错误信息自顶向下传播至各层 RBM,对整个 DBN 网络进行微调.根据所应用的领域不同,BP 也可以换成其他分类器模型.

8.2.1.2 受限玻尔兹曼机简介

受限玻尔兹曼机(RBM)由 Smolensky[10] 提出,是对玻尔兹曼机(BM)[11] 的优化改进.受限玻尔兹曼机是深度信念网络的组成元件,由一层显元 v 和一层隐元 h 组成,层内神经元之间没有连接,这也是"受限"一词的由来,而层间神经元之间通过突触 W 全连接,如图 8.3 所示.玻尔兹曼分布(Gibbs)描述一定温度下微观粒子运动速度的概率分布.RBM 具有很好的

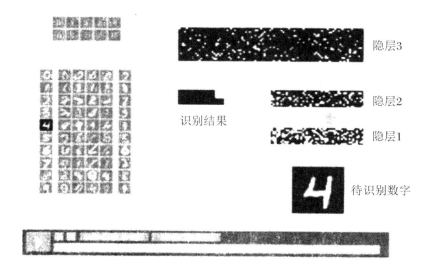

图 8.1 深度信念网络识别手写数字的示例

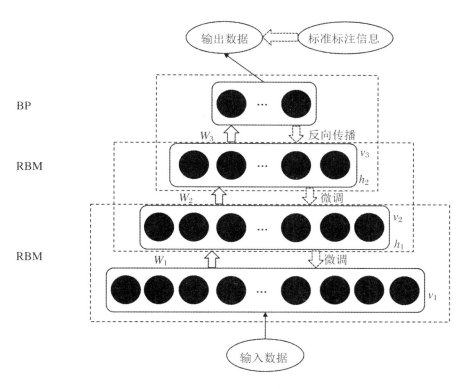

图 8.2 深度信念网络基本结构

性质[12],在给定显元的状态后,隐元的激活状态都相互独立;而给定隐元的状态后,显元的激活状态也相互独立,这为计算过程并行化提供了很好的理论基础,可以并行计算同一层神经元的状态.

RBM 的广泛研究和应用得益于 Hinton 于 2002 年提出的 RBM 快速学习算法对比散度(Constrastive Divergence, CD)[13]. 原本的 RBM 模型中,需要多次采用 Gibbs 采样[14]来交替对显元和隐元采样,多次采样后,得到服从 RBM 定义的分布的随机样本. 而 Hinton 提

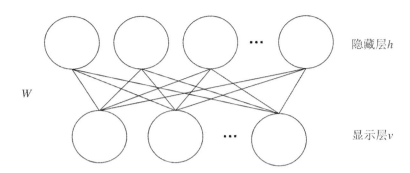

图 8.3　RBM 的图模型

出通常只需要进行 1 步 Gibbs 采样即可得到足够的近似样本.对比散度方法中,首先显元状态被设置为训练输入数据,计算隐元被开启的概率,再根据隐元状态重构显元状态,再用重构后的显元计算隐元被激活的概率,然后更新得到相应的突触权值和偏置参数,如图 8.4 所示.

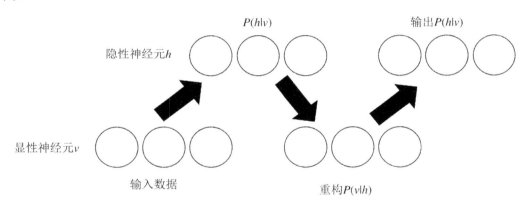

图 8.4　对比散度方法示意图

8.2.2　算法分析

8.2.2.1　预测算法

深度信念网络中相邻 RBM 层之间采用全连接方式,且每层中每个隐元的计算是一样的,首先读入显元状态,与相应的权值进行加权运算,然后将得到的结果与偏置相加后,通过激励函数得到最后的输出结果.假设某一隐元对应的输入显元为 $(x_1, x_2, \cdots, x_n)$,对应的权值为 $(w_1, w_2, \cdots, w_n)$,偏置为 b,激励函数为 f,隐元的输出为 y,则每个隐元内的计算过程可以抽象为

$$y = f\left(\sum_{i=1}^{n} x_i \cdot w_i + b\right) \tag{8.1}$$

如果将隐元对应的显元数据看作一个行向量,对应的权值看作一个列向量,则每个隐元内的计算就可以看作一个行向量 x 与一个列向量 w 的内积,再与偏置 b 相加传至激励函数中,那么可得

$$y = f(x \cdot w + b) \tag{8.2}$$

本小节采用 sigmoid 函数作为激励函数 f,sigmoid 函数的计算公式为

$$f(x) = \frac{1}{1 + e^{-x}} \tag{8.3}$$

深度信念网络的预测过程为前馈计算,自底向上逐层进行上述运算,在最顶层得到最终识别或分类结果.深度信念网络预测过程的算法如算法 8.1 所示.其中,最内层循环 in_for 表示单个隐元内的计算过程,每个隐元将输入显元数据分别与对应的权值数据相乘,并将乘积结果累加;其外层循环 out_for 则表示完整一层 RBM 中所有隐元的计算过程,通过 in_for 循环得到向量内积结果后,与偏置值相加,再通过激活函数 sigmoid 得到隐元最终状态;再外层循环 layer_for 表示每个样本数据所对应的多层 RBM 的计算;最外层循环 data_for 则完成整个样本集中所有样本数据的计算过程.

算法 8.1　深度信念网络预测算法伪代码

Module：Inference_of_DBN

Input：DATA is the image data
Input：weights is the weight coefficients
Output：RES is the classification results
1.　　data_for：for(int d=0; d<data_num; d++) do
2.　　Neurons[d][0] = DATA[d];
3.　　layer_for：for(int l=0; l<layer_num; l++) do
4.　　　out_for：for(int i=0; i<h_num[l]; i++) do
5.　　　　energy_acc = 0.0;
6.　　　in_for：for(int j=0; j<v_num[l]; j++) do
7.　　　　　energy_acc += neurons[d][l][j] * weights[l][j][i];
8.　　　　end_for
9.　　　　if(l == layer_num-1)
10.　　　then RES[d][i] = sigmod(energy_acc+bias);
11.　　　else neurons[d][l+1][i] = sigmod(energy_acc+bias);
12.　　　end_for
13.　　end_for
14.　end_for

假设有 D 个输入样本,深度信念网络的网络深度为 L,即有 L 层 RBM,第 l 层 RBM 中有 N_{l-1} 个显元,N_l 个隐元,其中当 $l=1$ 时,即第一层 RBM 中,显元数量 N_0 等于输入样本的维度.设第 l 层 RBM 中,显元数据为 X_l,隐元数据为 Y_l,突触权值为 W_l,对应的偏置为 B_l,所用激励函数为 f,f 仍采用 sigmoid 函数,如式(8.3)所示,则每一层 RBM 的计算可以抽象为

$$Y_l = f(X_l \cdot W_l + B_l), \quad l = 1,2,\cdots,L \tag{8.4}$$

其中

$$Y_l = \begin{bmatrix} y_{11}^l & y_{12}^l & \cdots & y_{1N_l}^l \\ y_{21}^l & y_{22}^l & \cdots & y_{2N_l}^l \\ \vdots & \vdots & \ddots & \vdots \\ y_{D1}^l & y_{D2}^l & \cdots & y_{DN_l}^l \end{bmatrix} \tag{8.5}$$

$$X_l = \begin{bmatrix} x_{11}^l & x_{12}^l & \cdots & x_{1N_{l-1}}^l \\ x_{21}^l & x_{22}^l & \cdots & x_{2N_{l-1}}^l \\ \vdots & \vdots & \ddots & \vdots \\ x_{D1}^l & x_{D2}^l & \cdots & x_{DN_{l-1}}^l \end{bmatrix} \tag{8.6}$$

$$W_l = \begin{bmatrix} w_{11}^l & w_{12}^l & \cdots & w_{1N_l}^l \\ w_{21}^l & w_{22}^l & \cdots & w_{2N_l}^l \\ \vdots & \vdots & \ddots & \vdots \\ w_{N_{l-1}1}^l & w_{N_{l-1}2}^l & \cdots & w_{N_{l-1}N_l}^l \end{bmatrix} \tag{8.7}$$

$$B_l = (b_1^l, b_2^l, b_3^l, \cdots, b_{N_l}^l) \tag{8.8}$$

每一层网络的计算可以分为以下三步:首先进行显元矩阵和权值矩阵的相乘,再将得到的临时矩阵中的每一列都与偏置向量中对应的元素相加,最后将得到的矩阵输入到激励函数中,从而得到该层最终的输出结果,并作为下一层的显元数据.其中,隐元矩阵的行数为原始样本数据集中样本数量,每个行向量代表该样本数据对应的该层隐元的状态;显元矩阵的行数为原始数据集中样本数量,每个行向量代表该样本数据对应的该层显元的状态,第一层显元矩阵中每个行向量代表一个样本数据;权值矩阵的行数为该层显元的数量,列数为该层隐元的数量;偏置向量的长度等于该层隐元的数量.

为进一步简化计算过程,将偏置向量 B_l 移至权值矩阵 W_l 中,这样每层神经元的计算简化为矩阵相乘和激励计算两步,相应的计算公式修改如下:

$$Y_l = f(X_l' \cdot W_l'), \quad l = 1, 2, \cdots, L \tag{8.9}$$

其中

$$X_l' = \begin{bmatrix} 1 & x_{11}^l & x_{12}^l & \cdots & x_{1N_{l-1}}^l \\ 1 & x_{21}^l & x_{22}^l & \cdots & x_{2N_{l-1}}^l \\ \vdots & \vdots & \vdots & \ddots & \vdots \\ 1 & x_{D1}^l & x_{D2}^l & \cdots & x_{DN_{l-1}}^l \end{bmatrix} \tag{8.10}$$

$$W_l' = \begin{bmatrix} b_1^l & b_2^l & \cdots & b_{N_l}^l \\ w_{11}^l & w_{12}^l & \cdots & w_{1N_l}^l \\ w_{21}^l & w_{22}^l & \cdots & w_{2N_l}^l \\ \vdots & \vdots & \ddots & \vdots \\ w_{N_{l-1}1}^l & w_{N_{l-1}2}^l & \cdots & w_{N_{l-1}N_l}^l \end{bmatrix} \tag{8.11}$$

8.2.2.2 并行与流水计算

经过上一小节,预测过程被抽象为矩阵相乘和激励函数两部分,矩阵相乘中含有大量可并行化和流水化的计算操作,下面分别从单层矩阵相乘和多层矩阵相乘两方面进行分析.以

图 8.5 为例,不失一般性,矩阵 X 和矩阵 W 为十行十列的矩阵,相乘得到十行十列的矩阵 Y.

矩阵 X

x_{00}	x_{01}	x_{02}	x_{03}	x_{04}	x_{05}	x_{06}	x_{07}	x_{08}	x_{09}
x_{10}	x_{11}	x_{12}	x_{13}	x_{14}	x_{15}	x_{16}	x_{17}	x_{18}	x_{19}
x_{20}	x_{21}	x_{22}	x_{23}	x_{24}	x_{25}	x_{26}	x_{27}	x_{28}	x_{29}
x_{30}	x_{31}	x_{32}	x_{33}	x_{34}	x_{35}	x_{36}	x_{37}	x_{38}	x_{39}
x_{40}	x_{41}	x_{42}	x_{43}	x_{44}	x_{45}	x_{46}	x_{47}	x_{48}	x_{49}
x_{50}	x_{51}	x_{52}	x_{53}	x_{54}	x_{55}	x_{56}	x_{57}	x_{58}	x_{59}
x_{60}	x_{61}	x_{62}	x_{63}	x_{64}	x_{65}	x_{66}	x_{67}	x_{68}	x_{69}
x_{70}	x_{71}	x_{72}	x_{73}	x_{74}	x_{75}	x_{76}	x_{77}	x_{78}	x_{79}
x_{80}	x_{81}	x_{82}	x_{83}	x_{84}	x_{85}	x_{86}	x_{87}	x_{88}	x_{89}
x_{90}	x_{91}	x_{92}	x_{93}	x_{94}	x_{95}	x_{96}	x_{97}	x_{98}	x_{99}

$\cdot$

矩阵 W

w_{00}	w_{01}	w_{02}	w_{03}	w_{04}	w_{05}	w_{06}	w_{07}	w_{08}	w_{09}
w_{10}	w_{11}	w_{12}	w_{13}	w_{14}	w_{15}	w_{16}	w_{17}	w_{18}	w_{19}
w_{20}	w_{21}	w_{22}	w_{23}	w_{24}	w_{25}	w_{26}	w_{27}	w_{28}	w_{29}
w_{30}	w_{31}	w_{32}	w_{33}	w_{34}	w_{35}	w_{36}	w_{37}	w_{38}	w_{39}
w_{40}	w_{41}	w_{42}	w_{43}	w_{44}	w_{45}	w_{46}	w_{47}	w_{48}	w_{49}
w_{50}	w_{51}	w_{52}	w_{53}	w_{54}	w_{55}	w_{56}	w_{57}	w_{58}	w_{59}
w_{60}	w_{61}	w_{62}	w_{63}	w_{64}	w_{65}	w_{66}	w_{67}	w_{68}	w_{69}
w_{70}	w_{71}	w_{72}	w_{73}	w_{74}	w_{75}	w_{76}	w_{77}	w_{78}	w_{79}
w_{80}	w_{81}	w_{82}	w_{83}	w_{84}	w_{85}	w_{86}	w_{87}	w_{88}	w_{89}
w_{90}	w_{91}	w_{92}	w_{93}	w_{94}	w_{95}	w_{96}	w_{97}	w_{98}	w_{99}

$=$

矩阵 Y

y_{00}	y_{01}	y_{02}	y_{03}	y_{04}	y_{05}	y_{06}	y_{07}	y_{08}	y_{09}
y_{10}	y_{11}	y_{12}	y_{13}	y_{14}	y_{15}	y_{16}	y_{17}	y_{18}	y_{19}
y_{20}	y_{21}	y_{22}	y_{23}	y_{24}	y_{25}	y_{26}	y_{27}	y_{28}	y_{29}
y_{30}	y_{31}	y_{32}	y_{33}	y_{34}	y_{35}	y_{36}	y_{37}	y_{38}	y_{39}
y_{40}	y_{41}	y_{42}	y_{43}	y_{44}	y_{45}	y_{46}	y_{47}	y_{48}	y_{49}
y_{50}	y_{51}	y_{52}	y_{53}	y_{54}	y_{55}	y_{56}	y_{57}	y_{58}	y_{59}
y_{60}	y_{61}	y_{62}	y_{63}	y_{64}	y_{65}	y_{66}	y_{67}	y_{68}	y_{69}
y_{70}	y_{71}	y_{72}	y_{73}	y_{74}	y_{75}	y_{76}	y_{77}	y_{78}	y_{79}
y_{80}	y_{81}	y_{82}	y_{83}	y_{84}	y_{85}	y_{86}	y_{87}	y_{88}	y_{89}
y_{90}	y_{91}	y_{92}	y_{93}	y_{94}	y_{95}	y_{96}	y_{97}	y_{98}	y_{99}

图 8.5　矩阵相乘示意图

　　矩阵相乘中存在两种不同的计算方式,一种是把计算分解为多组行、列向量的内积,每组内积的结果对应结果矩阵中的一个元素,如图 8.6 所示,相同阴影表示同一组计算.以矩阵 X 中第一行行向量有关的运算为例,首先 x_0 与矩阵 W 中的列向量 w_0 执行内积运算,得到结果 y_{00},然后 x_0 依次与列向量进行向量内积运算,分别得到 y_{01},y_{02},$\cdots$ 的值,即得到矩阵 Y 中的第一行行向量 y_0;然后再取矩阵 X 的第二行行向量执行以上操作,得到矩阵 Y 中的第二行行向量,以此类推.相应的算法伪代码如算法 8.2 所示.在这种内积为主的矩阵乘法运算方法中,存在两处可并行化处理的计算:一是在行向量与列向量的内积运算中,向量各元素间的乘积不存在数据依赖,可以并行执行;二是同一行向量与不同列向量的内积运算中,各内积运算间不存在数据依赖,也可并行执行.同时,还存在一个可以数据复用之处,即复用同一条行向量,完成与不同列向量的内积运算.

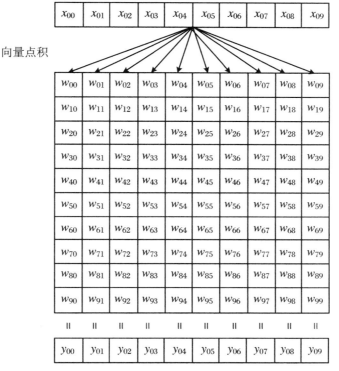

图 8.6　以向量内积形式为主的矩阵乘积

算法 8.2　矩阵乘法、内积计算算法伪代码

Module：Inner_Product

Input：X，W are the data matries to multiply

Output：Y is the result matrix after inner product

1.　　　for each row $\vec{x_l}$ in X do

2.　　　　　for each column $\vec{w_j}$ in W do

3.　　　　　　　$y_{ij} = \vec{x_l} * \vec{w_j}$

4.　　　　　end for

5.　　　end for

6.　　Output Y

矩阵相乘的另一种计算方式是指,把计算分解为多组数字与行向量间的数乘运算,每组数乘的结果对应结果矩阵中一个行向量的中间值,然后将对应的中间值执行向量加法操作,得到最终结果矩阵,如图 8.7 所示,相同阴影表示同一组计算.

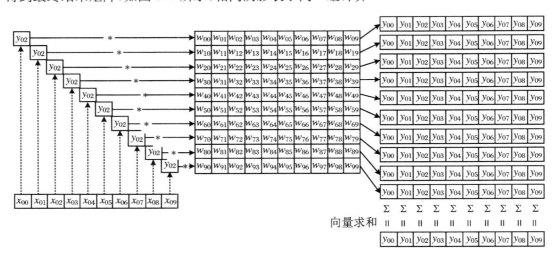

图 8.7　以向量数乘为主的矩阵乘积

仍以矩阵 X 中第一行行向量 x_0 相关计算为例,首先 x_0 中元素 x_{00} 与矩阵 W 的行向量 w_0 执行数乘运算,得到临时行向量 y_0;然后 x_0 中的元素 x_{01} 与矩阵 W 的行向量 w_1 执行数乘运算,得到另一个临时行向量 y_1;然后 $x_{02}, x_{03}, \cdots$ 分别与矩阵 W 的行向量执行数乘运算,分别得到临时行向量 $y_2, y_3, \cdots$;将所有临时行变量两两执行向量加法,得到矩阵 Y 中的第一行行向量;接下来,再取矩阵 X 的第二行行向量,将其中的元素分别与矩阵 W 中对应的行向量进行数乘运算,再将得到的临时行向量相加,得到矩阵 Y 中的第二行行向量,以此类推.相应的算法伪代码如算法 8.3 所示.在这种以数乘为主的矩阵乘法运算方法中,存在两处可并行化处理的计算:一是在某元素与行向量的数乘中,该元素与行向量中各元素的相乘不存在数据依赖,但存储读取冲突,如果可以实现对元素的多端口读取,则各元素间的乘法可以并行执行;二是不同元素与不同行向量的数乘中,不存在数据依赖,可以并行执行.

算法 8.3　矩阵乘法、数乘计算算法伪代码

Module：Scalar_Product
Input Matrix：X，W are the data matries to multiply
Output Matrix：Y is the result matrix after inner product
1.　　Define Matrix：temp
2.　　for each row $\vec{x_I}$ in X do
3.　　　for each row $\vec{w_J}$ in W do
4.　　　　row $\overrightarrow{temp_j} = x_{ij} * \vec{w_J}$
5.　　　end for
6.　　　for each element y_{ik} in $\vec{y_I}$ do
7.　　　　$y_{ik} = \sum_j temp_{jk}$
8.　　　end for
9.　　end for
10.　Output Y

基于以上对单层矩阵乘法中并行性的挖掘,接下来分析如何利用多层矩阵乘法间的并行性.不失一般性,以分析两层矩阵乘法为代表,如图 8.8 所示,矩阵 A 与矩阵 B 相乘得到矩阵 C,矩阵 C 再与矩阵 D 相乘得到矩阵 E,分析如何实现两层矩阵乘法的并行运算.

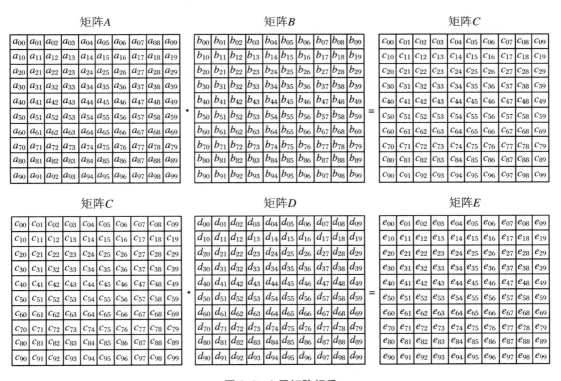

图 8.8　2 层矩阵相乘

为叙述清晰,将矩阵相乘中乘号左侧的矩阵称为被乘矩阵,乘号右侧的矩阵称为乘矩阵.在以向量内积为主的矩阵相乘中,每次执行向量内积运算均需要被乘矩阵的一个行向量与乘矩阵的一个列向量;而在以向量数乘为主的矩阵相乘中,每次向量数乘运算需要被乘矩阵的一个元素与乘矩阵的一个行向量.因此,如果第一层矩阵相乘中采用以向量内积为主的计算方式,第二层矩阵相乘中采用以向量数乘为主的计算方式,则两层的矩阵乘法可以实现最大程度的计算重叠.下面以图 8.8 中的矩阵为例,通过图 8.9,详细说明该计算方法.

不失一般性,以矩阵 A 中第一行行向量的有关运算为例,为使图片更易阅读,将向量转置,采用列形式表示行向量,并采用行形式表示列向量,以上标 T 标识.在矩阵 A 与矩阵 B 的相乘中,采用以内积为主的计算方式,即 a_0 依次与矩阵 B 中的列向量 $b_0^T, b_1^T, \cdots, b_9^T$ 执行向量内积运算,依次得到矩阵 C 中行向量 c_0 中的各元素 $c_{00}, c_{01}, \cdots, c_{09}$.在矩阵 C 与矩阵 D 的相乘中,采用以向量数乘为主的计算方式,将 c_0 中的元素 $c_{00}, c_{01}, \cdots, c_{09}$ 依次与矩阵 D 中的行向量 $d_0, d_1, \cdots, d_9$ 执行数乘运算,得到矩阵 E 中行向量 e_0 的临时向量,再通过向量累加得到行向量 e_0.

第一层矩阵相乘每得到结果矩阵中的一个元素,该元素可以马上应用于第二层矩阵相乘中进行数乘运算.仍以图 8.9 为例,a_0 先与 b_0^T 相乘得到 c_{00} 后,c_{00} 即可与 d_0 执行数乘操作,与此同时,a_0 再与 b_1^T 相乘得到 c_{01};c_{01} 再与 d_1 相乘,同时 a_0 与 b_2^T 的向量内积运算开始,以此类推.相应的算法伪代码如算法 8.4 所示.

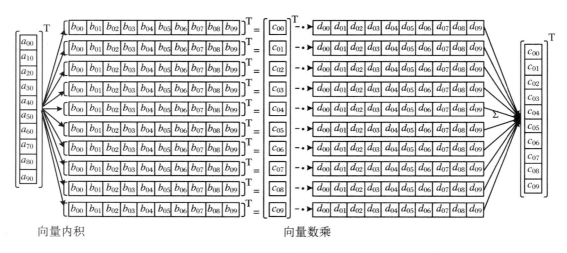

向量内积　　　　　　　　　　　　　　　　　　向量数乘

图 8.9　2 层矩阵相乘过程示意图

算法 8.4　两层矩阵乘法流水计算算法伪代码

Module：Pipeline_Matrix_Multiply
Input Matrix：A，B，D are the data matrices to multiply 　Output Matrix E is the result matrix after matrix multiply 　1.　　　Define Matrix：C，temp 　2.　　　for each row $\vec{a_i}$ in A do 　3.　　　　for each col $\vec{b_j}$ in B do 　4.　　　　　//pipeline computing 　5.　　　　　row $\vec{temp_j}$ = c_{ij} * $\vec{d_j}$ 　6.　　　　end for 　7.　　　　for each element e_{ik} in $\vec{e_i}$ do

8.	$e_{ik} = \sum_j temp_{jk}$
9.	end for
10.	end for
11.	OutputE

如果把一次向量内积或向量数乘看作一组计算,则第一层中第 i 组的计算与第二层中第 $i-1$ 组的计算可以同时进行.当需要实现多层矩阵相乘时,采用内积与数乘计算交替进行的方式,在保证每层内计算并行化的前提下,可以最大限度实现两层矩阵相乘的并行流水化计算.需要注意的是,由于以数乘为主的矩阵相乘中,每组计算得到的是一个临时向量,并不是最终向量结果,所以其下一层的矩阵乘法无法与该层的矩阵相乘并行执行.

以往预测过程的单 FPGA 加速系统[15,16],只关注挖掘每层网络计算中的并行性,致力于提高单层网络计算的性能,最大化单层的吞吐率,从而提高整个神经网络的计算性能.以 DLAU[16]为例,在实现多层神经网络的计算时,主要通过复用单层的计算结构来完成,导致了两个问题:① 多层网络计算只能串行执行;② 每层网络计算完成后需要将结果返回 CPU 端,开始下一层计算时,再将上一层的计算结果传入加速器.本书提出了一种新的单 FPGA 加速系统(Pipeline Inference Engine,PIE),保证单层网络计算性能的同时,实现两层网络间的流水计算,既减少了中间网络层计算结果的传入传出次数,又可以进一步提升加速系统性能.

8.3　硬件部署/加速定制相关工作

8.3.1　单 FPGA 加速系统

基于 8.2 节中对算法并行化的分析,本小节提出基于单片 FPGA 的硬件加速系统(PIE),并介绍为了提高系统性能和可扩展性采取的优化手段.

8.3.1.1　加速系统框架

图 8.10 展示了基于 PIE 硬件加速系统中宿主 CPU、存储和加速器间的互联,以及加速器内各组件间的互联,其中黑色箭头代表系统中的数据流,白色箭头代表系统中的控制流.

PIE 加速系统中,宿主端主机控制整个预测算法的计算流程、分配计算数据、配置加速器等工作.计算所需数据存储在 DDR 中,并根据加速器需要通过直接存储器访问(Direct Memory Access,DMA)传输数据到片内缓冲区中.之所以采用 DMA,主要是为了减轻宿主 CPU 端数据传输的工作量.加速器内有三组缓冲区,分别负责缓冲突触权值矩阵、输入显元和计算过程中有用的中间数据.每组缓冲区内包含多个小缓冲区,负责预取数据,减少通信导致的计算停滞时间,保证通信与计算的流水执行.加速器内有多个处理单元(Processing Element,PE),PE 间可以并行读取数据、并行计算.每个 PE 内可以固化内积计算单元,可

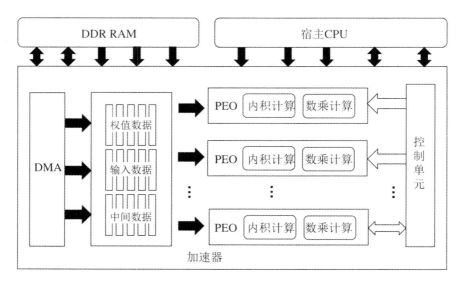

图 8.10 PIE 加速系统结构示意图

以固化数乘计算单元,也可以同时固化多个单元.在 PE 任务划分中,需要遵循一个原则:内积计算单元与数乘计算单元需交替布局,以保证相邻两层网络计算可以流水化进行,关于流水线的具体设计,将在 8.3.1.3 小节详细介绍.理想情况下,不考虑存储和计算资源,不考虑带宽限制,可以在加速器内固化多个 PE,从而提高计算并行度,提高系统吞吐率.而实际情况中,需要综合考虑存储和计算资源,以及带宽限制,合理设计 PE 内包含的单元数,以及系统内包含的 PE 数量,尽可能实现较优的性能.

8.3.1.2 IP 核设计

本小节主要介绍加速器内负责前向预测算法的 IP 核的设计,主要包括内积计算、数乘计算两个模块的设计.同时 IP 核内采用内积计算与数乘计算交替进行的并行方法进一步加快计算速度,因此本小节还会介绍两层计算间的流水化设计.最后介绍对 IP 核采用的优化手段.

1. 内积计算模块

如图 8.11 所示,内积计算的基本计算分为元素相乘、相乘结果的累加和激励函数三部分,由于激励函数在数乘计算模块中也有同样的应用,且针对激励函数做了相应的优化,使其能更好地映射到硬件上实现,因此将在 8.1.4 小节中作为优化手段之一介绍.

(1) 并行计算

在内积运算中,不同元素间的相乘各自独立,乘积结果的累加也可以采用多次两两相加的方式进行,因此采用多乘法器-加法树的结构来实现并行计算,即乘法之间、同层加法并行化,乘法与加法之间、不同层加法之间流水化.考虑到加法树中两两相加的特点,将并行度设置为 2 的 n 次方可以最高效地利用计算资源.结合传输带宽和计算资源的限制,设置并行度为 $P(=2^n)$,即同时处理 P 个乘法操作,加法树中第一层加法器数量为并行度的一半,也就是第一层有 $P/2$ 个加法器,接下来每一层中加法器数量都依次减半,直至最后一层 1 个加法器得到最终累加结果,加法树共有 n 层,共需 $P-1$ 个加法器.乘法器与加法树第一层之间

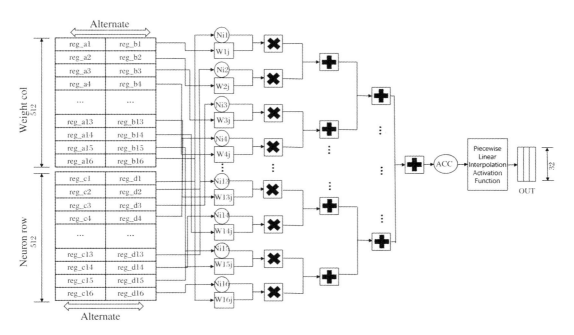

图 8.11　内积计算模块

有寄存器存储乘法结果,供加法器读取,在示意图中该类寄存器没有表示出来.加法树自身采用了流水线设计,各层加法器的计算完全流水进行,而乘法器与加法树第一层的加法器之间也采用了流水线设计,所以多乘法器-加法树的结构不仅可以实现同组计算的并行执行,也可以实现不同组计算间的完全流水化执行,大大缩短了计算时间.假设一次乘法时间为 t_1,一次加法时间为 t_2,在原本串行计算中,完成 P 个乘法和 P 个数据的累加,所需时间为 $P \cdot t_1 + (P-1) \cdot t_2$,采用多乘法器-加法树结构后,只需 $t_1 + t_2 \cdot \log_2 P$,即 $t_1 + n \cdot t_2$.

　　另一方面,考虑到加速器内存储资源有限,无法将突触权值和显元数据提前完全存储在加速器内的 BRAM 中,必须根据计算不断将所需数据传入加速器内,所以除了保证计算单元的并行化和流水化执行外,还需保证数据的并行读取,以及数据通信与计算之间的流水进行,从而保证数据通信不会带来过大的时间开销.此处应用了数据预取方法,设计专用存储单元双缓冲区来提前缓存即将用到的计算数据.乘法器交替从一组缓冲区中读取计算所需数据,同时加速器将下组计算所需数据提前存入另一组缓冲区中,以备读取.模块每次需要并行读取 P 个输入数据,考虑到传输带宽的限制,在确定 P 的取值时,需保证传输 P 个数据耗费的时间小于 P 个数据的读取间隔,数据通信不会成为流水线的性能瓶颈.不管是对突触权值的读取还是对显元数据的读取,都需并行读取 P 个数据,所以权值缓冲区和显元缓冲区中均包含了两组缓冲区,每组缓冲区中包含 P 个寄存器,保证 P 个数据的并行读取.

　　(2) 数据处理与复用

　　在向量内积运算中,权值矩阵是按列读取并计算的.因此为了保证硬件加速器内权值矩阵也按列读取计算,需要提前将计算数据对齐.由于这部分工作不耗费过多时间,且不属于计算密集的工作,因此分配至软件端完成.当突触权值传入加速器内时,宿主端 CPU 按第一维度传输权值数据,以并行度 P 为循环粒度,每次传输一列中的 P 个权值至加速器缓冲区内,一列数据传输完成后,再开始下一列数据的传输.

　　矩阵乘法中,无论是输入显元矩阵还是权值矩阵都存在很高的数据局部性,选择复用距离最短的数据,将其存在片内缓存中,可以减少数据传输的次数.从显元矩阵角度看,每一行显元数据需要连续与权值矩阵的各列权值进行向量内积运算.从权值矩阵角度看,每一列权值需要每隔一段时间后与不同显元数据行进行内积运算.显然,显元数据的复用距离小于权值矩阵的复用距离,所以可以将一行显元数据缓存在片内存储中,复用该行数据与不同列的权值数据进行运算,直至所有列权值都与该行数据完成内积运算后,将其置换出片外,且不需再次读入.而权值数据的复用距离较大,复用显元数据后,需要每次读入对应的权值数据,对于不同的显元数据,同一列的权值数据可能需要反复读入.为减少权值数据读取带来的通信开销,在网络规模不大,或片内存储资源充足的前提下,可以考虑将权值矩阵提前存入片内,从而减少其读取的时间开销和能耗开销.

2. 数乘计算模块

如图 8.12 所示,数乘计算模块中主要也包含了乘法操作和加法操作,所以很多设计与内积计算模块类似,比如采用多乘法器实现并行乘法,采用双缓冲区掩盖数据通信时间等.下面针对与内积计算模块不同的地方着重介绍.

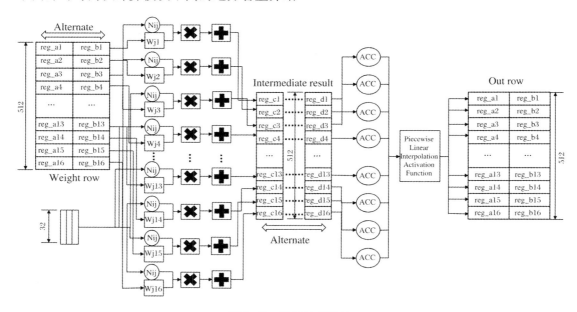

图 8.12 数乘计算模块

(1)并行计算

在数乘计算模块中,常数与向量的乘法为该常数与向量中各元素的相乘,乘法操作各自独立,因此可以沿用多乘法器的方式完成并行乘法.加法操作为两两向量间的相加,而向量加法中各元素的相加各自独立,所以采用多加法器并行完成两向量间各元素的相加.加法的并行度与乘法的并行度一致,均为 P.在乘法与加法的流水计算中,每次显元数据与权值数据完成乘法后,将结果存入寄存器中,加法器读取结果后开始并行完成向量加法,同时乘法器内开始下一组乘法计算.

(2)数据处理与复用

在该模块中,权值矩阵需要按行读取,与显元相乘,所以宿主端无需对权值矩阵做处理,只按行循环读入即可.此外,数乘操作中显元数据和权值数据在每次计算中不同,显元数据与对应行的权值完成乘法运算后,即可置换出片外,无需再次读入.而当权值矩阵隔一段时间,得到另一个样本数据的对应显元数据后,还需再次读入.所以权值矩阵存在数据复用,但复用距离较大,当存储资源或网络规模较小时,可以考虑将权值矩阵完全映射到片内存储资源中.

8.3.1.3　层间流水设计

8.3.1.2 小节实现了内积计算模块和数乘计算模块,两种模块都可以完全流水实现单层神经网络的计算.本小节将内积计算模块和数乘计算模块合并,通过实现两模块间的流水计算,同时实现单层内流水计算和多层间流水计算,优化 DBN 网络的预测过程.本小节中,将 DBN 的由底向上各层 RBM 的层号从 1 依次编号,并设定,在深度信念网络的奇数层 RBM 中,固化内积计算模块完成该层的预测计算;在深度信念网络的偶数层 RBM 中,固化数乘计算模块完成该层的预测计算.通过交替使用两种模块,实现相邻网络层的流水化计算.流水线设计详见图 8.13.整个流水线分为 5 个阶段:① 乘-累加计算(Multiply and Accumultate,MAC),主要完成奇数层 RBM 中的显元数据和突触权值的向量内积操作;② 激励计算,通过调用激励函数完成对内积结果的处理,得到对应隐元的激活状态;③ 数乘计算,完成偶数层 RBM 中某显元和突触权值的向量数乘操作;④ 向量求和,将第③阶段得到的临时向量与上一次迭代的临时向量相加;⑤ 激励计算,该级并不是在每个时刻都有计算,只有第④阶段中得到最终向量结果后,调用激励函数进行计算,得到隐元的激活状态,当第④阶段没有得到最终向量结果时,第⑤阶段处于空闲态.各阶段间的细长矩形表示寄存器,缓存上一阶段的计算结果,便于下一阶段及时读取.

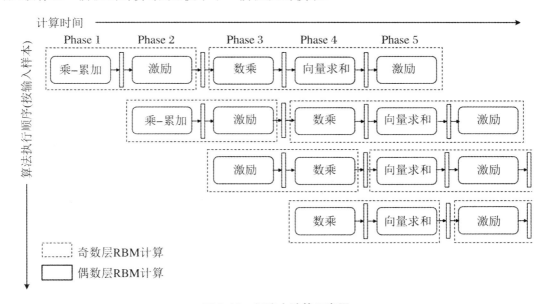

图 8.13　间流水计算示意图

5 个阶段中,每一阶段分别对应内积计算模块或数乘计算模块流水线的某部分,每一阶段内为完全流水化的流水线,不同阶段间的计算也完全流水化.基于以上叙述,可以实现相邻两层 RBM 的流水计算,一旦奇数层 RBM 得到某个隐元的计算结果后,偶数层 RBM 即可马上读入该结果作为显元的值,开始偶数层 RBM 的对应计算.但需要注意的是,由于偶数层 RBM 中每次计算结果为隐元的中间状态,而其相邻高层 RBM 由于要进行乘-累加计算,需要一行神经元的最终状态,所以只有等到偶数层 RBM 所有计算完成后,其相邻高层 RBM 才能开始相关计算,也就是说,该流水线只能实现低层奇数层 RBM 和高层偶数层 RBM 间的流水线,而低层偶数层 RBM 与高层奇数层 RBM 的计算只能串行执行.

8.3.1.4　优化手段

1. 激励函数的近似实现

本小节采用 sigmoid 函数作为激励函数.sigmoid 函数包含指数计算和取倒数计算,这类计算很难在硬件上完美实现,且耗费的资源非常多.本小节采用分段线性函数近似实现 sigmoid 函数.这样做的合理性有两点:一是深度信念网络具有很高的容错性,只要合理设计分段函数,就可以将其计算误差控制在很小的范围内;二是分段函数中计算相对简单,硬件实现较容易,可实现较好的性能,且对 sigmoid 函数依赖小,当 sigmoid 函数换为其他 S 型函数或线性函数时,无需更改分段函数的硬件实现,只需修改对应系数设置即可.

按照文献[17]中的实现方法,分段线性函数的计算公式如式(8.12)所示.sigmoid 函数是以点 $(0,0.5)$ 中心对称的,所以当输入参数 $x<0$ 时,按照 $1-f(-x)$ 进行计算,可以实现对硬件资源的复用,减少计算资源开销.而当 $x>8$ 时,sigmoid 取值从 0.999665 开始无限接近于 1,所以设定当输入参数 $x>8$ 时,$f(x)$ 值为 1;相应地,当 $x<-8$ 时,$f(x)$ 值为 0.当 x 取值在 $(0,8]$ 区间时,$f(x)$ 取值为 $a_i \cdot x + b_i$,参数 a_i 和 b_i 取自 a 和 b 两个长度为 $8/k$ 的数组中,k 为分段区间大小,根据 $[x/k]$ 的值,分别从 a 和 b 数组中读取相应元素的值,作为线性函数的参数,得到 $f(x)$ 的值;当 x 取值在 $(-8,0]$ 区间时,采用类似的方法,根据 $[-x/k]$ 的值,分别得到 a_i 和 b_i 的值,从而计算 $f(x)$ 的取值:

$$f(x) = \begin{cases} 0, & x \leqslant -8 \\ 1 + a\left[\left\lfloor -\dfrac{x}{k} \right\rfloor\right] \cdot x - b\left[\left\lfloor -\dfrac{x}{k} \right\rfloor\right], & -8 < x \leqslant 0 \\ a\left[\left\lfloor \dfrac{x}{k} \right\rfloor\right] \cdot x + b\left[\left\lfloor \dfrac{x}{k} \right\rfloor\right], & 0 < x \leqslant 8 \\ 1, & x > 8 \end{cases} \tag{8.12}$$

经过反复试验发现,当 k 取值为 1 时,分段线性函数相对于 sigmoid 的误差足够小,见图 8.14,且 FPGA 实现中,可以避免除法操作,实现性能最好,因此选定分段区间的大小为 1.

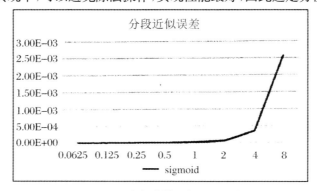

图 8.14　分段线性函数误差分析

2. 分片计算

在 IP 核的设计中,由于片内存储资源有限,无法将计算所需所有数据存储在片内,所以需要不断从板载内存中传输数据进入片内,受到传输带宽和计算资源的限制,每次只能并行计算 P 个数据. 当网络规模不断增大时,需要采用分片计算来适应硬件结构.

假设分片大小为 T,内积计算模块中主要是行向量与列向量的内积运算,所以将显元数据按行划分为数据量为 T 的数据片,权值矩阵则按列循环划分为数据量为 T 的数据片,每次读取显元行中 T 个数据,与对应权值列中对应 T 个数据计算,如图 8.15 所示. 显元矩阵中含 N 个显元行向量,每个行向量被分为 k 个大小为 T 的子向量;权值矩阵中含 M 个权值列向量,每个列向量被分为 k 个大小为 T 的子向量. k 的取值取决于显元行向量长度 K 和分片大小 T,$k = \lceil K/T \rceil$. 分片计算中,首先显元行向量 row_1 的各子向量与权值矩阵列向量 col_1 中相同阴影的子向量间执行内积运算,将各子向量的内积结果累加得到完整内积计算的结果;row_1 再依次与 col_2 等其他列向量做同样的分片内积运算,其他显元行向量的分片计算以此类推.

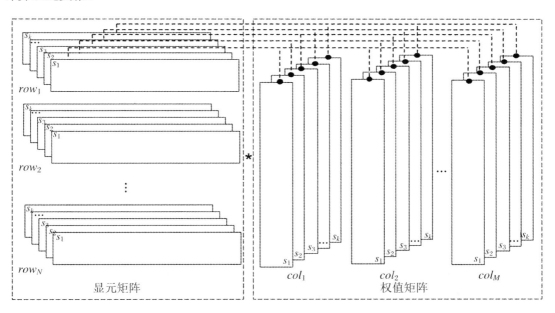

图 8.15　内积模块内的分片计算示意图

在数乘计算模块中,由于每次数乘计算只需一个显元数据,所以对显元数据无需进行分片操作,只需对权值矩阵按行划分为含有 T 个数据的数据片. 如图 8.16 所示,共有 M 个显元,权值矩阵中含有 M 个权值行向量,每个行向量被分为 q 个大小为 T 的子向量,q 的取值取决于权值行向量长度 Q 和分片大小 T,$q = \lceil Q/T \rceil$. 显元 v_1 依次与权值行向量 row_1 的各子向量执行数乘运算,将各结果子向量连接得到一个完整的中间行向量;接着神经元 v_2 依次与权值行向量 row_2 的各子向量执行同样的计算和连接操作,以此类推.

为了保证高吞吐率,分片大小 T 应等于模块中并行计算的粒度 P. 分片计算虽然可以提高系统的计算性能和可扩展性,但当网络规模与分片大小不完全匹配,也就是说网络层中神经元的数量不能被分片大小整除时,需要通过填充 0 数据,使最后一次迭代计算中并行粒度仍为 P. 充 0 操作会带来额外的无效计算量,每次计算最多充 0 数量为 $P-1$,对性能会有所影响.但当 P 取值与网络层的神经元数量相比较小时,带来的性能影响相对较小,可忽略不计.

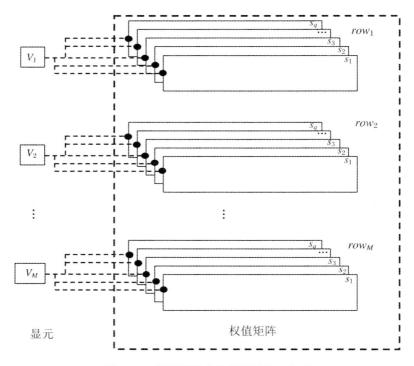

图 8.16 数乘模块内的分片计算示意图

3. 冗余存储

在数乘计算模块中,需要对中间向量执行向量相加操作,每次向量加法是将本次计算结果与之前累加的结果进行求和运算,所以需要等待上次加法操作完成后才可以执行本次的向量相加,即存在数据依赖.理想情况下,如操作数为定点数,加法操作只耗费一个时钟周期,整个流水线可以完全流水执行.但考虑到浮点操作中,浮点加法可能需要消耗多个时钟周期.举例说明,在本小节的系统实现中,浮点加法操作通过 FPGA 片内封装的 DSP48E 软核实现,在系统频率为 100 MHz 的情况下,每个浮点加法需要花费 5 个时钟周期.而乘法器每隔一个时钟周期向加法器发送一个向量元素结果,向量相加成为整个流水线的性能瓶颈,大大降低了流水线的吞吐率和计算性能.

为消除这一数据依赖,采用空间换时间的方法,设置多个中间结果缓存,每次将数乘结果与不同缓冲区中的向量元素相加,并将相加结果再存入该缓存中.中间结果缓存的数量依照加法时钟数决定,本小节中,采用浮点加法,每次浮点加法耗费 5 个时钟周期,所以设置 5 个中间结果缓存.与哪个缓存中的数据相加,取决于本次计算的迭代数.以图 8.17 为例,共有 buf1~buf5 5 个缓存,假设迭代次数为 i,即得到第 i 个中间向量,$i\%5$ 的值即为选定的缓存编号,将中间向量与该缓存中的向量相加,并将相加结果存回该缓存中,以备下次相加使用.直到有关本次隐元数据的所有数乘和向量累加操作完成后,通过小型的、深度为 $\lceil\log 5\rceil$ 的加法树,分别将各缓存区中对应元素相加,得到最终的向量结果,传入接下来的激活单元进行接下来的计算.由于每 5 次迭代中,分别是从不同缓存中读取数据进行计算的,彼此之间不再存在数据依赖关系,当下次需要读取某缓存中数据时,该缓存对应的加法操作刚好完成,因此也不存在数据依赖.该方法具有很高的可移植性,虽然随着硬件平台、系统频率或数据位宽的不同,加法时间也有所变化,但只需根据加法时间的不同,修改中间结果缓存区的数量即可.假设加法时间为 t,则设置 t 个中间结果缓存区,依然可以用于消除此类加法操作中的数据依赖.

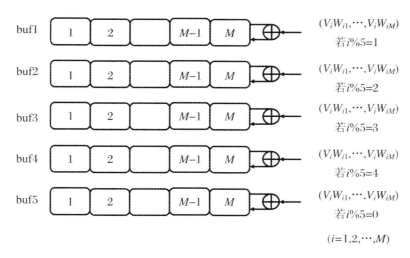

图 8.17　冗余存储示意图

4. 结构复用

PIE 加速系统只能实现相邻两层 RBM 的流水计算,而每两层之间仍为串行计算,所以仅在 FPGA 上固化两层 RBM 的计算结构.当深度信念网络的网络深度大于 2 时,通过复用这两层 RBM 的计算结构,来完成多层 RBM 的预测过程,在保证性能基本没有下降的情况下,最大限度地节约资源.

8.3.2　多 FPGA 加速系统

采用多片 FPGA 加速深度信念网络的预测算法可以提供更高的计算并行度,也可以缓解大规模神经网络计算带来的存储资源和计算资源紧张等问题,所以在 8.3.1 小节的基础上,本小节将加速器设计扩展到多片 FPGA 上.本小节主要介绍多 FPGA 加速系统的详细设计,并介绍将网络计算分布到多片 FPGA 上的两种划分方案——按层划分和层内划分.

8.3.2.1　系统框架

本小节设计的多 FPGA 加速系统如图 8.18 所示,在一片加速卡上,固化多片 FPGA 芯片,作为独立的处理单元,通过 PCIe 接口与 CPU 处理器通信,与 CPU 处理器协同完成算法.CPU 处理器负责数据存储、通信和算法控制等功能.硬件加速器集成 1 片控制 FPGA,负责与 CPU、其他 FPGA 传输数据和控制信号,并承担部分计算工作,在多 FPGA 系统中扮演控制和计算中介的角色,避免 CPU 与多片 FPGA 的频繁通信.硬件加速卡还集成了多片计算 FPGA,主要负责对预测算法的硬件加速.每片 FPGA 均配备专用的片外私有存储和片内缓存来存储计算中所用到的神经元、权值和中间结果等数据，并通过互联网络实现与其他 FPGA 的通信.控制 FPGA 和计算 FPGA 内的计算模块根据网络划分方案不同有所不同，8.3.2.2 小节将详细介绍采用按层划分方案实现的多 FPGA 加速系统（Division Between Layers，DBL），8.3.2.3 小节将详细介绍采用层内划分方案实现的多 FPGA 加速系统（Division Inside Layers，DIL），及其内部计算模块的设计、数据通路等.

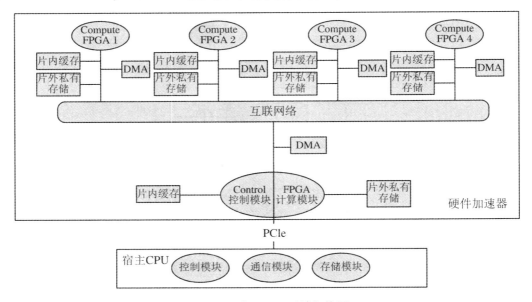

图 8.18　多 FPGA 系统架构图

FPGA 之间的互联拓扑结构为一维双向环状阵列，如图 8.19 所示.每个 FPGA 节点仅与两个邻居节点双向通信，同时每个计算节点都与控制 FPGA 相连，保证可以从控制 FPGA 端获取计算结果，并将计算结果写回至控制 FPGA.

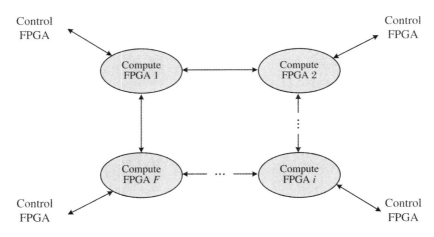

图 8.19　互联拓扑结构

多 FPGA 系统中，FPGA 间通过数据包互相发送控制信息和数据信息，数据包的格式定义如图 8.20 所示.数据包分为首部和数据两部分，首部在前，占数据包的前 8 个字节，数据部分在后.下面详细介绍数据包首部的各字段.

图 8.20　数据包格式示意图

（1）操作指令,4 位,是数据包中的控制字段,指示该数据包的类型和所对应的操作类型.0x0 表示采用按层划分并执行相应计算过程;0x1 表示计算轮空;0x2 表示采用层内划分并执行相应计算过程;0x3 表示数据写回;0x4 表示该数据包内的数据为显元数据,不做任何计算操作.其中 0x0 和 0x1 只适用于按层划分方案,0x2 只适用于层内划分方案,0x3 和 0x4 两种划分方案均适用.

（2）数据包大小,16 位,表示该数据包的大小,即首部和数据大小之和,可表示的最大十进制数值为 65535,该字段所表示数的单位是字节,所以数据包最大为 65535 字节,首部固定占 8 个字节,因此数据包最多可载 65527 字节数据.

（3）源地址和目的地址,各占 4 位,表示该数据包的源地址和目的地址.

（4）网络层号,4 位,表示该数据包中的数据对应第几层 RBM 的数据,从 1 开始计数,0x0 为无效值.

（5）数据偏移地址,32 位,表示该数据包中的数据在该网络层计算的起始偏移位置,并以字节为偏移单位.该字段常与网络层号一起用于数据对齐,保证计算准确性和 FPGA 间的同步计算.

8.3.2.2　按层划分系统（DBL）

1. 划分思想

按层划分是指将多层神经网络的计算按层分布到各个计算 FPGA 上,每片 FPGA 分别负责某一层神经网络的预测计算.为使 FPGA 间的计算过程尽可能重叠,借鉴单 FPGA 加速系统中双层流水计算的方法,指定负责奇数层 RBM 计算的 FPGA（以下简称奇 FPGA）以向量内积形式完成矩阵计算,负责偶数层 RBM 计算的 FPGA（以下简称偶 FPGA）以向量数乘形式完成矩阵计算.如图 8.21 所示,一旦奇 FPGA 得到第一个隐元的状态后,相邻的偶FPGA 节点即可读入该神经元状态作为显元输入,开始该偶数层 RBM 的计算,实现两片FPGA 在单任务下的流水计算.该方法仅能实现两片 FPGA 间的单任务流水计算,若将相邻奇 FPGA 与偶 FPGA 作为一组计算,则 FPGA 组之间完成单任务计算时仍以串行方式执行.

当网络深度小于等于计算 FPGA 数量时,FPGA 组之间可以实现多任务间的流水计算.当网络深度大于计算 FPGA 数量时,如果先完成一个样本数据的所有 RBM 层计算后,再开始下个数据的所有 RBM 层计算,计算 FPGA 则无法实现多任务间的流水计算,会大大降低系统性能.假设系统中计算 FPGA 数量为 F,为了最大限度地提升系统性能,系统首先完成样本数据前 F 层 RBM 的流水计算,并缓存第 F 层 RBM 的所有计算结果;待完成所有样本

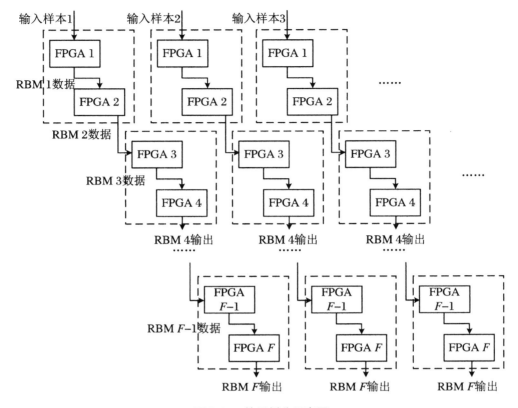

图 8.21　按层划分示意图

数据的前 F 层 RBM 计算后,FPGA 1 依次读入缓存的第 F 层 RBM 的结果,开始 $F+1\sim$ $2F$ 层 RBM 的流水计算;以此类推,直到完成所有 RBM 层的计算,得到最终预测结果.当网络深度不能被计算 FPGA 节点数整除时,最后一组 F 层 RBM 计算中,多余的计算 FPGA 轮空,只负责传输数据,最终预测结果仍由 FPGA F 输出.比如,假如共有 4 片计算 FPGA,网络深度为 14,则预测计算分为 4($=\lceil 14/4\rceil$)组流水计算,在最后一组流水计算中,FPGA 1 完成第 13 层 RBM 的计算,FPGA 2 完成第 14 层 RBM 的计算,FPGA 3 和 FPGA 4 则仅承担传输数据的角色,不进行任何计算,FPGA 4 读取 FPGA 3 发送的 FPGA 2 的计算结果,并传回控制 FPGA.

　　DBL 系统中,控制 FPGA 只与 FPGA 1 和 FPGA F 进行数据通信,负责将 CPU 传入的输入样本数据封装成数据包后发送至 FPGA 1,并从 FPGA F 处读取数据包,并校验、提取最终神经网络的计算结果.

2. 计算模块设计

　　奇 FPGA 的计算以向量内积为主,其计算模块与 PIE 加速系统中的内积计算模块类似.如图 8.22(a)所示,并行计算同样采用多乘法器-加法树结构,通过多缓冲区掩盖数据通信的时间开销,并同样支持分片计算,此处均不作详细介绍.偶 FPGA 中的计算以向量数乘为主,所以其计算模块与 PIE 加速系统中的数乘计算模块类似.如图 8.22(b)所示,并行计算同样采用多乘法器.多加法器结构,通过多缓冲区掩盖数据通信时间开销,并采用冗余存储消除向量加法中的数据依赖,同样支持分片计算,此处均不作详细介绍.

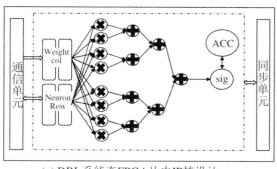
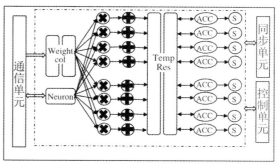

(a) DBL系统奇FPGA片内IP核设计　　　　　　　(b) DBL系统偶FPGA片内IP核设计

图 8.22　DBL 系统 IP 核设计

同步计算. 在每个计算 FPGA 片内, 均嵌入同步单元保证计算结果的准确性. 奇 FPGA 和偶 FPGA 虽然计算方式不同, 但整体计算流程一致, 所以采用同一状态机控制整体计算流程. 本小节采用有限状态机解决计算 FPGA 之间计算时序的同步问题, 状态机的状态转换图如图 8.23 所示. 计算 FPGA 起始状态为空闲状态, 并轮询输入 FIFO 是否为空, 如果输入 FIFO 为空, 则保持空闲态, 如果输入 FIFO 不空, 即上级节点传入新数据, 则跳至读数据态; 在读数据态, FPGA 读取输入 FIFO 中的数据包, 并读取首部中的相关信息, 校验源地址、目的地址是否正确, 并结合网络层号和数据偏移两个字段, 与本地的计算阶段信息对比校验, 如信息有误, 则跳回空闲状态, 继续等待新数据, 如首部信息无误, 跳入计算状态; 在计算态, FPGA 完成与读入数据相关的所有操作, 计算完毕后, 转入写数据状态; 在写数据态, FPGA 将计算结果写入下级节点的输出 FIFO 中, 更新本地的相关计算标志信息, 并判断输入 FIFO 是否为空, 如果为空, 则转入空闲状态, 如果不空, 则转入读数据状态. 由于控制 FPGA 只负责数据传递, 没有计算任务, 相对简单, 所以没有设计状态机.

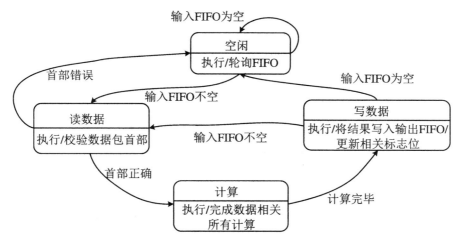

图 8.23　DBL 系统计算 FPGA 状态转换图

8.3.2.3 层内划分系统(DIL)

1. 划分思想

层内划分是指将每层 RBM 的计算均匀分布在多片 FPGA 上,由多片计算 FPGA 并行完成同一 RBM 层的计算.本方案中采用单指令流多数据流计算方式,控制 FPGA 将输入的显元数据划分成若干数据块,分发给不同的计算 FPGA,每片计算 FPGA 负责某层 RBM 的部分计算,分别对接收到的不同显元数据块完成相同的计算操作,由于每片计算 FPGA 只负责一部分 RBM 的计算,所以只能得到 RBM 层的部分计算结果,计算 FPGA 将结果传回至控制 FPGA,再由控制 FPGA 将计算 FPGA 的局部结果进行整合,得到该层 RBM 完整的计算结果,并将结果作为下一层 RBM 的显元数据,分别发送给计算 FPGA,如图 8.24 所示.该方案中控制 FPGA 与每片计算 FPGA 间均有数据通信,且不仅负责将 CPU 传入的数据分发给各个计算 FPGA 和将计算 FPGA 的结果回收,还承担了部分计算任务,即负责对局部结果的整合计算.

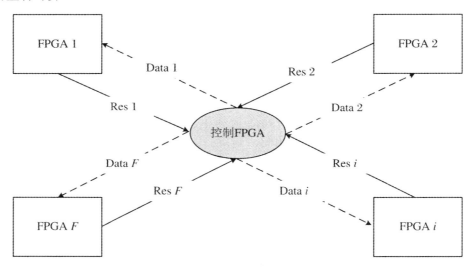

图 8.24　层内划分示意图

数据分布.DIL 系统中将显元数据矩阵和权值矩阵按块划分,每片计算 FPGA 负责一个矩阵子块的计算,矩阵乘法采用向量内积模式.以图 8.25 中的矩阵乘法为例,不同阴影代表不同计算 FPGA 的神经元和权值数据,如矩阵 X 中纯灰色阴影 3×3 的显元子块和矩阵 W 中纯灰色阴影的 4 个 3×3 的权值子块存储于计算 FPGA 1 中,首先行向量(x_{00}, x_{01}, x_{02})与列向量(w_{00}, w_{10}, w_{20})执行向量内积运算得到关于 y_{00} 的局部结果,然后该行向量依次与列向量(w_{01}, w_{11}, w_{21}),(w_{02}, w_{12}, w_{22})通过内积运算分别得到关于 y_{01},y_{02} 的局部结果,接着行向量(x_{10}, x_{11}, x_{12})与列向量(w_{00}, w_{10}, w_{20})等执行内积运算,以此类推.每片 FPGA 内均以此操作顺序完成相应本地数据块的计算,分别得到 Y 矩阵中同一结果块的局部计算结果,并传回控制 FPGA.从图 8.25 中可以看出,为了保证各个计算 FPGA 上的负载均衡,矩阵分块操作会带来额外的 0 数据和 0 计算.与分片计算类似,充 0 操作会带来额外无效操作,但对系统性能的副作用更大.

矩阵 *X*　　　　　　　　　　　矩阵 *W*　　　　　　　　　　　矩阵 *Y*

x_{00}	x_{01}	x_{02}	x_{03}	x_{04}	x_{05}	x_{06}	x_{07}	x_{08}	x_{09}	0	0
x_{10}	X_1 x_{12}	x_{13}	x_{14} X_2	x_{15}	x_{16}	x_{17} X_3	x_{18}	x_{19} X_4	0	0
x_{20}	x_{21}	x_{22}	x_{23}	x_{24}	x_{25}	x_{26}	x_{27}	x_{28}	x_{29}	0	0
x_{30}	x_{31}	x_{32}	x_{33}	x_{34}	x_{35}	x_{36}	x_{37}	x_{38}	x_{39}	0	0
x_{40}	x_{41}	x_{42}	x_{43}	x_{44}	x_{45}	x_{46}	x_{47}	x_{48}	x_{49}	0	0
x_{50}	x_{51}	x_{52}	x_{53}	x_{54}	x_{55}	x_{56}	x_{57}	x_{58}	x_{59}	0	0
x_{60}	x_{61}	x_{62}	x_{63}	x_{64}	x_{65}	x_{66}	x_{67}	x_{68}	x_{69}	0	0
x_{70}	x_{71}	x_{72}	x_{73}	x_{74}	x_{75}	x_{76}	x_{77}	x_{78}	x_{79}	0	0
x_{80}	x_{81}	x_{82}	x_{83}	x_{84}	x_{85}	x_{86}	x_{87}	x_{88}	x_{89}	0	0
x_{90}	x_{91}	x_{92}	x_{93}	x_{94}	x_{95}	x_{96}	x_{97}	x_{98}	x_{99}	0	0

.

w_{00}	w_{01}	w_{02}	w_{03}	w_{04}	w_{05}	w_{06}	w_{07}	w_{08}	w_{09}
w_{10}	w_{11}	w_{12}	w_{13} W_1	w_{14}	w_{15}	w_{16}	w_{17}	w_{18}	w_{19}
w_{20}	w_{21}	w_{22}	w_{23}	w_{24}	w_{25}	w_{26}	w_{27}	w_{28}	w_{29}
w_{30}	w_{31}	w_{32}	w_{33}	w_{34}	w_{35}	w_{36}	w_{37}	w_{38}	w_{39}
w_{40}	w_{41}	w_{42}	w_{43} W_2	w_{44}	w_{45}	w_{46}	w_{47}	w_{48}	w_{49}
w_{50}	w_{51}	w_{52}	w_{53}	w_{54}	w_{55}	w_{56}	w_{57}	w_{58}	w_{59}
w_{60}	w_{61}	w_{62}	w_{63}	w_{64}	w_{65}	w_{66}	w_{67}	w_{68}	w_{69}
w_{70}	w_{71}	w_{72}	w_{73} W_3	w_{74}	w_{75}	w_{76}	w_{77}	w_{78}	w_{79}
w_{80}	w_{81}	w_{82}	w_{83}	w_{84}	w_{85}	w_{86}	w_{87}	w_{88}	w_{89}
w_{90}	w_{91}	w_{92}	w_{93}	w_{94}	w_{95}	w_{96}	w_{97}	w_{98}	w_{99}
0	0	0	0 W_4	0	0	0	0	0	0
0	0	0	0	0	0	0	0	0	0

=

y_{00}	y_{01}	y_{02}	y_{03}	y_{04}	y_{05}	y_{06}	y_{07}	y_{08}	y_{09}
y_{10}	y_{11}	y_{12}	y_{13}	y_{14}	y_{15}	y_{16}	y_{17}	y_{18}	y_{19}
y_{20}	y_{21}	y_{22}	y_{23}	y_{24}	y_{25}	y_{26}	y_{27}	y_{28}	y_{29}
y_{30}	y_{31}	y_{32}	y_{33}	y_{34}	y_{35}	y_{36}	y_{37}	y_{38}	y_{39}
y_{40}	y_{41}	y_{42}	y_{43}	y_{44}	y_{45}	y_{46}	y_{47}	y_{48}	y_{49}
y_{50}	y_{51}	y_{52}	y_{53}	y_{54}	y_{55}	y_{56}	y_{57}	y_{58}	y_{59}
y_{60}	y_{61}	y_{62}	y_{63}	y_{64}	y_{65}	y_{66}	y_{67}	y_{68}	y_{69}
y_{70}	y_{71}	y_{72}	y_{73}	y_{74}	y_{75}	y_{76}	y_{77}	y_{78}	y_{79}
y_{80}	y_{81}	y_{82}	y_{83}	y_{84}	y_{85}	y_{86}	y_{87}	y_{88}	y_{89}
y_{90}	y_{91}	y_{92}	y_{93}	y_{94}	y_{95}	y_{96}	y_{97}	y_{98}	y_{99}

图 8.25　分块矩阵乘法

2. 计算模块设计

DIL 加速系统中,计算 FPGA 内的计算方式相同,均为向量内积运算和激励函数计算,其片内 IP 核的设计如图 8.26(a)所示,与 DBL 系统中奇 FPGA 的 IP 核设计一致,此处不再赘述.

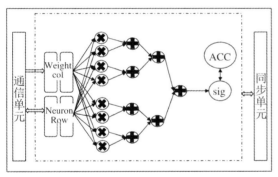
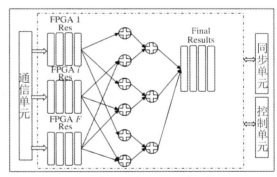

(a) DBL 系统计算 FPGA 片内 IP 核设计　　　　　　(b) DBL 系统控制 FPGA 片内 IP 核设计

图 8.26　DIL 系统 IP 核设计

控制 FPGA 片内 IP 核的设计较为简单,主要通过并行加法树完成对各个矩阵块的累加运算,如图 8.26(b)所示.控制 FPGA 每次并行读取 *F* 片计算 FPGA 中的局部结果向量,根据元素在向量中的偏移位置将向量元素分成多个数据组,每个数据组内包含来自 *F* 片不同 FPGA 的同一位置的元素值,并行对每个数据组内的 *F* 个元素通过深度为 1092 *F* 的加法树两两相加,得到该位置的最终结果值.

同步计算.DIL 加速系统中计算 FPGA 和控制 FPGA 内同样有同步单元负责同步计算.计算 FPGA 内的有限状态机设计与按层划分方案中计算 FPGA 的状态机设计一致,此处不再赘述.控制 FPGA 扮演 CPU 与计算 FPGA 间的通信和控制中介,状态相对较多,状态机状态转换图如图 8.27 所示.控制 FPGA 初始状态为空闲状态,并不断轮询与 CPU 相连的数据 FIFO 是否为空,等待 CPU 端传入样本数据,如果该 FIFO 为空,则保持在空闲态,如果该 FIFO 不为空,则跳入数据分发态;在数据分发态,控制 FPGA 将 CPU 传入的样本数据分块处理,并封装为数据包,将各个数据包发送至对应计算 FPGA 的数据 FIFO 中,跳入等待结果状态；在等待结果态，控制 FPGA 不断轮询与计算 FPGA 相连的 F 个结果 FIFO，等待计算 FPGA 计算完成，如果 FIFO 为空，则保持在本状态，如果 FIFO 不为空，则跳入校验状态；在校验态，控制 FPGA 读取计算 FPGA 返回的结果数据包，并校验数据包的首部，如果首部有误，则跳回等待结果态，如果首部正确，跳入结果整合态；在结果整合态，控制 FPGA 将接收到的局部结果进行累加操作，得到最终的输出结果，并跳入结果写回态；在结果写回态，控制 FPGA 将最终计算结果写入与 CPU 相连的结果 FIFO 中，并判断 CPU 数据 FIFO 是否为空，如果为空，则跳入空闲态，如果不为空，则跳入数据分发态.

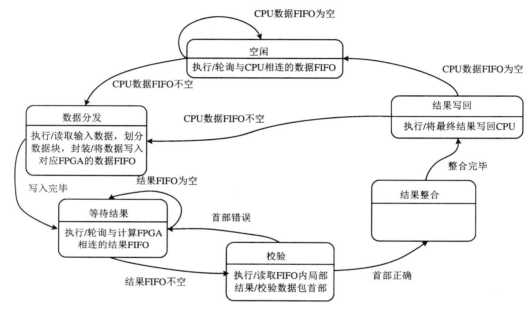

图 8.27　DIL 系统控制 FPGA 状态转换示意图

本章小结

　　目前深度学习在图像识别、语音识别等多个领域展示了其独特的优势，深度信念网络是深度学习中常用的基础神经网络，由多层受限玻尔兹曼机叠加而成.考虑到深度信念网络为计算密集型和数据密集型运算，处理的数据规模和网络规模也不断扩大，高性能、低功耗计算成为深度信念网络的研究热点之一.本章采用 FPGA 作为实现平台，利用 FPGA 可重构性、高性能、低功耗等优势，对深度信念网络的预测过程进行加速实现.考虑到单片 FPGA 资源有限，而网络规模过大的情况，本章在对单片 FPGA 加速系统进行优化的同时，给出了如何在多片 FPGA 上实现对神经网络进行加速器定制的方法，提出了按层划分和层内划分两种网络划分方案.相关方法希望能够为开展相关研究工作提供借鉴和参考.

参考文献

［1］　Wang S C. Interdisciplinary computing in Java programming［M］. Berlin：Springer，2003.

［2］　Bengio Y，Delalleau O. On the expressive power of deep architectures［C］//International Conference on Algorithmic Learning Theory. Berlin，Heidelberg：Springer Berlin Heidelberg，

2011：18-36.

[3]　Hinton G E, Osindero S, Teh Y W. A fast learning algorithm for deep belief nets[J]. Neural Computation, 2006, 18(7)：1527-1554.

[4]　Nair V, Hinton G E. 3D object recognition with deep belief nets[J]. Advances in Neural Information Processing Systems, 2009, 22：1339-1347.

[5]　Lee H, Grosse R, Ranganath R, et al. Convolutional deep belief networks for scalable unsupervised learning of hierarchical representations[C]//Proceedings of the 26th Annual International Conference on Machine Learning, 2009：609-616.

[6]　Mohamed A, Dahl G, Hinton G. Deep belief networks for phone recognition[C]//Nips Workshop on Deep Learning for Speech Recognition and Related Applications, 2009, 1(9)：39.

[7]　Mohamed A, Sainath T N, Dahl G, et al. Deep belief networks using discriminative features for phone recognition[C]//2011 IEEE International Conference on Acoustics, Speech and Signal Processing (ICASSP), IEEE, 2011：5060-5063.

[8]　Sainath T N, Kingsbury B, Ramabhadran B, et al. Making deep belief networks effective for large vocabulary continuous speech recognition[C]//2011 IEEE Workshop on Automatic Speech Recognition & Understanding, IEEE, 2011：30-35.

[9]　Salakhutdinov R, Hinton G. Semantic hashing[J]. International Journal of Approximate Reasoning, 2009, 50(7)：969-978.

[10]　Smolensky P. Information processing in dynamical systems：Foundations of harmony theory[J]. Parallel Distributed Processing, 1986(1)：194-281.

[11]　Ackley D H, Hinton G E, Sejnowski T J. A learning algorithm for Boltzmann machines[J]. Cognitive Science, 1985, 9(1)：147-169.

[12]　Freund Y, Haussler D. Unsupervised learning of distributions on binary vectors using two layer networks[J]. Advances in Neural Information Processing Systems, 1991, 4：912-919.

[13]　Hinton G E. Training products of experts by minimizing contrastive divergence[J]. Neural Computation, 2002, 14(8)：1771-1800.

[14]　Liu J S, Liu J S. Monte Carlo strategies in scientific computing[M]. New York：Springer, 2001.

[15]　Yu Q, Wang C, Ma X, et al. A deep learning prediction process accelerator based FPGA[C]//2015 15th IEEE/ACM International Symposium on Cluster, Cloud and Grid Computing, IEEE, 2015：1159-1162.

[16]　Wang C, Gong L, Yu Q, et al. DLAU：A scalable deep learning accelerator unit on FPGA[J]. IEEE Transactions on Computer-Aided Design of Integrated Circuits and Systems, 2016, 36(3)：513-517.

[17]　Ly D L, Chow P. High-performance reconfigurable hardware architecture for restricted Boltzmann machines[J]. IEEE Transactions on Neural Networks, 2010, 21(11)：1780-1792.

第 9 章　基于 FPGA 的循环神经网络硬件加速器定制技术

如今,神经网络的种类繁多,目前最为主流的神经网络模型包括 DNNs、CNNs 以及 LSTM 等,而 LSTM 由于其固有的时序特性,在语音识别、语义分析、图像识别等领域都有应用. LSTM 网络的特点是存在大量连接,参数规模巨大,并且计算过程也较为复杂. 如何实现高性能、低功耗的 LSTM 神经网络是当前学术界和工业界的热点问题之一,其中采用低功耗硬件实现神经网络加速器便是有效的解决办法. 作为一种硬件加速手段,FPGA 的高性能和低功耗的特点使其被广泛应用. 本章基于 FPGA 设计与实现了一款 LSTM 神经网络预测算法的硬件加速器,首先简述神经网络的硬件加速背景,而后介绍循环神经网络的算法原理,最后介绍 FPGA 平台上循环神经网络的硬件定制及优化细节.

9.1　背景及意义

如今,人工智能作为计算机领域方兴未艾的一门学科,在科学研究和实际应用领域都取得了众多显著成果[1]. 其中,机器学习作为实现人工智能的一种重要方法,使得计算机系统可以通过对数据的解析而"学习"未事先编程的功能,从而对现实中的具体问题做出相应的预测[2]. 在机器学习模型中,人工神经网络(Artificial Neural Networks, ANNs)[3] 由于其高预测精度而被广泛应用于实际任务中,例如人脸识别[4]、语音识别[5]、疾病诊断[6] 等.

在 20 世纪 80 年代末,随着反向传播训练算法的提出以及计算机技术的发展,神经网络的研究迎来新的高峰,并诞生了卷积神经网络和循环神经网络等如今最为普及的神经网络结构,但神经网络对计算资源的高需求阻碍了其进一步发展. 直到 2010 年左右,随着云计算以及 GPU 等的出现,计算资源不再是限制因素,至此基于神经网络的科学研究再次迎来春天. 2012 年,来自多伦多大学的 Alex Krizhevsky 所设计的深度神经网络 AlexNet[7] 在 2012 年 ImageNet 大规模视觉识别挑战赛(ImageNet Large Scale Visual Recognition Challenge, ILSVRC)中夺得头筹,将 ImageNet 图像分类[8] 的错误率从 26% 大幅降低到 16%,打破了传统机器学习算法在该领域的精度瓶颈,也让人们认识到了神经网络的价值. 如今基于神经网络的研究仍然处于上升期,谷歌旗下的 DeepMind 团队所设计的基于神经网络技术的人工智能 Alpha Go[9],在围棋上先后战胜了李世石和柯洁等世界顶尖的人类棋手;在工业界领域,神经网络技术同样被应用于各类产品中,例如基于图像识别的图片搜索技术[10]、基于语音识别的人工智能对话系统[11],以及基于自然语言处理的机器翻译软件[12]等,日益体现了神经网络的价值.

虽然神经网络在科研界和工业界都取得了巨大的成功,然而随着实际应用中需求的增长,神经网络需要解决更加复杂的学习问题,因此网络规模也随之增加,从而导致神经网络的参数量和计算复杂度剧增.大型神经网络在运行过程中需要面对性能、存储和能耗等方面的问题,因此如何在满足存储的要求下高性能和低能耗地实现神经网络算法应用,成为目前的研究热点之一[13].

如今所应用的神经网络包含很多种类的模型,目前应用最为广泛的模型包括卷积神经网络(Convolutional Neural Networks,CNNs)和循环神经网络(Recurrent Neural Networks,RNNs).其中,卷积神经网络多应用于图片识别领域;而循环神经网络一般应用于语音识别[14]、语言处理[15],当然同样可以用于图像处理领域[16].一个完整的神经网络算法包含了反向部分和前向部分.其中反向部分即为训练阶段,采用数据集训练神经网络中的参数实现学习效果;而前向部分亦即预测阶段,利用已经训练完毕的神经网络进行实际的预测操作.本章针对循环神经网络中的长短期记忆网络(Long Short Term Memory,LSTM),主要介绍其前向算法的加速和低功耗实现,并采用压缩手段解决大规模神经网络的存储瓶颈问题.

9.2　循环神经网络

9.2.1　循环神经网络简介

9.2.1.1　基本概念

循环神经网络,又被称为递归神经网络,缩写为 RNNs(Recurrent Neural Network),源自 John Hopfield 在 1982 年提出的 Hopfield 网络[17],由于该网络在实现方面的困难以及当时未找到合适的应用场景,因而被全连接神经网络所取代.但随着现实需求的增长,出现了很多与时序相关的任务,而传统的全连接神经网络无法利用输入数据的时间序列方面的信息.因此在时序应用方面更加有效的递归神经网络结构被发掘出来,并且不断地出现新的变种.

递归神经网络被广泛应用于与序列处理相关的领域中.由图 9.1(a)可以看出,常规神经网络的隐藏层神经元只与输入层和输出层的节点相连,隐藏层内部是没有连接的;而循环神经网络的隐藏层神经元之间也存在连接,可以在同一层传递信息.由图 9.1(b)可以看出,由于隐藏层中存在循环,RNN 允许信息在每一时刻都在隐藏层内部传递.图 9.2 展示了 RNN 网络在时间上的展开,每一时刻的神经网络可以看作前一时刻网络拓扑的"复制",并且将消息传递给下一时刻的网络.可以看出,相比于 DNN 网络只能在空间上传递信息,RNN 可以

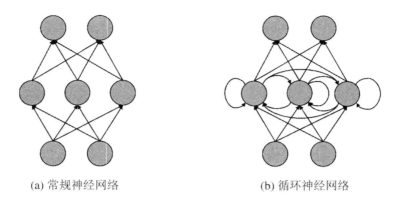

(a) 常规神经网络   (b) 循环神经网络

图 9.1

在时间上传递信息,在一定程度上保留了对之前时刻信息的"记忆"[18]. 基于 RNN 的特性,其一般应用于语音识别、机器翻译、图像分析、股票预测等领域.

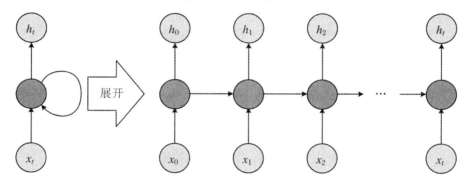

图 9.2   RNN 按照时间轴展开

9.2.1.2 长短期记忆网络简介

RNN 需要根据之前出现的信息来推断当前的任务,如果过去的相关信息和当前需要处理的任务之间的时间间隔不是很长,传统的 RNN 就足够应对这种短期依赖情况了.但在实际应用中往往需要更多的上下文内容来推断当前任务,如图 9.3 所示,当相关信息的时间间隔过长时,就会出现长期依赖问题[19],而传统的 RNN 模型往往无法学习到这种在时间维度上连接如此远的信息[20].为了解决这个问题,长短期记忆网络(LSTM)应运而生[21].

LSTM 神经网络由 Sepp Hochreiter 和 Jürgen Schmidhuber 于 1997 年提出[22].由图 9.4 可以看出,LSTM 网络就是在传统 RNN 网络的基础上将隐藏层神经元替换为专门的 LSTM 单元而成的,每个 LSTM 单元相比传统的神经元多了三个"门"结构:输入门(i)、遗忘门(f)、输出门(o).LSTM 正是靠这些门结构让输入信息有选择性地影响每个时刻中神经网络的状态.每个门的结构包括一个传入信息与连接权值的乘法加权操作和一个使用 sigmoid 的激活函数操作.sigmoid 函数的取值范围为[0,1],用于门结构的意义就是决定可以有多少信息量通过门:当 sigmoid 函数计算的结果为 0 时,任何信息都不能通过,相当于门完全关闭;而当 sigmoid 函数计算的结果为 1 时,全部信息均可以通过,也就是门完全打开.同时单元中还有一个细胞组件 Cell,用于保存该 LSTM 单元当前的状态,在每一个时间步(Time-step)后,状态值都会得到更新.

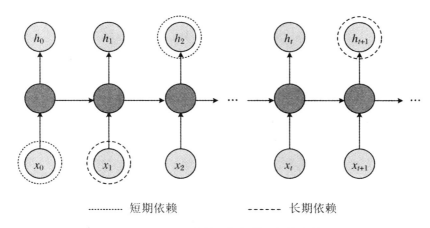

图 9.3　RNN 中的短期依赖和长期依赖

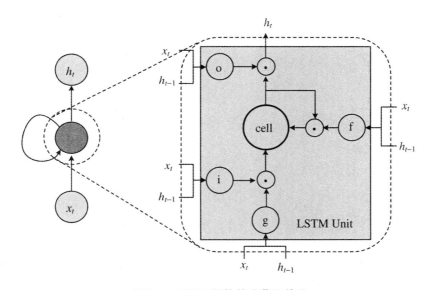

图 9.4　LSTM 网络的隐藏层单元

　　门结构对于 LSTM 网络至关重要,它们的作用便是让 LSTM 能保持长期的记忆.由于 LSTM 神经网络不可能对之前的全部信息都保持记忆,因此在每一个时间步中都要确定哪些信息需要记忆,哪些信息需要遗忘,而遗忘门的作用便是通过当前时刻的输入 x_t、上一时刻的输出 h_{t-1} 和状态值 c_{t-1} 来综合判断哪些记忆信息不是很重要,并将其遗忘掉.在遗忘不重要的记忆的同时,LSTM 还需要根据当前输入来补充新的信息,此时便通过输入门来决定将哪些信息写入新的状态.LSTM 单元通过遗忘门和输入门的结合,更加有效地确保了重要的信息得以保留,而不重要的信息可以丢弃.在更新完当前状态后,还需要输出门结构决定当前时刻的输出.

　　LSTM 神经网络的前向传播算法与之前介绍过的普通人工神经网络相比,其计算过程更加复杂,不仅仅多了输出值的递归循环过程,还有三个门向量的操作.如图 9.5 所示,每个 LSTM 单元的执行流程如下:

　　(1) LSTM 网络中的第一步是决定从细胞组件中遗忘掉哪些信息,此时遗忘门读取 x_t 和 h_{t-1},并通过 sigmoid 函数输出一个范围在[0,1]之间的数字来控制信息的遗忘程度,这

一步对应的公式为

$$f_t = \text{sigmoid}(W_{xf}x_t + W_{hf}h_{t-1} + b_f) \tag{9.1}$$

（2）之后是确定将哪些信息保存到细胞状态值中.这里有多步实现过程:一方面是输入门来决定需要更新的值,另一方面则是接收新候选值 g_t 以加入状态中,之后细胞状态的更新就需要这两个值同时参与.这一步对应的公式为

$$i_t = \text{sigmoid}(W_{xi}x_t + W_{hi}h_{t-1} + b_i) \tag{9.2}$$

$$g_t = \tanh(W_{xg}x_t + W_{hg}h_{t-1} + b_g) \tag{9.3}$$

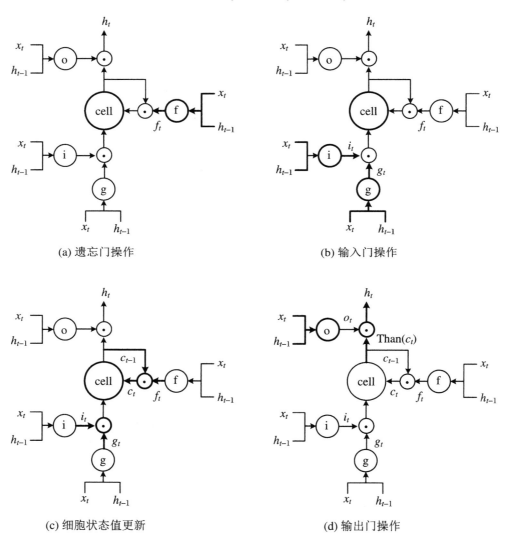

(a) 遗忘门操作　　　　　　　　　　　(b) 输入门操作

(c) 细胞状态值更新　　　　　　　　　(d) 输出门操作

图 9.5

（3）这一步轮到更新细胞状态,上一时刻的细胞状态为 c_{t-1}.首先将其与 f_t 相乘,即丢弃掉需要遗忘的内容,而上一步计算出来的 i_t 和 g_t 也相乘得到新的更新值并与细胞状态值相加.这一步对应的公式为

$$c_t = f_t \odot c_{t-1} + i_t \odot g_t \tag{9.4}$$

（4）最终需要计算出输出值.输出值并不是单纯的细胞状态,还需要增加一个过滤步

骤,而这部分便由输出门负责.输出门通过 sigmoid 函数确定细胞状态中需要输出的部分. 然后将细胞状态通过 tanh 函数得到一个范围在[−1,1]之间的值,将它与输出门的值相乘, 从而得到输出部分.这一步对应的公式为

$$o_t = \text{sigmoid}(W_{xo}x_t + W_{ho}h_{t-1} + b_o) \tag{9.5}$$

$$h_t = \tanh(c_t) \odot o_t \tag{9.6}$$

9.2.2 算法分析

9.2.2.1 LSTM 预测算法分析

首先深入分析 LSTM 神经网络的前向传播算法的特性,按步骤分析运算过程中每一部分的特点,并分析其计算和存储方面的消耗.

LSTM 跟其他 RNN 类型神经网络一样,除了接收当前输入值 x_t 以外,还要接收该层在上一时刻输出值 h_{t-1},并且除了常规的输入端以外,还多了 3 个门结构,而每个门的连接同样拥有自己的权重值.因此,LSTM 层对应不同输入向量(即 x_t 和 h_{t-1})的输入端(即 i, f, o, g)总共构成了 8 个权值矩阵: W_{xi}, W_{xg}, W_{xf}, W_{xo}, W_{hi}, W_{hg}, W_{hf}, W_{ho}.这部分的计算其实就是输入向量与对应的权值矩阵做乘法运算从而得到新的向量值.

由于每个权值矩阵和向量之间的运算均独立进行,因此可以将 x_t 和 h_{t-1} 合并为一个长向量,同样,8 个权值矩阵也可以合并为一个矩阵.在矩阵和向量相乘后的结果将被分割为 4 个向量,参与 LSTM 4 个输入端后续的激活函数操作后从而得到 i_t, g_t, f_t, o_t 4 个向量,如图 9.6 所示.

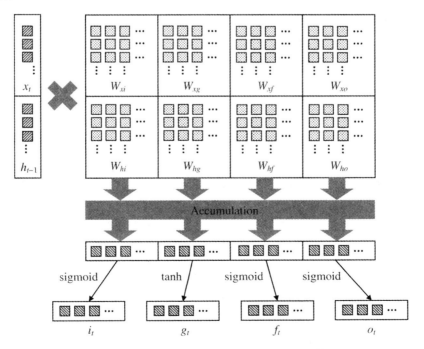

图 9.6 LSTM 神经网络中的矩阵-向量乘法计算过程

　　矩阵向量乘法的过程：首先输入向量中的每一个元素与矩阵对应位置的权重值相乘，由于权值矩阵中的每一个元素都代表着神经网络中的一个连接，因此这个乘法过程就是信息在神经元之间的传输．而每一列得到乘法中间值需要累加操作，从而得到结果向量对应位置的元素值．

　　LSTM 中矩阵-向量乘法计算过程伪代码如算法 9.1 所示，设输入层大小（即向量 x_t 的长度）为 $INPUT\_SIZE$，LSTM 隐藏层大小为 $HIDDEN\_SIZE$．因此合并后的向量长度为 $INPUT\_SIZE + HIDDEN\_SIZE$，而合并后的权值矩阵大小为（$INPUT\_SIZE + HIDDEN\_SIZE$）×（$4 \times HIDDEN\_SIZE$），合并后的偏移向量长度为 $4 \times HIDDEN\_SIZE$．而 i_t, g_t, f_t，o_t 以及细胞状态值向量的长度均为 $HIDDEN\_SIZE$．

算法 9.1　LSTM 网络前向计算中的矩阵-向量乘法

```
Input：xₜ and hₜ₋₁
Output：it, gₜ, fₜ, oₜ
1. inputs = merge(xₜ, hₜ₋₁);2. weights = merge((Wₓᵢ, Wₓg, Wₓf, Wₓo), (Wₕᵢ, Wₕg, Wₕf, Wₕo));
3. biases = merge(bᵢ, bg, bf, bo);
4. for i = 0; i < 4  HIDDEN _SIZE; i = i + 1 do
5.     tmp[i] = 0.0;
6.     for j = 0; j < IINPUT _SIZE + HIDDEN _SIZE; j = j + 1 do
7.       tmp[i] = tmp[i] + inputs[j] * weights[j][i];
8.     end
9.     tmp[i] = tmp[i] + biases[i];
10. end
11. for i = 0; i < HIDDEN _SIZE; i = i + 1 do
12.     it[i] = sigmoid(tmp[i]);
13.     gt[i] = tanh(tmp[i+ HIDDEN_SIZE]);
14.     ft[i] = sigmoid(tmp[i+ 2 * HIDDEN_SIZE]);
15.     ot[i] = sigmoid(tmp[i+ 3 * HIDDEN_SIZE]);
16. end
```

　　通过矩阵向量计算模块得到了 LSTM 网络 4 个入口端（1 个输入外加 3 个门）所对应的向量后，需要计算 LSTM 的细胞状态值向量以及输出向量，如图 9.7 所示．而这一部分的计算类型是 Element-wise，也就是向量中对应位置的元素在一起进行乘或加运算，并且这一步涉及细胞状态值的更新操作．

　　Element-wise 运算过程伪代码见算法 9.2，其中输入的 4 个向量 i_t, g_t, f_t, o_t 正是矩阵-向量乘法运算部分的结果．

算法 9.2　Element-wise 运算

```
  Input：iₜ, gₜ, fₜ, oₜ
  Output：hₜ
1. for i = 0; i < HIDDEN _SIZE; i = i + 1 do
2.     cell[i] = cell[i] * ft[i] + it[i] * gt[i];
3.     h[i] = ot[i] * tanh(cell[i]);
```

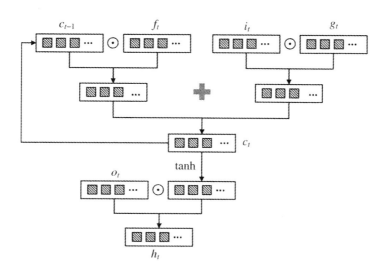

图 9.7　Element-wise 计算过程

考虑到 LSTM 本身的特点,除了要存储神经网络本身的权重值以及偏移量参数以外,还需要保存记录细胞在当前时刻的状态以及当前的输出值以供下一时刻计算所用.

另外,激活函数的作用是在神经网络中引入非线性的因素,在 LSTM 单元中,输入端采用的激活函数是 tanh,另外 3 个门的激活函数为 sigmoid.同时 LSTM 单元在进行输出值处理时,其细胞状态也要通过 tanh 激活.

下面分析 LSTM 神经网络在进行一次前向传播运算时的计算密集度分布,一次浮点数的加减乘除操作或者是一次激活函数操作即为一次计算.令该层 LSTM 网络中输入层的大小为 $INPUT\_SIZE$,隐藏层的大小为 $HIDDEN\_SIZE$,则该层在计算过程中,矩阵和向量对应元素相乘的计算次数为 $(INPUT\_SIZE + HID\text{-}DEN\_SIZE) \times (HIDDEN\_SIZE \times 4)$;之后每一列 $INPUT\_SIZE + HIDDEN\_SIZE$ 个乘法中间值需要累加得到计算结果向量的一个元素,因此累加阶段的计算次数为 $(INPUT\_SIZE + HIDDEN\_SIZE - 1) \times (HIDDEN\_SIZE \times 4)$;Element-wise 部分根据 LSTM 的公式可以得到浮点计算次数为 $HIDDEN\_SIZE \times 4$.而激活函数包括了输入端、3 个 LSTM 门,以及细胞状态值的操作,因此计算次数总共为 $HIDDEN\_SIZE \times 5$.表 9.1 展示了当隐藏层的 LSTM 单元数量分别为 32,64 和 128 时(并且输入向量大小等于隐藏层规模),各部分运算所需的计算次数.

表 9.1　LSTM 神经网络中各部分浮点运算的次数

LSTM 隐藏层规模	32	64	128
矩阵-向量对应元素相乘	8192	32768	131072
乘法中间值的累加	8064	32512	130560
偏置向量相加	128	256	512
Element-wise 的乘/加操作	128	256	512
激活函数运算	160	320	640
总运算次数	16672	66112	263296

根据上述分析可知,在 LSTM 网络的前向运算过程中,计算密集度最大的操作就是矩阵-向量运算,其中包含了对应元素的相乘以及乘法中间值的累加.结合表 9.1 的内容,当 LSTM 隐藏层规模为 32 时,矩阵-向量运算的操作占比为 $(8192 + 8064)/16672 = 97.5\%$;当隐藏层规模为 64 时,矩阵-向量运算的操作占比为 98.7%;当隐藏层规模为 128 时,矩阵-向量运算的操作占比为 99.4%.可以看出矩阵-向量运算不但是 LSTM 前向运算中最为密集的操作,而且随着 LSTM 网络规模的增长,其占比也在增加,因此如果能有效加速这部分的计算,对整个 LSTM 神经网络的加速效果将是非常可观的.

对于 LSTM 神经网络中存储资源消耗来说,LSTM 神经网络的参数主要包含权值矩阵和偏置向量,外加存放细胞状态值向量以及输出向量的缓冲区.假设一层 LSTM 的输入大小为 $INPUT\_SIZE$,隐藏层单元数量为 $HIDDEN\_SIZE$,则权值矩阵的大小为 $(INPUT\_SIZE + HIDDEN\_SIZE) \times (HIDDEN\_SIZE \times 4)$,偏置向量的大小为 $HIDDEN\_SIZE \times 4$,而细胞状态值和输出向量的缓冲区大小均为 $HIDDEN\_SIZE$.表 9.2 展示了当 LSTM 隐藏层规模分别为 32,64 和 128 时(并且输入向量大小等于隐藏层规模),LSTM 神经网络所需的各部分存储资源大小.

表 9.2   LSTM 神经网络中各部分占用的存储资源大小

LSTM 隐藏层规模	32	64	128
输入缓存大小	32	64	128
权值矩阵大小	8192	32768	131072
偏置向量大小	128	256	512
细胞状态值大小	32	64	128
输出缓存大小	32	64	128
总存储量	8416	33216	131968

根据表 9.2,当 LSTM 隐藏层规模为 32 时,权值矩阵的存储资源占比为 97.3%;隐藏层规模为 64 时,权值矩阵的存储消耗占比为 98.7%;隐藏层规模为 128 时,权值矩阵的存储资源占比达到了 99.3%.由此可见,权值矩阵消耗了大部分的存储资源,并且存储量随着 LSTM 网络规模的增大而增长,应首先作为压缩对象.而剪枝技术针对的就是神经网络中的连接,即权值矩阵,因此后续采用剪枝方式实现对 LSTM 神经网络的压缩.

9.2.2.2   LSTM 神经网络参数压缩

根据上一小节的分析,LSTM 神经网络中最消耗存储资源的便是连接权值所组成的矩阵,因此剪枝技术对于 LSTM 神经网络的压缩是一个非常合适的方案.如图 9.8 所示,对 LSTM 神经网络进行剪枝-重训练压缩的主要步骤如下:

(1) 首先采用常规的神经网络训练手段得到初始的 LSTM 神经网络模型.

(2) 设定剪枝率,剪枝率不要一次性设置过大,因为那样会使神经网络模型损失过多的信息,重训练的代价也更大.可以采用多次剪枝-重训练迭代,将剪枝率逐次提升的方式实现更大的剪枝率.

(3) 将权值矩阵中所有元素的绝对值组成一个数组.在绝对值数组中,根据剪枝率找到对应大小的元素绝对值作为阈值,图 9.8 中为了便于展示过程将这个数组由小到大做了排

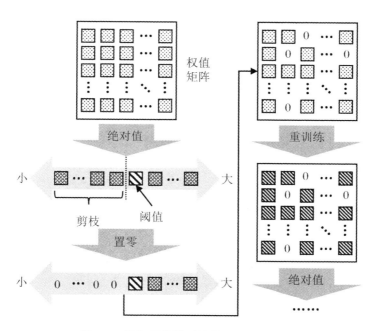

图 9.8　神经网络模型的剪枝-重训练过程

列,实际上只需要找到阈值即可,不需要将数组全部排序.本小节采用快速排序算法思想寻找对应的阈值.

（4）对权值矩阵进行遍历,将绝对值小于阈值的元素全部置零（权重为 0 可以看作该连接不存在）,经过这一步剪枝操作,神经网络的部分连接被剪去,原先的稠密网络模型变成了稀疏网络模型.

（5）对剪枝后的神经网络进行重训练,将稀疏网络的预测精度训练到最佳水平.在训练过程中当需要对权值进行修正时,只修正权值不为 0 的元素,而矩阵中的 0 元素由于表示该连接已经不存在,因此不做任何改动.

（6）判断当前的剪枝率是否达到预期要求,如果没有则提升剪枝率,当然正如第（2）步所说,剪枝率不要一次性提升过大.

（7）重复（3）～（6）步,直至达到预期的剪枝率,此时 LSTM 神经网络的稀疏度符合要求,并且也尽可能保持了预测的精度.

另外,在基本的剪枝算法中,是对权值矩阵中的全部元素按照一个百分比进行剪枝,因此最终剪掉的连接完全是随机的,有可能导致存留连接分布不均匀的情况,如图 9.9（a）所示.在稀疏网络的 FPGA 硬件实现中,如果权值矩阵的数据分布不均匀,则在矩阵-向量运算过程中,计算每一个结果向量元素所需的元素相乘和累加次数相差过大,这对于 FPGA 的并行效率十分不利.因此可以在传统的剪枝方案的基础上做出相应调整,使其尽可能保持一定程度的均匀,其中均匀形式可以分为按行均匀（每一行的元素数量相同）和按列均匀（每一列的元素数量相同）,如图 9.9（b）所示.均匀剪枝的过程和上述的流程没有较大的区别,只是在第（3）、（4）步不再将权值矩阵整体选定一个阈值进行剪枝,而是将每一列单独按照百分比选定一个阈值分别进行剪枝操作.通过这种方法,最终便可以实现每一列的元素值均匀.

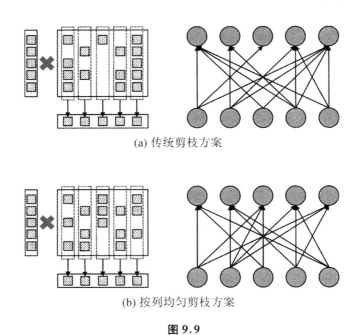

(a) 传统剪枝方案

(b) 按列均匀剪枝方案

图 9.9

9.3 硬件部署/加速定制相关工作

本小节基于 9.2.2 小节中的算法分析,提出了面向循环神经网络算法的 FPGA 硬件加速器定制系统,首先介绍系统整体架构,随后对各个模块分别进行介绍.

9.3.1 整体实现架构

本小节的设计采用软硬件协同模式,整体架构如图 9.10 所示.在系统的软件端部分,外部存储保存输入数据和所需的 LSTM 参数,由 CPU 运行软件端的代码,将 LSTM 前向运算的任务上传到 FPGA 硬件上运行,并且 CPU 可以通过控制总线对硬件部分的 IP 核进行控制,通过数据总线上传参数和输入数据,并将硬件端的执行结果传回到软件端;而系统的硬件部分即为本小节的 FPGA 加速器,在加速器内部需要实现三个主要的计算模块:矩阵-向量乘法模块、Element-wise 计算模块以及激活函数模块.同时加速器中还需要缓存用来保存神经网络参数、LSTM 细胞状态值以及当前的输出值[23].

硬件的运算模块可以通过 Vivado HLS 进行逻辑设计并生成 IP 核(Intellectual Property Core),IP 核作为一种逻辑模块,可以移植到其他半导体上实现复用.

Vivado 工具中可以将已经生成的 IP 核进行连线并生成硬件比特流,之后可以在 Vivado SDK 中将硬件比特流烧写到 FPGA 上,并在 SDK 中编写控制程序实现软件部分的操作以及数据在软硬件端的传输.

针对不同的数据传输方式,本小节提供两种设计:

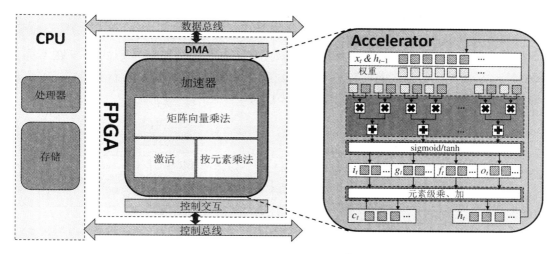

图 9.10　系统整体架构

（1）单 DMA 模式硬件实现设计：采用单 DMA 模式传输数据，先传输全部的神经网络参数到 FPGA 的 BRAM 上，之后传输输入数据并进行神经网络的前向计算．其中矩阵-向量运算部分由单 DMA 模式矩阵-向量运算模块实现．

（2）双 DMA 模式硬件实现设计：采用两个 DMA 端口分别并行传输输入数据和所需的部分神经网络参数，并进行相应的前向运算．矩阵-向量运算部分由双 DMA 矩阵-向量运算模块实现．

9.3.2　矩阵-向量乘法模块

本小节先介绍该运算的并行优化策略以及硬件模块设计．LSTM 神经网络中大部分的运算操作都集中在矩阵-向量乘法部分，因此需要对这部分运算采用流水线技术进行加速，并且采用多种优化手段提高流水线的效率．在矩阵-向量乘法中需要权值矩阵参与计算，但权值矩阵参数也占用了大量的存储资源，考虑到 FPGA 片上存储资源有限，本小节提供了三种设计：针对规模较小的 LSTM 神经网络，FPGA 片上的存储资源足够存下其所有的参数，则采用单 DMA 模式的 FPGA 运算模块；对于规模较大的 LSTM 网络，其所需的存储资源超出了 FPGA 的限制，则可以采用两种运算模块设计：双 DMA 并行传输模式的运算模块，或者是单 DMA 模式的稀疏网络运算模块．

9.3.2.1　矩阵-向量运算的优化技术

首先在本小节介绍矩阵-向量乘法运算中可以使用到的优化技术．这部分运算为计算密集型操作，可以采用流水线方式提高运算过程的吞吐率，并且可以通过以下优化方式提升并行运算的效率[24]：

1. 并行读写

FPGA 的缓存由大量的 BRAM 块组成，在一个时钟周期内每个 BRAM 只能进行一次读写操作，而在矩阵-向量乘法中，如果要实现对应元素的并行相乘，则需要并行读取输入向量和权值矩阵中的数据.如果将权值矩阵按照常规的方式顺序存储,可能会导致在向量与矩阵某一列的乘法运算中需要对某一个 BRAM 多次读取数据,从而增大这一次并行计算的时钟周期,如图 9.11(a) 所示.如果将权值矩阵分割,将数据按照某种形式分布在不同的 BRAM 上,从而保证每一次向量与矩阵列的运算中对每个 BRAM 只进行一次读写操作,便可以将时间维持在一个时钟周期,如图 9.11(b) 所示.

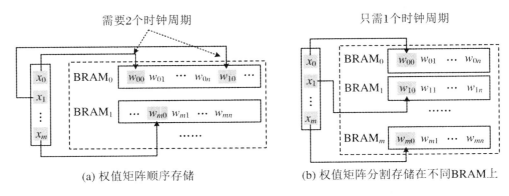

图 9.11

2. 分片复用

通过前面的分析,可以看出将参数分割存储在不同的 BRAM 上有助于并行读写,但由于 FPGA 的 BRAM 以及查找表资源有限,不可能将权值矩阵的每一行都分割存储在不同的 BRAM 中.因此需要采用分片思想,如图 9.12 所示.由于 FPGA 上浮点乘法器、加法器以及查找表数量的限制,本小节采用大小为 32 的分片方式.而不足 32 的部分填充 0 补齐.通过这种方式,将参与计算的向量和矩阵都划分为长度 32 的分片,并且向量中的每一个分片都可以多次复用.在计算过程中,每次先将输入向量的一个分片与权值矩阵的对应元素分片相乘并累加.在向量的第一个分片全部计算完毕后,使用下一个向量分片与对应位置的矩阵元素进行相乘累加计算,当向量的全部分片都已经执行完毕乘加操作后,矩阵向量运算完成.

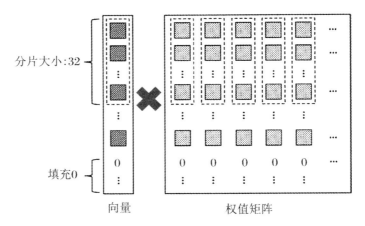

图 9.12　分片相乘

通过分片的方式,从 BRAM 中并行读取权值参数进行计算的过程如图 9.13 所示(本小节采用 32 大小的分片,亦即 $k = 32$),虽然不能使整个向量和矩阵列的运算在 1 个时钟周期内完成,但可以保证每个向量分片与矩阵列分片的乘法计算时间维持在 1 个时钟周期.

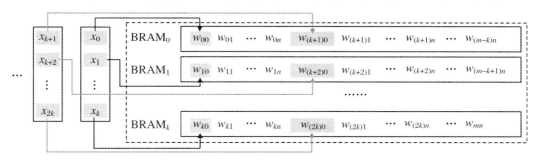

图 9.13　采用分片方式的权值矩阵分割存储

3. 并行累加

在每一个分片对应元素相乘得到的乘法中间值进行累加时,为了充分利用 FPGA 上的并行计算资源,可以采用加法树实现累加操作.如图 9.14(a) 所示,n 个乘法中间值,如果进行循环累加,需要执行 $n - 1$ 次串行加法操作,时间为 $O(n - 1)$;而如图 9.14(b) 所示使用二叉加法树时,只需执行 $O(\log n)$ 的时间.加法树的大小取决于 FPGA 中运算单元的数量限制,例如当采用大小为 32 的分片进行并行元素相乘以及加法树累加时,需要 32 个浮点乘法单元以及 31 个浮点加法单元.

(a) 循环累加方式

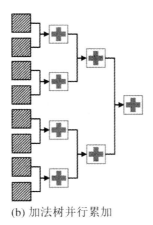

(b) 加法树并行累加

图 9.14

4. 双缓冲区

在神经网络计算过程中,由于采用分片运算方式,在计算每一个向量分片与矩阵的乘加运算时,首先需要将该分片的内容全部读入.访存环节和计算环节存在依赖性,导致流水线周期延长,无法高效发挥 FPGA 并行计算的优势.因此本小节采用双缓冲区交替进行访存和运算操作,如图 9.15 所示,在某一个时刻,缓冲区 a 中的数据与矩阵进行乘法计算,与此同时缓冲区 b 读取第二个分片内容;当缓冲区 a 中的分片计算完毕后,读取第三个分片内容,与此同时缓冲区 b 中的分片数据再与矩阵进行乘法计算.由于分片参与乘加运算的时间远大于读取分片数据的时间,并且一个缓冲区读取的数据与当前参与运算的分片数据不存在依赖关系,因此可以有效地将分片读取和运算部分重叠起来.两个缓冲区交替进行数据读取和运算,使得流水线间隔降到最低,计算效率达到最高.

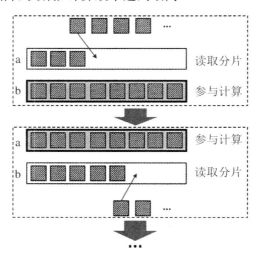

图 9.15　双缓冲区交替读取数据/参与运算

9.3.2.2　单 DMA 模式矩阵-向量运算模块

在 FPGA 存储资源对于神经网络来说相对充裕时,可以先将全部的神经网络参数保存到 BRAM 上,之后再输入数据进行计算.因此只需要一个 DMA 用于数据传输,运算过程首先是通过 DMA 将权值矩阵以及偏置向量等参数传输保存到 FPGA 的 BRAM 上,之后按顺序传输输入向量进行计算.通过流水线方式可以有效降低运算时间,并可以采用 9.3.2.1 小节介绍的优化手段达到理想的流水线效果.

通过 9.3.2.1 小节的几种优化方式相结合,单 DMA 模式矩阵-向量乘法运算模块流程如图 9.16 所示,在进行预测任务之前,首先将神经网络的权重和偏置参数传输到缓存中,然后读入输入向量进行计算.由于该模块是 LSTM 神经网络的实现,因此在每一个时刻都要先将该时刻的输入向量和上一时刻的输出向量均读入缓存中,组成一个长向量,然后对这个长向量进行分片,通过双缓存交替读取分片和缓存中权值矩阵对应位置的元素相乘,乘法中间值通过二叉加法树相加得到分片计算结果.最后将每一列所有分片计算结果累加即可.实现算法见算法 9.3,其中输入大小为 *INPUT_SIZE*,隐藏层大小为 *HIDDEN_SIZE*,分片大小为 32,双缓冲区分别为 *tile*1 和 *tile*2.单 DMA 模式运算模块的加法树算法(Adder_Tree_1DMA)见算法 9.4.

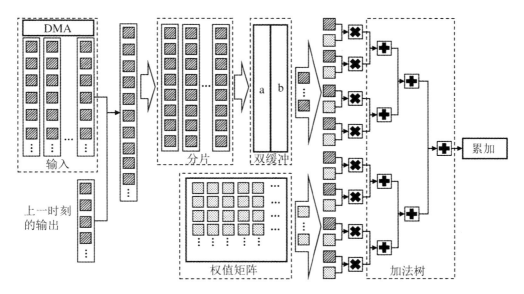

图 9.16　单 DMA 模式矩阵–向量乘法模块

算法 9.3　单 DMA 模式矩阵–向量相乘实现算法（权值矩阵已存在缓存中）

```
    Input: x_t, h_{t-1}
    Output: result_vectort
1.  input_vector = merge(x_t, h_{t-1});
2.  for i = 0; i < 32; i = i + 1 do
3.      tile1[i] = input_vector[i];
4.  end
5.  tile_flag = 0;
6.  for i = 0; i < INPUT _SIZE + HIDDEN _SIZE; i = i + 32 do
7.      for j = 0; i < 4    HIDDEN _SIZE; i = i + 32 do
8.          ( PIPELINE )
9.      if j < 32andk < INPUT _SIZE + HIDDEN _SIZE − 32 then
10.         if tile_flag = = 0 then
11.             tile2[j] = input_vector[i + j + 32];
12.         else
13.             tile1[j] = input_vector[i + j + 32];
14.         if tile_flag = = 0 then
15.             accum = Adder_Tree_1DMA(tile1, weights, i, j), tile_flag = 1;
16.         else
17.             accum = Adder_Tree_1DMA(tile2, weights, i, j), tile_flag = 0;
18.         if i = = 0 then
19.             result_vector[j] = bias[j] + accum;
20.         else
21.             result_vector[j] = result_vector[j] + accum;
22.     end
23. end
```

单 DMA 模式矩阵-向量乘法模块的优势是:在存储资源足够的情况下,可以一次性将所有神经网络参数传输到 FPGA 的缓存上,之后的计算过程只需要传输输入向量,无需再做任何参数的传输,节省了带宽;另一方面,保存在缓存中的神经网络参数满足局部性,可以有效提升乘法运算中的分片复用效率.但单 DMA 模式矩阵-向量乘法模块也存在自己的局限:对存储资源非常敏感,当神经网络的参数量超出了 FPGA 的存储能力时,便不能一次性将所有参数存储到 BRAM,而如果采用单 DMA 模式反复传输要用到的神经网络参数,将会严重影响到输入向量的传输,从而降低运算效率.

算法 9.4　单 DMA 模式下的加法树算法 Adder_Tree_1DMA

```
    Input：tile, weights, i, j
    Output：accum
1. for k = 0；k < 16；k = k + 1 do
2.     （UNROLL）
3.         accumk = （tile[2 * k] * weights[i + 2 * k][j]）
4.           + （tile[2 * k + 1] * weights[i + 2 * k + 1][j]）;
5. end
6. accum16 = （accum0 + accum1） + （accum2 + accum3）;
7. accum17 = （accum4 + accum5） + （accum6 + accum7）;
8. accum18 = （accum8 + accum9） + （accum10 + accum11）;
9. accum19 = （accum12 + accum13） + （accum14 + accum15）;
10. accum = （accum16 + accum17） + （accum18 + accum19）;
```

9.3.2.3　双 DMA 模式矩阵-向量运算模块

在 FPGA 存储资源足够存储全部神经网络参数的情况下,单 DMA 模式的矩阵-向量乘法模块就足够处理.但当神经网络参数规模更大,超出了 FPGA 的存储限制,此时便不可能一次性将权值等参数全部存入片上缓存中.因此本小节又设计了双 DMA 运算模块,其中一个 DMA 负责传输输入向量值,同时另一个 DMA 传输对应的权值参数以和输入向量值进行计算.

与单 DMA 模式运算模块类似,双 DMA 运算模块也采用 32 大小的分片,如图 9.17 所示,首先一个 DMA 传输当前时刻的输入向量,并与上一时刻的输出向量一并保存到一个长向量缓存中,之后将该长向量分片并采用双缓存依次读取分片;与此同时,另一个 DMA 负责传输权值分片,并且权值分片也采用双缓冲区方式读取并与向量分片进行点乘计算.与单 DMA 模式运算模块类似,其乘法中间值也采用加法树方式实现并行累加计算.

由于该模块的计算顺序是:向量的每一个分片与矩阵的对应位置计算完毕后,再使用下一个向量分片计算,因此权值矩阵需要根据相邻分片调整传输的顺序.这一部分工作需要在片外的软件端完成,将权值矩阵以 32 大小的分片为单位,按照向量分片复用相乘的顺序进行重新排列,以保证 FPGA 上的输入向量分片能跟对应的权值分片进行计算,见算法 9.5.双 DMA 模式模块所用的加法树算法与单 DMA 模式的算法略有不同,见算法 9.6.

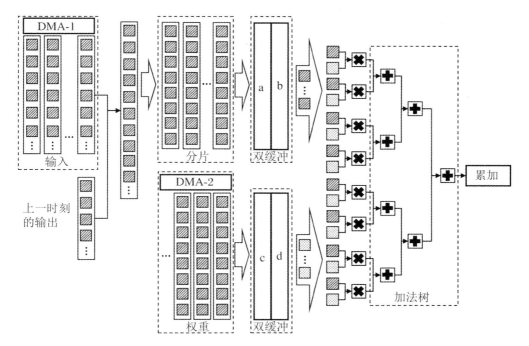

图 9.17　双 DMA 矩阵-向量乘法模块

算法 9.5　双 DMA 矩阵-向量相乘实现算法

　　Input：x_t，h_{t-1}，weights_values_tile

　　Output：result_vector

1. input_vector ＝ merge(x_t，h_{t-1})；for i ＝ 0；i ＜ 32；i ＝ i ＋ 1 do
2. 　　tile1[i] ＝ input_vector[i]；
3. end
4. tile_flag ＝ 0，weight_flag ＝ 0；
5. for i ＝ 0；i ＜ INPUT _SIZE ＋ HIDDEN _SIZE；i ＝ i ＋ 32 do
6. 　　for j ＝ 0；i ＜ 4　HIDDEN _SIZE；i ＝ i ＋ 32 do
7. 　　（PIPELINE）
8. 　　　if weight_flag ＝ ＝ 0 then
9. 　　　　if tile_flag ＝ ＝ 0 then
10. 　　　　　if j ＜ 32andk ＜ INPUT _SIZE ＋ HIDDEN _SIZE － 32 then
11. 　　　　　　tile2[j] ＝ input_vector[i ＋ j ＋ 32]；
12. 　　　　accum ＝ Adder_Tree_2DMA(tile1，w_tile1)，tile_flag ＝ 1；
13. 　　　else
14. 　　　　if j ＜ 32andk ＜ INPUT _SIZE ＋ HIDDEN _SIZE － 32 then
15. 　　　　　tile1[j] ＝ input_vector[i ＋ j ＋ 32]；
16. 　　　　accum ＝ Adder_Tree_2DMA(tile2，w_tile1)，tile_flag ＝ 0；
17. 　　　w_tile2 ＝ next weights_values_tile，weight_flag ＝ 1；
18. 　　else

```
19.        if tile_flag = = 0 then
20.          if j < 32andk < INPUT _SIZE + HIDDEN _SIZE − 32 then
21.            tile2[j] = input_vector[i + j + 32];
22.          accum = Adder_Tree_2DMA(tile1，w_tile2)，tile_flag = 1;
23.        else
24.          if j < 32andk < INPUT _SIZE + HIDDEN _SIZE −32 then
25.             tile1[j] = input_vector[i + j + 32];
26.          accum = Adder_Tree_2DMA(tile2，w_tile2)，tile_flag = 0;
27.        w_tile1 = next weights_values_tile，weight_flag = 0;
28.      if i = = 0 then
29.        result_vector[j] = bias[j] + accum;
30.      else
31.        result_vector[j] = result_vector[j] + accum;
32.    end
33. end
```

算法 9.6   双 DMA 模式下的加法树算法 Adder_Tree_2DMA

```
   Input：tile，weights_tile
   Output：accum
1. for k = 0；k < 16；k = k + 1 do
2.    （UNROLL）
3.    accumk = （tile[2 * k] * weights_tile[2 * k]）
4.     + （tile[2 * k + 1] * weights_tile[2 * k + 1]）;
5. end
6. accum16 = （accum0 + accum1）+ （accum2 + accum3）;
7. accum17 = （accum4 + accum5）+ （accum6 + accum7）;
8. accum18 = （accum8 + accum9）+ （accum10 + accum11）;
```

双 DMA 矩阵-向量乘法模块使得 FPGA 不需要消耗大量的存储资源来缓存神经网络参数，并且双 DMA 的设计可以让输入数据和权重数据并行传输．但双 DMA 运算模块也存在自己的缺陷：需要不断地读取权重参数分片．而在进行一次向量分片和权重分片点乘计算的时间为 $O(1 + \log 32) = O(6)$，与此同时读取下一个权重分片所需的时间为 $O(32)$，从而导致读取权重的时间大于计算时间，影响了流水线的效率．

9.3.2.4   单 DMA 模式稀疏矩阵-向量运算模块

当神经网络参数超出了 FPGA 的存储能力时，除了采用双 DMA 并行传输权值数据和输入数据外，另外一种解决方法便是对神经网络参数进行剪枝压缩处理，并针对该模型设计单 DMA 模式的稀疏矩阵-向量运算模块．经过剪枝后的稀疏神经网络，采用合适的存储方式将使参数所占的存储空间大为减小．

神经网络的剪枝主要针对的是权值矩阵，亦即剪枝后的神经网络权值矩阵包含大量的 0，因此可以采用稀疏矩阵的形式存储，而常见的稀疏网络存储形式包括 COO（Coordinate Format），CSR（Compressed Sparse Row Format）以及 CSC（Compressed Sparse Column Format）．其中：

（1）COO 存储形式的优点是较为灵活和简单，其只需要保存矩阵中非零元素以及其行列位置即可，计算起来也较为灵活，但由于它需要三个等长的数组分别保存非零元素、该元素在矩阵中行的位置以及该元素在矩阵中列的位置，因此在压缩效果上并不如 CSR 和 CSC 形式.

（2）CSR 存储形式也需要三个数组保存数据，但其中两个等长数组分别保存矩阵中的非零元素和列号，而第三个数组保存行偏移量.行偏移量表示某一行中第一个元素在非零元素数组中的起始偏移位置，因此长度上比单纯保存每一个元素行号的数组要短得多，在压缩效率上要强于 COO 形式.

（3）CSC 存储形式和 CSR 非常类似，其三个数组分别保存的是矩阵非零元素、行号以及列偏移量，因此在压缩效率上也强于 COO 形式.

稀疏神经网络的权值矩阵存储形式的选择，要考虑其计算过程，图 9.18 为稀疏矩阵和向量的计算，如果采用 CSR 存储形式，则权值矩阵的访问位置是不连续的，并且跳跃步长不定，不利于数据的局部性.而采用 CSC 存储形式，则在计算分片运算结果时可以访问连续的内存.因此本小节采用 CSC 形式存储稀疏权值矩阵.

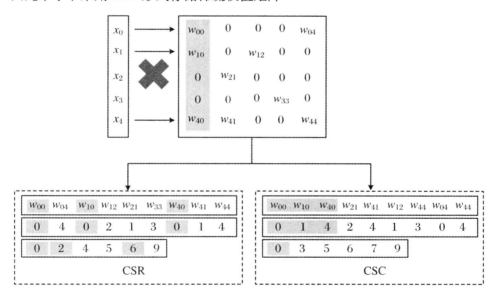

图 9.18　稀疏矩阵采用 CSR 和 CSC 存储形式在运算中的访问位置

由于采用传统剪枝方式导致的稀疏网络权值矩阵数据分布不均匀，从而影响了并行计算效率，本小节对剪枝算法做了修改，保证权值矩阵每一列的元素数量一致，从而保证数据在一定程度上均匀.而本小节的单 DMA 模式稀疏矩阵-向量运算模块设计也基于经过均匀剪枝之后的稀疏权值矩阵.由图 9.19 可以看出，由于均匀剪枝后的稀疏矩阵每一列长度一致，因此不再需要保存列偏移量，并且非零元素和行号均可保存在二维数组中.

在计算过程中，由于稀疏权值矩阵每一列的元素位置不再与输出向量一一对应，而是需要列号作为索引，因此针对稠密矩阵的分片复用方法在稀疏矩阵运算模块中也不再适用.本小节对该模块的设计是，只将稀疏权值矩阵按照 32 大小进行分片，然后通过索引使得向量对应位置的元素与权值分片进行相乘，再通过加法树实现累加操作，并通过流水线方式提高运算效率.见算法 9.7.

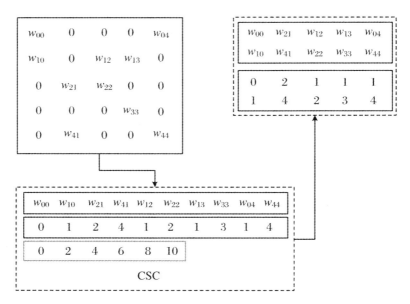

图 9.19　均匀剪枝后的稀疏矩阵可以采用新的方式存储

算法 9.7　单 DMA 模式稀疏矩阵–向量相乘实现算法(包含加法树)

```
    Input：xₜ，hₜ₋₁
    Output：result_vectort
1.  input_vector = merge(xₜ，hₜ₋₁)；for i = 0；i < COL_SIZE；i = i + 32 do
2.      for j = 0；i < 4      HIDDEN _SIZE；i = i + 32 do
3.        （PIPELINE）
4.        for k = 0；k < 16；k = k + 1 do
5.          （UNROLL）
6.            index₂ₖ = indices[i + 2 ∗ k][j]；
7.            index₂ₖ₊₁ = indices[i + 2 ∗ k + 1][j]；
8.            accumk = (input_vector[index2? k] ∗ sparse_weights[i + 2 ∗ k][j])
9.              + (input_vector[index2? k+1] ∗ sparse_weights[i + 2 ∗ k + 1][j])；
10.         end
11.         accum 16 = (accum0 + accum1) + (accum2 + accum3)；
12.         accum17 = (accum4 + accum5) + (accum6 + accum7)；
13.         accum18 = (accum8 + accum9) + (accum10 + accum11)；
14.         accum19 = (accum12 + accum13) + (accum14 + accum15)；
15.         accum = (accum16 + accum17) + (accum18 + accum19)；
16.         if i == 0 then
17.           result_vector[j] = bias[j] + accum；
18.         else
19.           result_vector[j] = result_vector[j] + accum；
20.     end
21. end
```

可以看出,经过剪枝训练得到的稀疏权值矩阵模型,由于其参数规模大大缩小,因此所占用的 FPGA 存储资源也降低了不少.而本小节采用均匀剪枝的处理方式,也让 LSTM 神经网络在 FPGA 上实现的并行复杂度得到了一定程度的降低.但由于稠密网络模型的一些硬件优化方式在稀疏网络难以实现,因此会对吞吐率造成一定的影响.

9.3.3 Element-wise 模块

Element-wise 计算部分是 LSTM 神经网络有别于其他神经网络的重要因素之一,在通过矩阵-向量乘法部分计算出了输入端向量以及 LSTM 独有的三个门向量值之后,Element-wise 计算就是为了利用门向量对输入输出向量以及细胞状态值进行一定程度的过滤.这一部分的计算都是向量之间对应元素的乘加运算,如图 9.20 所示.

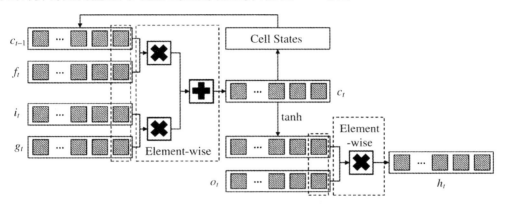

图 9.20 Element-wise 计算过程

Element-wise 计算模块可以采用流水线方式进行加速,实现算法见算法 9.8,其中 result_vector 向量便是矩阵-向量运算模块的计算结果,将该向量分割为四部分,每一部分分别通过对应的 sigmoid 或者 tanh 激活函数计算便可得输入端向量 g_t 和三个门向量 i_t,f_t,o_t,本小节的 Element-wise 模块将激活函数模块也整合在内,便于整体运算的并行加速,而激活函数模块的实现细节在 9.3.4 小节介绍.

算法 9.8 Element-wise 实现算法

```
    Input:result_vectort
    Output:ht
1. i_vector,g_vector,f_vector,o_vector = split(result_vectort);for
      i = 0;i < HIDDEN _SIZE;i = i + 1 do
2.    (PIPELINE)
3.    gate_i = sigmoid(i_vector[i]);
4.    gate_f = sigmoid(f_vector[i]);
5.    gate_o = sigmoid(o_vector[i]);
6.    g = tanh(g_vector[i]);
7.    cell[j] = (cell[j] * gate_f) + (gate_i * g);
8.    ht[j] = gate_o * tanh(cell[j]);
9. end
```

9.3.4　激活函数模块

　　LSTM 神经网络中需要用到的 sigmoid 和 tanh 非线性激活函数难以采用 FPGA 硬件的逻辑门单元直接实现，但是可以通过线性近似在硬件上实现．本小节所采用的是分段线性计算方法[25]．

　　对非线性函数（sigmoid 以及 tanh）进行线性分段近似的原理如图 9.21 所示，当以某一值 x 作为输入进行激活函数计算时，首先确定 x 处于哪个区间位置，设 x 处于 $[x_i, x_{i+1}]$，该区间对应的线性分段函数斜率为 a_i，偏移量为 b_i，则 x 与之进行相应的乘加运算即可得到近似的激活函数值．之所以可以采用线性近似方式实现，主要基于以下几点：

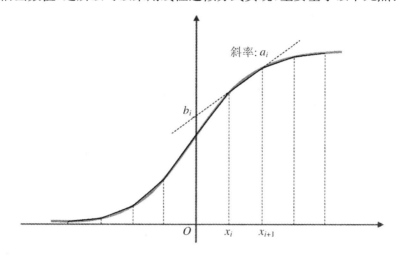

图 9.21　非线性函数的线性分段近似

　　（1）在神经网络运算中，一定程度的精度损失并不会对最终的预测结果造成很大影响，并且只要不断细化分段区间，就能随之提升线性近似的精度，虽然每一个分段区间对应系数 a 和 b 需要一定的存储资源，但与神经网络参数占用的存储空间相比显得微不足道．

　　（2）LSTM 所需的 sigmoid 和 tanh 函数均可使用线性近似实现，只是对应的 a, b 系数值不同而已．

　　（3）sigmoid 函数的计算结果在 $[0,1]$ 之间，例如当 $x \in (-\infty, -6]$ 时，$\mathrm{sigmoid}(x) = 0$；当 $x \in [6, +\infty)$ 时，$\mathrm{sigmoid}(x) = 1$．因此只需要在 $[-6,6]$ 这个有界区间内进行分段近似，则确定分段间隔后，分段数也是有限的．对 tanh 函数，函数单调并且计算结果在 $[-1,1]$ 之间，可使用分段线性近似．

　　在代码实现上，可以先选定一个合适的分段间隔 k，然后分别计算出每个分段区间激活函数线性近似所对应的斜率值 a 和偏移量 b，然后将计算好的参数值预先存储在 FPGA 的 BRAM 中，运算流程如图 9.22 所示．线性近似的激活函数计算可以通过流水线方式实现加速．

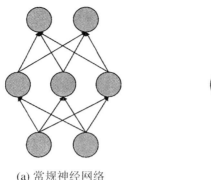
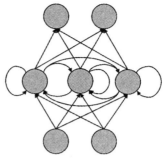

(a) 常规神经网络　　　　　　　　(b) 循环神经网络

图 9.22　线性近似计算流程

本章小结

机器学习如今已经成为了当前计算机科学中最为热门的研究领域,并且在工业界中也被广泛采用.而神经网络作为目前效果最优异的机器学习模型之一,在无数产品中大显身手,改变着如今人们的日常生活.在种类繁多的神经网络模型中,LSTM 由于其在时序相关的应用中拥有出众表现而被广泛应用于语音识别、机器翻译、图像识别等实际任务中.由于 LSTM 网络拓扑的特点是拥有大量的连接,而其运算过程又是计算密集型和数据密集型,因此如何高性能和低功耗地实现其算法成为了当今的研究热点.另一方面,由于 LSTM 神经网络的参数规模较大,对存储资源的消耗也是不可忽视的问题.硬件加速是目前对神经网络运算最为常用的加速手段,在主流的硬件加速技术中,FPGA 由于其高性能、低功耗以及可编程性被广泛使用于硬件逻辑设计中.因此,本章设计了基于 FPGA 的 LSTM 神经网络前向运算过程硬件实现,最终目标是实现低功耗下相对高性能的 LSTM 加速器.

参考文献

[1]　Russell S J. Artificial intelligence a modern approach[M]. New York：Pearson Education，Inc. ，2010.

[2]　Alpaydin E. Introduction to machine learning[M]. Cambridge：MIT Press，2014.

[3]　Schmidhuber J. Deep learning in neural Networks：An overview[J]. Neural Networks，2015，61：85-117.

[4]　Rowley H A，Baluja S，Kanade T. Neural network-based face detection[J]. IEEE Transactions on Pattern Analysis and Machine Intelligence，1998，20(1)：23-38.

[5]　Graves A，Mohamed A，Hinton G. Speech recognition with deep recurrent neural networks[C]// 2013 IEEE International Conference on Acoustics，Speech and Signal Processing，IEEE，2013：6645-6649.

[6]　Temurtas H，Yumusak N，Temurtas F. A comparative study on diabetes disease diagnosis using neural networks[J]. Expert Systems with Applications，2009，36(4)：8610-8615.

[7]　Krizhevsky A，Sutskever I，Hinton G E. Imagenet classification with deep convolutional neural networks[J]. Advances in Neural Information Processing Systems，2012，25：1097-1105.

[8]　Deng J，Dong W，Socher R，et al. Imagenet：A large-scale hierarchical image database[C]//2009

IEEE Conference on Computer Vision and Pattern Recognition，IEEE，2009：248-255.

[9] Moyer C. How google's alphago beat a go world champion[J]. The Atlantic，2016，28.

[10] Widrow B，Aragon J C，Percival B M. Cognitive memory and auto-associative neural network based search engine for computer and network located images and photographs：U. S. Patent 7，333，963 [P]. 2008-02-19.

[11] Serban I，Sordoni A，Bengio Y，et al. Building end-to-end dialogue systems using generative hierarchical neural network models[C]//Proceedings of the AAAI Conference on Artificial Intelligence，2016，30(1).

[12] Devlin J，Zbib R，Huang Z，et al. Fast and robust neural network joint models for statistical machine translation[C]//Proceedings of the 52nd Annual Meeting of the Association for Computational Linguistics (Volume 1：Long Papers)，2014：1370-1380.

[13] Yu D，Seltzer M L. Improved bottleneck features using pretrained deep neural networks[C]// Twelfth Annual Conference of the International Speech Communication Association，2011.

[14] Sak H，Senior A，Beaufays F. Long short-term memory based recurrent neural network architectures for large vocabulary speech recognition[J]. arXiv preprint arXiv：1402.1128，2014.

[15] Cho K，Van Merriënboer B，Gulcehre C，et al. Learning phrase representations using RNN encoder-decoder for statistical machine translation[J]. arXiv preprint arXiv：1406.1078，2014.

[16] You Q，Jin H，Wang Z，et al. Image captioning with semantic attention[C]//Proceedings of the IEEE Conference on Computer Vision and Pattern Recognition，2016：4651-4659.

[17] Hopfield J J. Neural networks and physical systems with emergent collective computational abilities [J]. Proceedings of the National Academy of Sciences，1982，79(8)：2554-2558.

[18] Mandic D，Chambers J. Recurrent neural networks for prediction：learning algorithms，architectures and stability[M]. Hoboken：Wiley，2001.

[19] Lin T，Horne B G，Tino P，et al. Learning long-term dependencies in NARX recurrent neural networks[J]. IEEE Transactions on Neural Networks，1996，7(6)：1329-1338.

[20] Bengio Y，Simard P，Frasconi P. Learning long-term dependencies with gradient descent is difficult [J]. IEEE Transactions on Neural Networks，1994，5(2)：157-166.

[21] Greff K，Srivastava R K，Koutník J，et al. LSTM：A search space odyssey[J]. IEEE Transactions on Neural Networks and Learning Systems，2016，28(10)：2222-2232.

[22] Hochreiter S，Schmidhuber J. Long short-term memory[J]. Neural Computation，1997，9(8)：1735-1780.

[23] Zhang Y，Wang C，Gong L，et al. A power-efficient accelerator based on FPGAs for LSTM network[C]//2017 IEEE International Conference on Cluster Computing (CLUSTER)，IEEE，2017：629-630.

[24] Zhang Y，Wang C，Gong L，et al. Implementation and optimization of the accelerator based on FPGA hardware for LSTM network[C]//2017 IEEE International Symposium on Parallel and Distributed Processing with Applications and 2017 IEEE International Conference on Ubiquitous Computing and Communications (ISPA/IUCC)，IEEE，2017：614-621.

[25] Storace M，Poggi T. Digital architectures realizing piecewise-linear multivariate functions：Two FPGA implementations[J]. International Journal of Circuit Theory and Applications，2011，39(1)：1-15.

第 10 章　面向脉冲神经网络的硬件定制/加速技术

10.1　脉冲神经网络应用背景

近年来,随着人工智能理论的不断完善,神经网络模型在各种场景中的应用越来越广泛,特别是在图像处理、自然语言处理、音视频处理等方面.在特定的任务中,人工神经网络的准确率甚至超过了人类的表现.为了进一步提升人工神经网络识别的准确率,近几年,神经网络在不断地朝着更深的网络层次、更复杂的拓扑结构发展,以便使得网络能够抽象出更高维度的特征信号.更高的层次以及更复杂的拓扑结构使得神经网络在任务中的表现越来越好.但是,复杂的网络结构,其大量的参数,给当前的计算机带来的影响也越发凸显.大量的计算带来的一个问题是,为了完成一次完整的计算,计算机的能耗也是难以承受的,特别是对众多的嵌入式应用而言,因此如何降低神经网络的能耗问题是前两年的热点研究问题.大量的计算带来的另外一个问题是,为了完成计算,需要频繁地访问存储中的参数,而频繁访存有两方面的影响(存储墙问题),一是会造成严重的能耗问题,二是会导致严重的时延,这对于实时应用来说也是不能接受的.

人工神经网络的瓶颈不仅让硬件研究人员尝试摆脱冯·诺依曼架构的限制,同时也推动了脉冲神经网络(SNN)[1,2]的发展.脉冲神经网络作为类脑计算的典型代表,被誉为第三代神经网络[3].脉冲神经网络的诞生是启发于生物的大脑.大脑是一个复杂的系统,它具有认知、识别、记忆、情感表达等各种高级能力.据生物学专家估计,在人类的大脑中,神经元的个数大约为 1000 亿个.每个神经元又可以与周围成千上万个突触保持连接关系.然而,具有如此庞大规模神经网络的大脑,在思考时的功率仅为 20 W,相当于一个低功耗的白炽灯.正是看到了大脑的这种优势,对比当前人工神经网络的超高功耗,这些年类脑神经计算获得的关注度越来越高.

脉冲神经网络相较于人工神经网络有众多的优势.首先脉冲神经网络具有低能耗的特点.人工神经网络进行加权求和操作,需要利用权重和数据相乘.脉冲神经网络输入输出是单比特,所以该操作变成了加法操作,省去了传统神经网络中大量的乘法操作,其带来的能耗的降低是极为显著的.另外人工神经网络同一层的每个神经元都需要将其输出传输给后一层神经元.而脉冲神经网络在发射脉冲之前,需要保证当前膜电压大于一定阈值,也就是局部激活,这使得在每个周期中,处于活跃状态的神经元个数极少,数据传输量较低,功耗自然也低.如果结合异步设计,采用事件驱动的方式来设计脉冲神经网络,可以进一步降低其功耗；然后脉冲神经网络容错性高.脉冲神经网络具有复杂的连接性，个别错误对结果的影响较小.此外发射脉冲之前需要将膜电压和阈值进行比较，小的噪声和小的涨落都不足以使神经元向下游神经元发出脉冲信号，因此噪声对脉冲神经网络的影响也比较小.

鉴于脉冲神经网络结构特点，随着算法的不断完善，脉冲神经网络突破人工神经网络需要巨大数据样本和计算资源的瓶颈大有所望.目前，世界很多国家都在推进类脑计算[4-8]的研究工作，很多仿真工作也在进行.不过同人工神经网络一样，在传统的计算机架构上，部署执行神经形态计算的能耗也难以满足应用需求，因此构建新型硬件加速架构尤为重要.

脉冲神经网络加速器或类脑计算芯片的研究工作获得了全世界众多国家的广泛关注.2004 年，美国斯坦福大学开启了类脑芯片 Neurogrid 的研究工作.2005 年，美国和欧盟分别开展了 SyNAPSE 项目和 FACETS 计划，旨在支持类脑研究工作.2011 年，欧盟出资的 BrainScaleS 计划开始实施，研发 AMS 类脑超级计算机.2013 年，欧盟全面开展"人脑计划".近年来，美国 IBM、Intel、微软等均开展了脉冲神经网络的研究工作.类脑计算作为突破传统人工神经网络发展瓶颈的关键技术，在国内引起了很多高校和研究机构的重视.2015 年，浙江大学发布了国内首款脉冲神经网络芯片"达尔文"，并在接下来几年中牵头实现了"达尔文 2"和"达尔文 3"的设计.2019 年，清华大学设计的类脑芯片"天机芯"登上《Nature》杂志."天机芯"开创性地实现了人工神经网络和脉冲神经网络的异构融合，是世界上首款同时支持两类神经网络的芯片.2021 年，中国脑计划尘埃落定，被誉为"第三代神经网络"的脉冲神经网络，在接下来的十数年中将大有可为.

10.2 脉冲神经网络算法细节

脉冲神经网络和人工神经网络存在很多异同点.这些异同点主要体现在四个方面，分别为神经元模型计算过程、神经网络拓扑结构、信息编码方式以及神经网络学习算法.接下来我们将从这四个方面展开介绍脉冲神经网络的算法细节.

10.2.1 脉冲神经元模型

神经网络中的运算单元或者"节点"被称为神经元.神经元的行为动作直接影响了网络的功能特征.不同的神经元模型反映了网络的不同功能.人工神经元模型运算过程可以被统一描述为四个阶段：获取输入阶段、加权求和阶段、非线性变换阶段以及输出结果阶段.不同人工神经元的差异体现在非线性变换阶段.同样地，脉冲神经元模型计算过程也可以被分为四个阶段：获取输入阶段、更新神经元状态阶段、计算输出阶段以及输出发放阶段.不同脉冲神经元模型的主要差异体现在更新神经元状态阶段.图 10.1 反映了不同人工神经元之间、不同脉冲神经元之间差异体现阶段.

不同的人工神经元模型之间或者不同的脉冲神经元模型之间虽然计算过程存在一定的差异，但是同类模型可以划分为同样的阶段.然而脉冲神经元模型和人工神经元模型之间则存在阶段上的沟壑，这导致两类神经元表现出明显的差异.表 10.1 总结了两类神经元模型的差异.

(a) 不同人工神经元异同　　　　　　　(b) 不同脉冲神经元异同

图 10.1　神经元模型差异

表 10.1　两类神经元模型的差异

差　异　点	人工神经元	脉冲神经元
神经元输入输出格式	连续实数值	单比特脉冲
神经元激活状态	一定被激活,存在输出	很少被激活,小概率输出
输出过程	直接将输出交给下一层神经元	脉冲发射存在时间延迟,且不同神经元延迟不同

在过去几十年间,由于对生物神经元的认知以及领域间需求不同,脑科学家以及类脑科学家提出了数十种脉冲神经元模型,这里我们简单介绍四种最常用的神经元模型,分别为 HH 神经元模型、LIF 神经元模型、IF 神经元模型以及 SRM 神经元模型.

10.2.1.1　HH 神经元模型

HH 模型[8]是 1952 年由 Alan Hodgkin 和 Andrew Huxley 共同提出的神经元模型.作为最为仿生的神经元模型,HH 模型能够精确描述出膜电位的生物特征.在 HH 模型中,膜电位受 Na 离子通道、K 离子通道以及泄漏通道三个维度的影响,其对应的电路图如图 10.2 所示.其中 C_m 表示膜电容,I_L,I_{Na} 和 I_K 分别表示对应离子通道的电流,g 和 E 表示对应通道的电导值和逆转电位.一方面,不同离子通道在不同膜电位下,其电阻拥有独立的动态特性;另一方面,在给定膜电位时,每个通道都有相对应的开启和关闭速率.因此 HH 模型需要使用四个常微分方程,数十个变量来表示计算过程,这使得其仅能用于较小的神经网络拟合,难以进行大规模仿真,且不利于硬件实现.

10.2.1.2　LIF 神经元模型

LIF 模型[10]作为最简单的脉冲响应模型之一,早在 1907 年就已经被提出.LIF 模型将神经元膜电位的影响因素简化为两种,分别为输入电流通道和泄漏通道.在 LIF 模型中,神经元状态可以被描述为"充电""放电""重置"三个过程,分别如式(10.1)～式(10.3)所示.其中 V_t 表示神经元膜电位,X_t 表示电压增益,H_t 表示神经元的隐藏状态,I_t 表示神经元电流输入,S_t 表示当前时刻脉冲输出,V_{thrd} 表示膜电位阈值,V_{rst} 表示重置电压,τ 表示时间常数.

$$H_t = V_{t-1} + X_t = V_{t-1} + \frac{1}{\tau}(I_t - V_{t-1}) \tag{10.1}$$

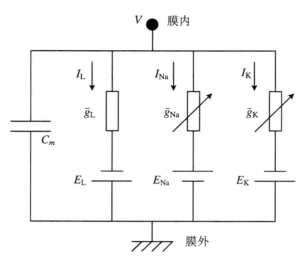

 图 10.2　HH 模型电路结构示意图[9]

$$S_t = \begin{cases} 0, & H_t < V_{\text{thrd}} \\ 1, & H_t \geqslant V_{\text{thrd}} \end{cases} \tag{10.2}$$

$$V_t = \begin{cases} S_t V_{\text{rst}} + (1 - S_t) H_t, & \text{硬重置} \\ H_t - S_t V_{\text{thrd}}, & \text{软重置} \end{cases} \tag{10.3}$$

"充电"过程负责更新神经元的隐藏状态.神经元隐藏状态是上一时刻神经元膜电位和当前时刻膜电位增益之和.而膜电位增益一方面来自于输入电流通道的输入,另一方面来自于泄漏通道的泄漏量."放电"过程用于判断神经元是否发射脉冲信号.当且仅当神经元的隐藏状态超出膜电位阈值,神经元被激活,并向突触后神经元发射一个脉冲信号."重置"过程负责神经元膜电位的更新.当神经元处于激活状态时,神经元膜电位将从隐藏状态回退至一个新的膜电位水平.膜电位重置分为两种,分别为软重置和硬重置.软重置神经元的最终膜电位取决于隐藏状态和脉冲发放阈值.硬重置则将神经元膜电位回退至静息电位.

10.2.1.3　IF 神经元模型

IF 模型[11]是对 LIF 模型的进一步简化,图 10.3 为 IF 神经元模型的等效电路图,其中 C_m 和 R_m 分别代表膜电容和膜电阻,V_{reset} 和 V_{thrd} 分别表示静息电位和脉冲发放阈值,I 表示电流增益.和 LIF 神经元相同,IF 神经元计算过程也分为"充电""放电""重置"三个过程,且两者的差异仅体现在"充电"过程.

式(10.4)为 IF 神经元的"充电"过程,其中 C 是常数,表示膜电位泄漏量:

$$H_t = V_{t-1} + X_t = V_{t-1} + \frac{1}{\tau} I_t - A \tag{10.4}$$

对比式(10.1)和式(10.4),不难发现,IF 神经元的膜电位在每个时刻的泄漏量是固定的,而 LIF 神经元的泄漏量则与上一时刻的膜电位状态成正比.因此,IF 神经元膜电位在时间维度上线性泄漏,而 LIF 神经元膜电位在时间维度上则呈现指数泄漏.IF 模型与 LIF 模型极大简化了动作电位的变化过程,使得神经元在生物准确性和高效计算间取得折中,是目前类脑计算领域最常采用的两种神经元模型.后继很多研究基于这两种模型衍生出很多变种神经元模型,如自适应 LIF 模型[13]、IZHIKEVICH[14]、SRM[15] 等.

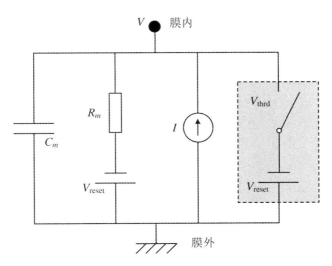

图 10.3　IF 模型电路结构示意图[9]

10.2.1.4　SRM 神经元模型

SRM 模型即脉冲响应模型,它是 LIF 模型的一个变种,它在 LIF 的基础上引入了对不应期的模拟.生物神经元在被激活之后,会将膜电位退至静息电位,同时将有一段时间不再响应突触前神经元所发送的脉冲信号,这段时间被称为不应期.SRM 采用滤波器的形式描述其膜电位变化过程,式(10.5)为 SRM 的一般表达形式:

$$u_i(t) = F(t - t_i^f) + \sum_{j \in S_i} w_{ij} \sum_{t \in S_i} G(t - t_j^f) + \int_0^\infty H(s) I(t - s) \mathrm{d}s \qquad (10.5)$$

其中,F, G, H 以及 I 为四个函数.t 表示当前时刻,t_i^f 表示神经元 i 发射脉冲信号的时刻,w_{ij} 表示神经元 i 和神经元 j 之间的连接强度,$u_i(t)$ 表示神经元 i 在 t 时刻的膜电位水平,S_i 表示神经元 i 的突触前神经元集合.

SRM 表达形式总共包含三个部分,其中第一部分为 F 函数.这一部分用来刻画神经元发射脉冲信号之后的膜电位变化过程,其标准电位变化如图 10.4 所示.需要注意的是,这里的 t_i^f 表示神经元 i 自身发射脉冲信号的时间.

$\sum_{j \in S_i} w_{ij} \sum_{t \in S_i} G(t - t_j^f)$ 是 SRM 表达式中的第二部分,这一部分表达突触前神经元发射脉冲信号给突触后神经元带来的膜电位增益.图 10.5 描述了神经元接受刺激后的膜电位变化情况.其中,t_j^f 表示突触前神经元发射脉冲信号的时间.

第三项 $\int_0^\infty H(s) I(t - s) \mathrm{d}s$ 用来刻画处于不应期时,接收脉冲信号后,神经元膜电位的变化.这一部分的设计是为了更好地符合生物神经元不应期的规律.生物神经元在不应期内,膜电位受脉冲信号的影响比较小,但并不是完全不响应脉冲信号.SRM 在设计时考虑设置一个敏感度函数来描述不应期.在不应期内,神经元受外界刺激的影响是正常情况下的百分之一以内.神经元的敏感度会随着时间呈指数上升,最终使得敏感度恢复至正常水平(不应期结束).

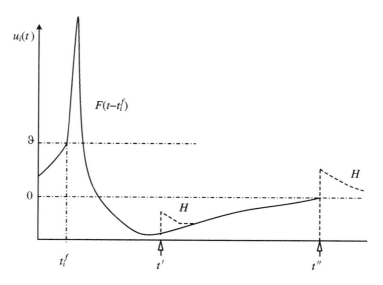

图 10.4　SRM 发射脉冲后膜电位变化示意图[16]

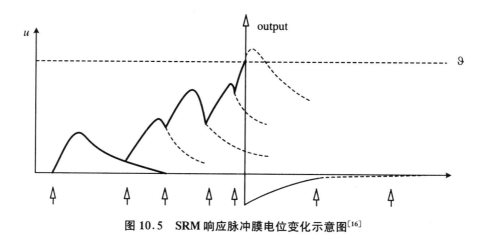

图 10.5　SRM 响应脉冲膜电位变化示意图[16]

10.2.2　脉冲神经网络拓扑结构

生物神经元之间的连接关系十分复杂，作为类脑研究的产物，脉冲神经网络同样具备复杂的连接关系．然而在实际应用中，绝大多数脉冲神经网络和人工神经网络具备相似的拓扑结构．脉冲神经网络拓扑结构存在三种类型[17]，分别为前馈型拓扑结构、循环型拓扑结构以及图连接拓扑结构．

10.2.2.1　前馈型拓扑结构

前馈型拓扑结构是脉冲神经网络中最常见的结构类型．前馈型脉冲神经网络的神经元按照层次关系进行排列互连，同一层中的任意两个神经元不存在连接关系．运算时，前一层神经元的输出结果将作为下一层神经元的输出，输出层神经元的运算结果将用于表达神经网络的输出．前馈型脉冲神经网络最常见的结构有多层全连接脉冲神经网络、卷积脉冲神经网络,图 10.6 展示了这两种网络结构.

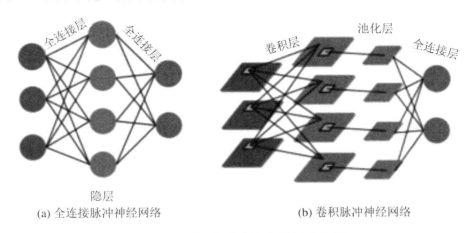

(a) 全连接脉冲神经网络　　　　　　　　(b) 卷积脉冲神经网络

图 10.6　前馈型拓扑结构脉冲神经网络[4]

　　传统的前馈型人工神经网络中,神经元之间最多仅包含一个连接关系,而脉冲神经网络前一层神经元和后一层神经元则可以同时包含多个连接关系(两个神经元之间存在多个连接边).此外,由于脉冲神经元输出脉冲信号时存在突触延迟,因此前一层神经网络的输出结果传递给后一层神经元的时间则可以不同,这也是其与人工神经网络存在差异的部分.脉冲神经元的多突触以及神经元之间的突触延迟,使得其能够在更长的时间范围内影响突触后神经元的膜电位状态.

10.2.2.2　循环型拓扑结构

　　不同于前馈型拓扑结构,循环型拓扑结构存在回路关系.循环型脉冲神经网络神经元输出的脉冲信号不仅仅可以作用于其他神经元,还可以刺激自身膜电位的改变.这种反馈机制使得神经网络能够模拟更为复杂的时变系统.循环型脉冲神经网络分为两大类,即全局型循环脉冲神经网络和局部型循环脉冲神经网络,其可以被应用于诸多复杂问题的求解领域,例如自然语言处理领域、语音处理领域以及图像处理领域等.图 10.7 展示了一种循环型拓扑结构.

10.2.2.3　图连接拓扑结构

　　图连接拓扑结构是最为仿生的拓扑结构,该种结构将神经网络的连接关系抽象为普通图,因此可以描述所有不规则连接关系的神经网络.图连接脉冲神经网络通常用于生物学仿真,研究生物大脑运行机制.在类脑计算领域,受限于脉冲神经网络编程工具以及不规则脉冲神经网络的学习算法,不规则的图连接脉冲神经网络其实并不常见.但是为了实现普适性,现阶段仍存在一些类脑芯片可以实现对图连接脉冲神经网络的支持.

10.2.3　脉冲信息编码方式

　　与人工神经网络不同的是,脉冲神经网络采用离散的脉冲信号作为信息传递的载体.如何用单比特脉冲信号表示神经网络中复杂输入数据是类脑研究领域备受讨论的主题.目前

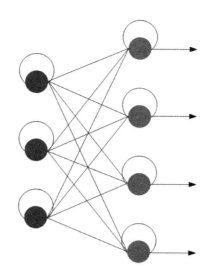

图 10.7　循环型拓扑结构脉冲神经网络

针对输入数据的脉冲编码方式主要包含两类,分别为频域编码和时域编码.

10.2.3.1　脉冲频域编码

频域编码[18]是脉冲神经网络中使用最为广泛的编码方式,参见图 10.8(a).该种编码方式将神经元之间传递的数据用不同频率的脉冲信号表示,通常使用泊松脉冲序列.对于相同的输入数据,频域编码保证在给定时间域内,脉冲序列发放总频率是相同的,但是序列中的脉冲发放时间是随机的.

频域编码方式简单高效,能够表达出复杂数据信息,被广泛应用在脉冲神经网络中.但是其存在三个明显缺点:① 将一个输入数据用数个脉冲信号表示,显著增加了网络中信号数量,使得脉冲神经网络无法受益于脉冲稀疏性,难以降低运算功耗;② 为了保证脉冲信号时序关系,脉冲神经网络不再具备低时延的特性;③ 忽略了脉冲信号的时间语义信息,被认为不符合生物神经元信息传递过程.

10.2.3.2　脉冲时域编码

频域编码的不合理性使得类脑科学家提出了其他的脉冲编码方式,这主要涵盖于时域编码方式.相较于脉冲频域编码忽略脉冲信号内部间隔信息,时域编码则对脉冲信号时间结构上的差异给予了充分的关注.

首次脉冲时间编码[19](参见图 10.8(b))是最典型的时域编码.TTFS 编码将输入数据在整个时域上编码为一个脉冲信号,且输入数据越大,脉冲信号发放越早.首次脉冲时间编码能够很好解释大脑快速响应视觉刺激的过程,但是严重限制了神经元的计算能力.等级排序编码[20](参见图 10.8(c))抛弃了脉冲信号的精确发放时间,关注的是脉冲信号发放的先后顺序.该种编码方式将每个输入数据在整个时域内编码为多个脉冲信号(多批).同一组内数据越大,在每一批中越早发射脉冲信号.不同组中的数据即使相同,脉冲信号在对应批次的发放时间可能不同.延迟编码(参见图 10.8(d))同样关注脉冲信号发放顺序,该种编码方式保证相同输入数据其脉冲信号序列是固定的,且刺激越强的输入数据所产生的脉冲信号发放时间越早.尽管时域编码获得了广泛关注,但是它给脉冲神经网络的训练过程增加了难度,因此并没有像频域编码一样被广泛使用.

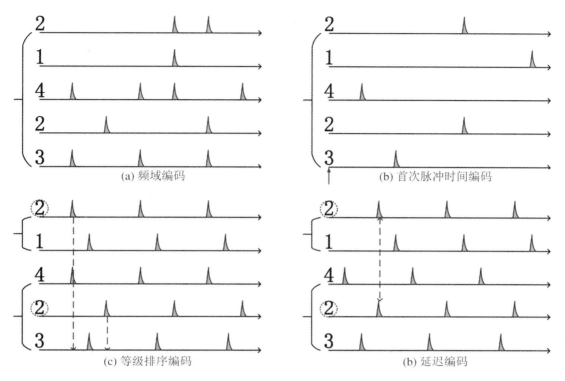

图 10.8　脉冲编码方式

10.2.4　脉冲神经网络学习算法

人工神经网络的学习是面向特定任务,基于数据集不断调整网络参数的过程.误差方向传播算法(BP 算法)结合梯度下降算法(GD 算法)是现代人工神经网络模型优化的理论核心.此外,批归一化技术以及分布式训练等手段更是使得大型人工神经网络模型可以在实际中被训练部署.不同于人工神经网络存在特定学习模式,脉冲神经网络的学习算法在学术界尚未盖棺定论.目前,还不存在公认的学习算法能够一统研究者的认可.脉冲神经网络学习算法的研究仍旧处于百家争鸣的阶段,但总的来说可以将算法分为两类——监督学习算法和非监督学习算法.监督学习算法精确度高,但是硬件开销大.非监督学习算法虽然精度略逊于监督学习,但是其学习过程简单且海量无标签数据在实践场景中存在,因此在硬件模块中集成非监督学习算法更合时宜.

10.2.4.1　监督学习算法

脉冲神经网络存在多种监督学习算法,总的来说可以将这些学习算法分为三大类,如表10.2 所示.

表 10.2　脉冲神经网络监督算法

脉冲神经网络监督算法类别	示　　例
基于梯度下降的学习算法	spikeprop 算法[21]
	Multi-spikeprop 算法[22]
	Tempotron 算法[23]
基于突触可塑性的学习算法	远程监督学习算法[24]
	突触权重关联训练算法[25]
脉冲卷积监督学习算法	脉冲模式联合训练算法[26]
	精准脉冲驱动可塑性算法[27]

　　基于梯度下降的学习算法核心思想是利用网络预测结果和神经元真实目标输出的差异求解误差,再使用误差反向传播过程,更新神经元之间突触连接权重.这里介绍三种梯度下降学习算法:① spikeprop 算法:该算法适用于多层前馈脉冲神经网络.脉冲神经网络在运算时,脉冲信号的发放可能会导致神经元内部状态的不确定性.为了避免该问题,spikeprop 算法限制整个网络所有层中的所有神经元在整个计算过程仅能发射一个脉冲信号. ② Multi-spikeprop 算法:该算法在一定程度上缓解了 spikeprop 算法对神经网络的限制,其对脉冲神经网络的输入层神经元和隐藏层神经元的脉冲发放次数不作限制,但是该算法限制输出层神经元在计算过程中最多仅能发射一个脉冲信号.③ Tempotron 算法:该算法通过最小化脉冲神经元膜电位误差实现神经元突触连接权重的优化.Tempotron 算法仅适用于单神经元.

　　突触可塑性[28]是由 Hebb 首先提出的一种更新神经元突触连接强度的假说,这是一种具备生物可解释性的网络学习算法.目前较为知名的、基于突触可塑性的监督学习算法有远程监督学习算法和突触权重关联训练算法.① 远程监督学习算法是脉冲时序依赖可塑性算法和反脉冲时序依赖可塑性算法的结合.该算法可以适配于各种类型的脉冲神经元模型.其局限性在于仅能应用在单层前馈脉冲神经网络中.② 突触权重关联训练算法结合了脉冲时序依赖可塑性算法和 BCM 学习规则,可以应用在多层前馈脉冲神经网络的训练过程.突触权重关联训练算法将脉冲神经网络的隐藏层用作提取输入特征的频率滤波器,且该滤波器的权重是固定的.训练时仅有输出层的神经元相应连接权重会被更改,BCM 被用来稳定脉冲时序依赖可塑性算法所控制的权重调整过程.

　　脉冲卷积监督学习算法利用特定的核函数将脉冲序列转化为时间函数.然后将目标序列的时间函数和真实输出序列的时间函数进行内积操作,对两个序列进行定量分析.最后再基于这种定量的计算完成网络的训练.① 脉冲模式联合训练算法是典型的脉冲卷积监督学习算法,该算法使用 widrow-hoff 规则来调整神经元之间突触连接权重.脉冲模式联合训练算法的局限性在于仅能被应用在单层基于 LIF 神经元的脉冲神经网络中.② 精准脉冲驱动可塑性算法使用脉冲输出序列和目标序列的误差来调整突触连接权重,其误差包含正误差和负误差,两种误差分别导致长时程增强和长时程抑制.精准脉冲驱动可塑性算法具有较高的计算效率,当编码正确时,其能够达到较高的模型精度.

10.2.4.2　非监督学习算法

脉冲神经网络的非监督学习算法在学术界获得了更为广泛的关注.脉冲时序依赖可塑性算法[29](STDP)和脉冲驱动突触可塑性算法[30](SDSP)是两种典型的脉冲神经网络无监督学习算法.

STDP 算法核心思想是基于突触可塑性假说,其学习规则具体而言为:如果突触前神经元发射出脉冲信号,在一定时间窗口内,突触后神经元便被激活,属于长时程增强,那么两者之间的连接权重应该被加强.如果突触后神经元反射脉冲,在一定时间窗口内,突触前神经元也发射脉冲,属长时程抑制,那么两者之间的权重应该被削弱.图 10.9 为 STDP 权重变化量示意图,其中 Δw 为权重变化量,Δt 为突触前神经元发射脉冲信号与突触后神经元发射脉冲信号的时间差.Δw 绝对值随 Δt 绝对值呈指数衰减,其计算公式为

$$\Delta w = \begin{cases} \alpha\, \mathrm{e}^{\frac{|\Delta t|}{\tau}}, & \Delta t \leqslant 0 \\ -\alpha\, \mathrm{e}^{\frac{|\Delta t|}{\tau}}, & \Delta t > 0 \end{cases} \tag{10.6}$$

SDSP 算法不仅基于突触可塑性理论,同时还实现了具备记忆特性的突触.突触具备记忆特性是由 J. Brader 提出的,其认为突触连接权重的调整是持续的过程,而不单单作用于某个时刻.SDSP 算法通过引入 Ca 离子通道来实现具备记忆特性的突触.神经元的 Ca 离子浓度用来衡量脉冲发放情况,Ca 离子浓度的更新和其本身脉冲发放历史相关,如果神经元在近一段时间内多次发放脉冲信号,则提升 Ca 离子浓度,反之亦然.

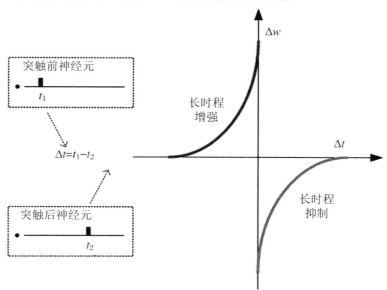

图 10.9　STDP 权重更新示意图

图 10.10 给出了 SDSP 算法突触更新示意图.如图 10.10 所示,SDSP 算法给定两个 Ca 离子浓度范围 φ_1,φ_2 以及一个膜电位分界点 θ.当突触后神经元 Ca 离子浓度处于 φ_2 时,且神经元膜电位高于分界点,则增强突触连接强度.当突触后神经元 Ca 离子浓度处于 φ_1 时,且神经元膜电位低于分界点,则削弱突触连接强度.SDSP 算法权重更新无需考虑突触前后神经元脉冲发放时间差,仅需根据神经元自身情况做出相应的判断,更加符合生物特性,且更易于实现.

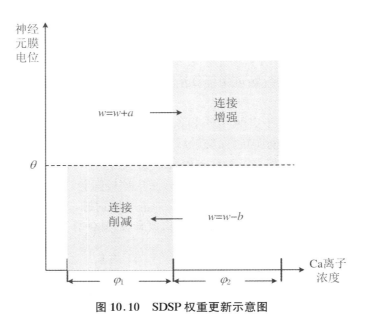

图 10.10   SDSP 权重更新示意图

10.3   硬件部署/加速定制相关工作

脉冲神经网络加速硬件或神经拟态芯片通常由加速器核心和路由部件共同组成. 每个加速器核心可以物理实现一定数目的脉冲神经元功能. 多个加速器核心通过路由部件实现对大规模神经网络的支持. 加速器核心可以使用数字电路实现, 也可以通过模拟电路实现. 由于路由部件需要长时程数据传送, 模电电路难以精确对其进行描述, 因此该部件通常由数字电路实现. 总的来说, 脉冲神经加速硬件实现方式分为两类——数模混合实现方式和纯数字电路实现方式.

10.3.1   脉冲神经网络数模混合实现

2014 年, 美国斯坦福大学提出一种数模混合的脉冲神经网络实现方案 Neurogrid[31]. Neurogrid 利用硅晶体管的亚阈值模拟电特性仿真神经元的膜电位变化. Neurogrid 实现了对神经元钙钾离子电路的支持, 可以运行多种复杂的神经元模型 (例如 HH 模型). Neurogrid 每个计算核可以支持最多 64×1024 个脉冲神经元, 多个核心之间通过树形路由网格进行脉冲路由, 进而实现对百万级别脉冲神经元网络的支持. Neurogrid 的整体功耗为 3.1 W, 图 10.11 为其板卡示意图.

2017 年, 瑞士苏黎世大学同样设计了一款数模混合神经网络计算芯片 Dynaps[32]. Dynaps 单板包含了 9 块芯片, 每块芯片中又包含 4 个计算核心. Dynaps 的每个核心实现了 256 个神经元, 因此其可以对最多包含 9×1024 个脉冲神经元的网络的支持. Dynaps 的特色在于其采用了异构存储的方式进行脉冲路由. Dynaps 的 9 块芯片采用 3×3 的网格架构进

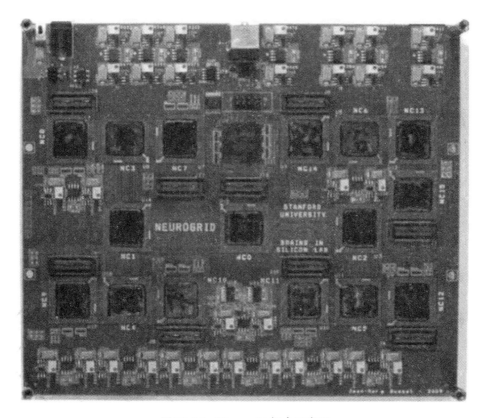

图 10.11　Neurogrid 板卡示意图

行脉冲路由,而片内的计算核心则通过一个公共父节点进行脉冲路由. Dynaps 的异构存储路由架构具有两点优势:① 片内的脉冲信号能够快速地传送至目的神经元,具备低延迟的特性. ② 片间的脉冲信号虽然牺牲一定的传送效率,但是可以充分利用二维网格低带宽需求的特性. 图 10.12 为 Dynaps 的系统示意图.

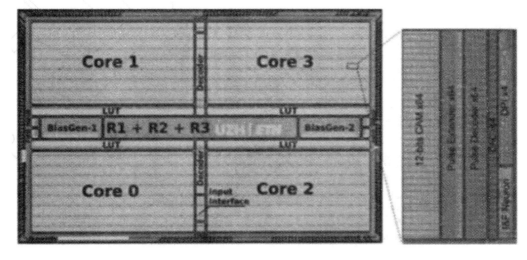

图 10.12　Dynaps 系统示意图

10.3.2 脉冲神经网络纯数字电路实现

2013 年，曼彻斯特大学发布神经形态系统 SpiNNaker[33].SpiNNaker 在板上集成了 48 个处理器芯片，每个处理器芯片中又集成了 18 个 ARM 核，每个 ARM 核实现 1000 个神经元，因此 SpiNNaker 共实现 86.4 万个神经元.SpiNNaker 中的每个神经元支持最多 1024 个突触输入，整个系统支持最多 8.8 亿突触连接的脉冲神经网络.图 10.13 为 SpiNNaker 每个处理器节点的硬件架构图.SpiNNaker 神经形态系统有两大特色：① 支持 STDP 在线学习，极大增强了系统的能力；② 片上网络的拓扑采用 2D 三角环状结构，容错性高且支持多播.

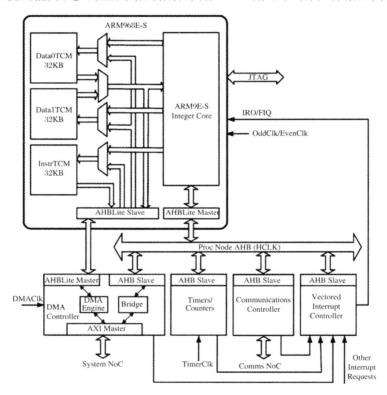

图 10.13　SpiNNaker 结构示意图

2014 年，Daniel Neil 团队使用 FPGA 实现了一款事件驱动的脉冲神经网络加速器 Minitaur[34].该加速器专注于优化内存存取、简化神经元模型以及降低功耗等方面.为了降低功耗，减少图结构中的连接查询，该加速器针对有规则的脉冲神经网络进行设计. Minitaur 加速器可以支持 65×1024 个神经元以及 19×1024×1024 个突触连接，且功耗仅为 1.5 W.在手写数字识别 MNIST 数据集上测试，该系统实现了 92% 的分类精度.在 20 组分类数据上，实现了 71% 的实验精度.图 10.14 是 Minitaur 的整体结构.

2015 年，IBM 发布了一款脉冲神经网络处理芯片 TrueNorth[35].TrueNorth 芯片采用数字逻辑设计，实现了非冯·诺依曼体系结构.该芯片由 4096 个处理核集合而成，每个处理核包含 256 个神经元，每个神经元又可以与周围 256 个神经元保持相连.总的来说，该芯片实现了 100 万个数字神经元和 2.56 亿个突触.图 10.15 为 TrueNorth 芯片的架构图. TrueNorth 芯片主要被应用于图像视觉处理、特征提取等领域，其典型特点是功耗低、并行

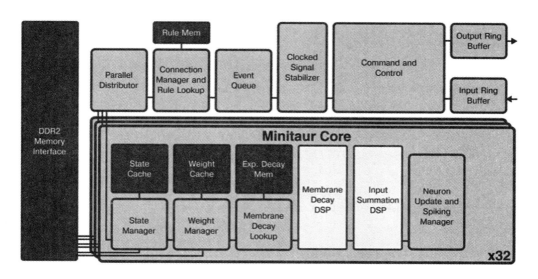

图 10.14　Minitaur 结构示意图

度高以及拓展性强. TrueNorth 功耗仅为 65 mW, 与同时期的其他芯片相比, TrueNorth 运行同类算法, 不仅可以获得更好的性能, 在功耗方面也比其他芯片低两个数量级.

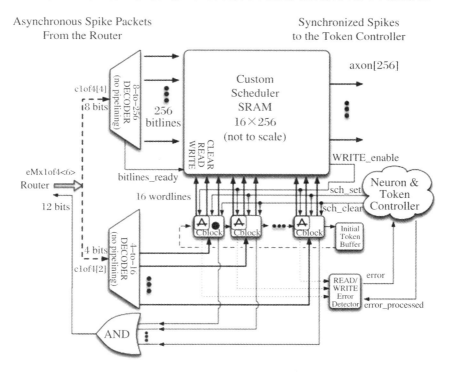

图 10.15　TrueNorth 结构示意图

2015 年, 浙江大学研制出国内首款类脑计算芯片 "达尔文"[36]. "达尔文" 是一个单核的、面向嵌入式平台的脉冲神经网络处理器. 该处理器支持最多包含 2048 个神经元以及 400 万个突触连接的脉冲神经网络的运行. "达尔文" 中设置了 16 个输出队列用于保存不同时刻的脉冲信号, 因此其所支持的脉冲神经网络最大突触延迟不能超过 16 个时间步. 图 10.16 为

"达尔文"芯片的架构图."达尔文"采用 180 nm 的 CMOS 工艺实现，其面积为 $5 \times 5 \ mm^2$，最低时钟频率为 70 MHz.运行时，该芯片功耗约为 0.84 mW/MHz.

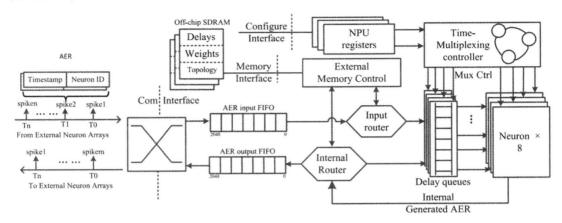

图 10.16 "达尔文"结构示意图

2019 年，Intel 公司制造的脉冲神经网络芯片 Loihi[37]（图 10.17），集成了 124 个处理核，总共包含约 13 万个神经元以及 1.3 亿个神经突触.同年 7 月，Intel 公司实现了一个神经形态系统 Pohoiki Beach.该系统使用了 64 颗 Loihi 芯片，可以支持神经元个数小于 800 万，突触数小于 80 亿的脉冲神经网络仿真.Loihi 的制造工艺为 14 nm，在运行脉冲卷积形式下的局部竞争算法时，与传统的芯片相比，其所消耗的延迟仅为后者的数千分之一.之后又有工作专门针对 Loihi 芯片设计了运行脉冲神经网络的工具链.

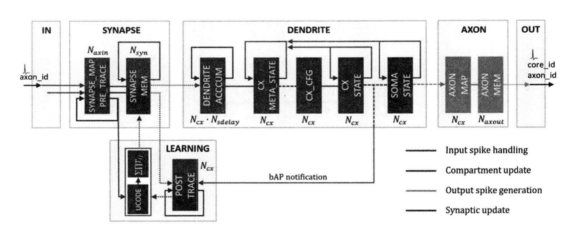

图 10.17 Loihi 结构示意图

2019 年，清华大学设计的类脑芯片"天机芯"[38]登上《Nature》杂志."天机芯"是一款异构神经网络芯片，由 156 个脉冲处理器核 Fcore 构成."天机芯"每个 Fcore 的扇入扇出均为 256，即每个核实现了 256 个神经元，每个神经元最多与 256 个神经元存在连接关系.因此该芯片总共支持 40000 个神经元以及 1000 万个突触连接."天机芯"采用 28 nm 的工艺制程实现，其面积仅为 $3.8 \times 3.8 \ mm^2$，图 10.18 为天机异构融合类脑计算架构图.为了验证芯片的计算能力，清华大学研究团队搭建了一款平衡车系统.实验显示，相较于 TrueNorth 芯片，"天机芯"将计算速度提升了 10 倍，数据传输带宽提升了 100 倍.

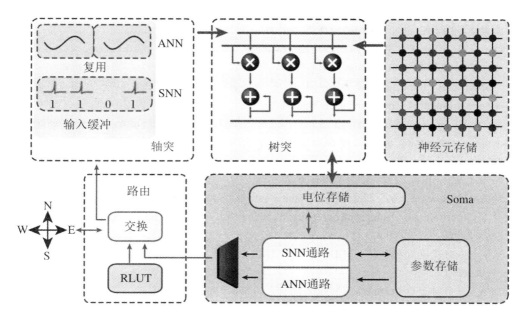

图 10.18　"天机芯"结构示意图

　　"天机芯"开创性地将人工神经网络和脉冲神经网络异构融合到一起,可以使用一种芯片来部署多种神经网络应用.通过配置模块,其不仅可以简单支持这两类网络,还可以实现脉冲神经网络和人工神经网络的混合模式."天机芯"的重要意义在于其为人工智能学术界和神经系统学术界提供了一个很好的交叉研究平台,这不仅能够很好地促进计算机科学模型和神经科学模型研究的共同进步,也为人工通用智能的到来奠定了一定基础.

参考文献

［1］　Roy K，Jaiswal A，Panda P. Towards spike-based machine intelligence with neuromorphic computing[J]. Nature，2019，575(7784)：607-617.

［2］　Diehl P U，Cook M. Unsupervised learning of digit recognition using spike-timing-dependent plasticity[J]. Frontiers in Computational Neuroscience，2015，9：99.

［3］　Maass W. Networks of spiking neurons：The third generation of neural network models[J]. Neural Networks，1997，10(9)：1659-1671.

［4］　胡一凡,李国齐,吴郁杰,等. 脉冲神经网络研究进展综述[J]. 控制与决策,2021,36(1):26.

［5］　Navaridas J，Furber S，Garside J，et al. SpiNNaker：Fault tolerance in a power-and area-constrained large-scale neuromimetic architecture[J]. Parallel Computing，2013，39(11)：693-708.

［6］　Sengupta A，Ye Y，Wang R，et al. Going deeper in spiking neural networks：VGG and residual architectures[J]. Frontiers in Neuroscience，2019，13：95.

［7］　Han B，Srinivasan G，Roy K. Rmp-snn：Residual membrane potential neuron for enabling deeper high-accuracy and low-latency spiking neural network[C]//Proceedings of the IEEE/CVF Conference on Computer Vision and Pattern Recognition，2020：13558-13567.

［8］　Qu P，Zhang Y，Fei X，et al. High performance simulation of spiking neural network on gpgpus [J]. IEEE Transactions on Parallel and Distributed Systems，2020，31(11)：2510-2523.

［9］　Hodgkin A L，Huxley A F，Katz B. Measurement of current-voltage relations in the membrane of the giant axon of Loligo[J]. The Journal of Physiology, 1952, 116(4): 424.

[10] 蔺想红, 王向文. 脉冲神经网络原理及应用[M]. 北京: 科学出版社, 2018.

[11] Dayan P, Abbott L F. Theoretical neuroscience: Computational and mathematical modeling of neural systems[M]. Cambridge: MIT Press, 2005.

[12] Abbott L F. Lapicque's introduction of the integrate-and-fire model neuron (1907)[J]. Brain Research Bulletin, 1999, 50(5-6): 303-304.

[13] Brette R, Gerstner W. Adaptive exponential integrate-and-fire model as an effective description of neuronal activity[J]. Journal of Neurophysiology, 2005, 94(5): 3637-3642.

[14] Izhikevich E M. Which model to use for cortical spiking neurons? [J]. IEEE Transactions on Neural Networks, 2004, 15(5): 1063-1070.

[15] Jolivet R, Gerstner W. The spike response model: A framework to predict neuronal spike trains [C]//International Conference on Artificial Neural Networks, Berlin, Heidelberg: Springer Berlin Heidelberg, 2003: 846-853.

[16] 知乎. SRM 模型到底是什么[EB/OL]. (2021-04-28)[2023-08-14]. https://zhuanlan.zhihu.com/p/104985212.

[17] 知乎. 脉冲神经网络(Spiking Neural Network, SNN)概述[EB/OL]. (2019-05-24)[2023-08-14]. https://zhuanlan.zhihu.com/p/66907747.

[18] Adrian E D. The impulses produced by sensory nerve endings: Part I[J]. The Journal of Physiology, 1926, 61(1): 49.

[19] Van Rullen R, Guyonneau R, Thorpe S J. Spike times make sense[J]. Trends in Neurosciences, 2005, 28(1): 1-4.

[20] Thorpe S, Gautrais J. Rank order coding[C]//Computational Neuroscience: Trends in Research, 1998, Boston, MA: Springer US, 1998: 113-118.

[21] Bohte S M, Kok J N, La Poutre H. Error-backpropagation in temporally encoded networks of spiking neurons[J]. Neurocomputing, 2002, 48(1-4): 17-37.

[22] Ghosh-Dastidar S, Adeli H. A new supervised learning algorithm for multiple spiking neural networks with application in epilepsy and seizure detection[J]. Neural Networks, 2009, 22(10): 1419-1431.

[23] Gütig R, Sompolinsky H. The tempotron: A neuron that learns spike timing-based decisions[J]. Nature Neuroscience, 2006, 9(3): 420-428.

[24] Ponulak F, Kasiński A. Supervised learning in spiking neural networks with ReSuMe: Sequence learning, classification, and spike shifting[J]. Neural Computation, 2010, 22(2): 467-510.

[25] Wade J J, McDaid L J, Santos J A, et al. SWAT: A spiking neural network training algorithm for classification problems[J]. IEEE Transactions on Neural Networks, 2010, 21(11): 1817-1830.

[26] Mohemmed A, Schliebs S, Matsuda S, et al. Span: Spike pattern association neuron for learning spatio-temporal spike patterns[J]. International Journal of Neural Systems, 2012, 22(4): 1250012.

[27] Heidarpur M, Ahmadi A, Ahmadi M, et al. CORDIC-SNN: On-FPGA STDP learning with izhikevich neurons[J]. IEEE Transactions on Circuits and Systems I: Regular Papers, 2019, 66(7): 2651-2661.

[28] Hebb D O. The organization of behavior: A neuropsychological theory[M]. Brandon: Psychology Press, 2005.

[29] Caporale N, Dan Y. Spike timing-dependent plasticity: A Hebbian learning rule[J]. Annual Review of Neuroscience, 2008, 31: 25-46.

[30] Fusi S. Hebbian spike-driven synaptic plasticity for learning patterns of mean firing rates[J].

Biological Cybernetics，2002，87(5)：459-470.

[31]　Benjamin B V，Gao P，McQuinn E，et al. Neurogrid：A mixed-analog-digital multichip system for large-scale neural simulations[J]. Proceedings of the IEEE，2014，102(5)：699-716.

[32]　Moradi S，Qiao N，Stefanini F，et al. A scalable multicore architecture with heterogeneous memory structures for dynamic neuromorphic asynchronous processors (DYNAPs)[J]. IEEE Transactions on Biomedical Circuits and Systems，2017，12(1)：106-122.

[33]　Wei X，Yu C H，Zhang P，et al. Automated systolic array architecture synthesis for high throughput CNN inference on FPGAs[C]//Proceedings of the 54th Annual Design Automation Conference 2017，2017：1-6.

[34]　Ham T J，Jung S J，Kim S，et al. A^3：Accelerating attention mechanisms in neural networks with approximation [C]//2020 IEEE International Symposium on High Performance Computer Architecture (HPCA)，IEEE，2020：328-341.

[35]　Wang X，Wang C，Cao J，et al. WinoNN：Optimizing FPGA-based convolutional neural network accelerators using sparse Winograd algorithm[J]. IEEE Transactions on Computer-Aided Design of Integrated Circuits and Systems，2020，39(11)：4290-4302.

[36]　Ma D，Shen J，Gu Z，et al. Darwin：A neuromorphic hardware co-processor based on spiking neural networks[J]. Journal of Systems Architecture，2017，77：43-51.

[37]　Painkras E，Plana L A，Garside J，et al. SpiNNaker：A 1-W 18-core system-on-chip for massively-parallel neural network simulation [J]. IEEE Journal of Solid-State Circuits，2013，48 (8)：1943-1953.

[38]　Pei J，Deng L，Song S，et al. Towards artificial general intelligence with hybrid Tianjic chip architecture[J]. Nature，2019，572(7767)：106-111.

第 11 章　大数据基因组测序的硬件加速器定制

基因是 DNA 中一对有序的碱基,因此这些碱基的排列可以科学地解释一些生物反应.基因序列在人类发育过程中起着重要作用.鉴于基因测序的重要性,我们需要提高基因测序及匹配过程的速度.基因测序是一项数据量巨大的大型工程,这些基因测序的庞大数据,我们得到了很好的处理.而大数据具有四个典型特征,即容量、速度、种类、价值.这给计算机系统的结构设计带来了困难.传统的计算机系统不能适应大数据的典型需求[1],因此,基于 GPU 和 FPGA 的异构计算系统已经成为处理大数据应用的有效框架.虽然使用云计算平台和 GPU 平台可以加速基因测序算法的执行,但是它们仍然有各自的局限性.对于云计算平台来说,集群运行的维护要求很高,从效率的角度来看,单节点计算效率较低[2].每个 GPU 芯片都有很高的功率,因此需要消耗大量的功率来处理任务.在这一章中,我们根据 KMP 和 BWA 算法设计了一个加速器来加速基因测序.加速器应具有广泛的应用范围和较低的动力成本.实验结果表明,与 CPU 相比,该加速器可以达到 5 倍的加速比,功耗仅为 0.10 W.与其他平台相比,我们在加速比和功耗成本之间进行了权衡.总之,本研究的实施对提高加速效果、降低功耗具有重要意义.

11.1　基因组测序及其硬件加速背景

目前,针对基因测序的加速工作有多种发展[3],并有多种加速算法,加速平台多样.在本节中,我们首先解释分析在基因测序应用中目前被广泛使用的不同硬件平台.

11.1.1　分布式系统

分布式系统依赖于计算机网络[4],由多个计算机构成.随着系统规模的增大,计算机数量可以达到很大的规模,这也使得分布式系统的管理和维护变得更加困难.

云的概念也源自分布式系统[5].与传统的独立工作不同,分布式系统是多台机器协同工作.对于用户来说,一个分布式系统不仅仅是一组计算机集合,更是一个独立的对象.分布式系统接收到任务后,将整个任务划分到不同的机器上,然后所有的计算机以并行的方式处理任务.这一点不同于单机的并行工作.通常这些进程是并行的相似任务,但是分布式系统需要考虑哪些机器资源可以处理该任务,不是简单的类似划分.与并行相比,分布式系统具有更高的自由度,可以处理更大的任务[6].同时分布式系统也有更高的容忍度,毕竟一个分布式系统包含很多机器,当机器故障发生时,分布式系统仅丢失本地机器节点任务中的一个,并且所有进程都将受到并行影响[7].

从分布式系统的特点可以发现,分布式系统适用于任务分散的大规模数据处理,而我们要研究的基因测序就是这样的问题.

利用分布式系统进行基因测序的加速,可以从任务划分开始.根据基因测序过程的任务类型,可以将任务分为两类——计算任务和存储任务.基因测序的加速可以从这两个方面入手.在计算方面,可以充分利用各个计算节点的资源,提高计算的粒度和并行性.存储在分布式系统中占有很大的比重,分布式系统有结构化存储和非结构化存储等多种存储结构,通过对数据属性的分析,基于这些数据一致性的合理存储方式也是系统优化的一个方向.

11.1.2 GPU 平台

GPU 是处理图像的集成处理器.最初,GPU 通过渲染屏幕来帮助 CPU 提高图像性能,以满足日益复杂的质量需求.图像包含大量的像素,图像的级别越高,点就越多.要处理这样的像素,GPU 需要非常高的数据处理能力.随着 GPU[8] 的发展,人们关注的不仅仅是图像处理,强大的数据处理能力逐渐让人们尝试利用 GPU 资源来加速算法[9].

最简单的 GPU 加速是将 CPU 的部分计算独立交给 GPU 来完成,这也是最初的 GPU 加速[10].随后 GPU 逐渐发展成 GPGPU,GPGPU 拥有多个通用计算单元,能够高度并行处理数据,加速计算的执行[11].

11.1.3 FPGA 平台

通过 GPU 的发展可以看出,自定义硬件电路[12]对加速计算有很好的效果[13],目前主流的硬件电路设计分为 FPGA、ASIC 设计,优点在上一小节已简单叙述.

FPGA 的全称是 Field Programmable Gate Arrays[14],可编程逻辑器件从 PROM、EPROM 到稍复杂的 PLD,再到更复杂的 CPLD,只能完成一些简单的逻辑功能.FPGA 经历了不断的进步,逐渐适应了大规模电路的设计.FPGA 的计算资源更丰富,编程更灵活,FPGA 的开发周期更短,成本更低.

FPGA 的关键是查找表的使用[15].在使用硬件描述语言设计硬件电路时,查找表也是一个 RAM.FPGA 开发工具在输入数据时会将所有可能的结果集成到一个查找表中,查找输出的 FPGA 只需要对表进行查找.这些都充分利用了 FPGA 的硬件资源,提高了效率[16].

11.1.4 结论

通过上面的描述,目前流行的加速手段主要包括云计算平台、GPU 和 FPGA 硬件加速几个方面[17-19],我们将这三种平台归纳为一张表,如表 11.1 所示.

表 11.1　三种不同平台的分析

平台	分布式平台	GPU	FPGA
加速比	多节点实现高 加速比	单节点实现高 加速比	单节点实现高 加速比
功耗	高功耗	高功耗	低功耗
特点	并行与任务划分	SIMD	硬件可重构

目前关于基因测序的研究工作大多是针对单一的基因测序算法进行的,其通用性和普适性非常有限.各种基因测序算法没有通用的框架.此外,当前的硬件加速器必须在性能和功耗优化方面进行改进.基于上述问题,本章实现了一个基于 FPGA 的基因测序算法硬件加速器框架.

本章在 FPGA 平台上对两种基因测序算法进行了加速,并对 FPGA 加速性能进行了分析.最后,通过与其他加速方法的比较,评价了 FPGA 加速的优势.主要工作如下:

(1) 基因测序算法的设计与分析.设计两种算法,并对算法中的各个模块进行梳理,然后进行模块设计,算法的主要模块是 KMP 的位移计算模块和 BWA 的转换模块.

(2) 加速器的设计.利用 FPGA 强大的运算功能对算法的核心模块进行加速,以达到加速的效果,并以平衡方式组织每个模块.

(3) 驱动程序的编写.Linux 系统下的驱动设计.

(4) 根据实验结果,对加速器的性能进行分析,并对加速器的资源占用和功耗进行评估.分析和评估 FPGA 平台的优缺点.

11.2　基因组测序算法及其硬件加速原理

11.2.1　基因测序

基因测序是生物信息学、计算机科学、统计学等学科的结合,是当代研究的热点方向.对人类行为机制的研究具有重要意义,帮助人类更深入地了解自己.基因测序的对象是大量的基因片段.像大多数动物一样,人类使用 DNA 作为遗传物质.DNA 由四个碱基组成,分别由 A,T,C,G 组成.DNA 作为遗传物质在人体内的存在是一对双螺旋的长链.两条链相互连接形成碱基对.碱基对是有规律的,AT 对、CG 对、碱基对的不同排列顺序表现出不同的遗传信息.根据碱基对的匹配规则,可以测量 DNA 单链的碱基序列,达到基因测序的目的.基因测序是逐步完善的,一般认为基因测序主要经历了三个发展阶段.第一代为基本化学测序,第二代为高通量测序,第三代为分子测序.

第一代测序主要基于 DNA 的降解,通过化学手段将双 DNA 降解为单核苷酸分子,然后通过观察变性核苷酸分子的排列顺序得到 DNA 碱基序列.这一代的主要方法有化学降解、末端终止法等. 从测序原理来看, 这些方法对单碱基的准确性较高, 但测序速度不是很理想. DNA 的逐步降解和后续电泳分离的效率有待进一步提高.

第一代方法具有局限性, 无法处理大规模的 DNA 测序, 而第二代测序方法是大规模测序的高通量测序[20]. 由于 PCR 技术的发展, 我们可以从一个给定的 DNA 中复制多个 DNA, 然后同时对 DNA 进行测序. 显然, 当数千个序列并行时, 将大大提高测序的效率. 第二代基因测序需要消耗大量的 DNA 样本进行同步分析, 提高了效率, 增加了成本. 最后的结果是通过分析所有的 DNA 样本合成的, 因此准确性降低.

面对测序技术的准确性降低和高成本, 第三代基因测序方法逐渐诞生. 以前的测序方法是在 DNA 反应结束后再研究结果. 第三代的测序可以在 DNA 复制过程中同步进行, 大大提高了效率, 同时又不失准确性, 有很大的发展空间. 在此期间, 限制测序效率的是 DNA 复制速率, DNA 测序在体外进行, 这对 PCR 技术提出了挑战. 这三种测序方法在基因测序中协同使用.

11.2.2　KMP 和 BWA

KMP 的整体功能由两部分组成, 即 KMP 匹配和前缀. KMP-Match 是该功能的主要部分. 首先, 我们需要两个输入字符串, 称为模式字符串和源字符串. 然后我们为模式字符串做一个前缀.

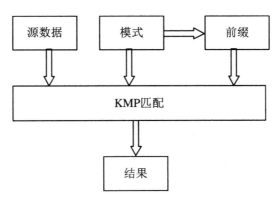

图 11.1　KMP 流程

我们已经解释了 KMP 与传统模式匹配的区别在于当匹配错误发生时, KMP 尽可能地移动. 如何知道正确的步骤是什么前缀功能. 前缀函数根据字符串的属性处理输入的字符串. 它会生成一个前缀数组, 帮助我们知道我们应该移动多少步. 如算法 11.1 所示, 在 for 循环中的每个时间的开始, 我们设置 $k = F[q-1]$. 当循环第一次运行时, 由第 2 行到第 3 行的条件, 以及第 9 行的条件确保每次迭代. 第 5~8 行调整 k 的值, 使其成为 $F[q]$ 的正确值. 第 5~6 行搜索所有符合条件的 k, 直到我们找到一个值使 $P[k+1] = P[q]$. 在这一点上, 我们可以认为 $F[q] = k+1$. 如果我们找不到 k, 在第 7 行中, 我们设置 $k = 0$, 如果 $P = P[q]$, 我们设置 $k = 1$ 并且 $F[q]$ 设置为 1, 否则仅使 $F[q] = 0$. 第 7~9 行对 k 和 $F[q]$ 的值的集合取补集.

算法 11.1　Prefix

```
1. m← Length[P]
2. F[1] ←0
3. k←0
4. for q←2 to m
5.    do while k>0 and P[k+1]! = P[q]
6.         do k← F[k]
7.      if P[k+1] = P[q]
8.          k = k+1
9.    F[q] ←k
10. return F
```

模式字符串是 ATCATG.使用该算法,我们将生成一张表,如表 11.2 所示.

表 11.2　Next Table 的示例

i	1	2	3	4	5	6
$P[i]$	A	T	C	A	T	G
$F[i]$	0	0	0	1	2	0

　　既然我们有了前缀数组,那么数组如何帮助我们找到我们可以移动的最多步骤呢? 在这里,KMP-Match 将根据数组给出我们的答案.如算法 11.2 所示,我们将 q 的值定义为首先具有正确匹配的字符的数目.然后找到第一个匹配的字符,并判断下一个字符.如果下一个字符也匹配,我们设置 q = q + 1,这意味着我们有一个更匹配的字符.否则,下一个不匹配,我们将使用生成数组 F[]将 q 设置为 F[q].

算法 11.2　KMP-Match

```
1. n ← length[S]
2. m ←length[P]
3. F← prefix(P)
4. q ← 0
5. for i←1 to n
6.   do while q>0 and P[q+1]! = S[i]
7.      do q←F[q]
8.     if   P[q+1] = S[i]
9.         q = q+1
10.    if   q = m
11.     print "match."
12. q←F[q]
```

　　KMP 匹配的本质是找出多少步是正确的.算法 11.2 只是告诉我们,正确的步骤是 $q - F[q]$的值.以表 11.2 为例,在循环的第一次,我们发现只有 3 个字符匹配.因此我们设置 q =3,根据表 11.2 我们知道 $F[3] = 0$,那么我们确定下一步应该是 3 步.如图 11.2 所示,如果移动 3 步,我们将有第二个周期.在第二次循环中,匹配所有字符.为了找到新的匹配,我们设置 $q=0$ 来重复该算法.

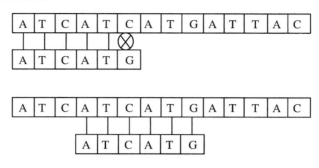

图 11.2　KMP 搜索

BWA 的过程类似于 KMP.这两种算法的不同之处在于 KMP 算法对模式数据进行预处理,而 BWA 算法对源数据进行预处理.在 B-W 切换[24]之后,我们得到一个包含源数据所有信息的数组[25].BW 交换机的整个过程如图 11.3 所示,矩阵的第一行是我们需要的数组.

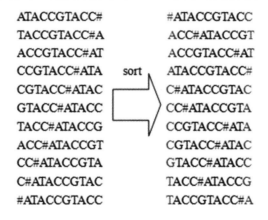

图 11.3　BW 交换

既然我们得到了数组,那么我们如何搜索模式字符串呢? 正如我们所看到的,矩阵是由源字符串的所有后缀组成的,我们将所有的后缀放在一个树中,我们将构建一个树.树的深度是源字符串的长度.当我们想要搜索一个模式时,我们只需要搜索树.如果我们把后缀按字母顺序排列,会节省很多时间.如算法 11.3 所示.

算法 11.3　BWA Search

```
1. c←P[p], i←p;
2. top←C[c]+1, bot←C[c+1];
3. while((top<=bot) and i>=2) do
4. c← P[i−1];
5. top← C[c]+OCC(c, 1, top−1)+1;
6. bot← C[c]+OCC(c, 1, bot);
7. i=i−1;
```

```
8. if(top<bot) then
9.      return "cannot find";
10. else
11. Return "find(bot-top+1)";
```

11.2.3 基于硬件的加速原理

硬件加速，顾名思义就是用硬件来加速．程序的运算和计算都是在处理器中进行的，因为处理器的任务不是单一的任务，处理器被设计得更通用，因此处理速度可能不能满足要求．我们可以使用特定的硬件结构来处理这些数据，以达到理想的效率．本质上，硬件加速是在处理器处理程序时，将相对复杂的操作转移到硬件上．通过特定的硬件结构对这些数据进行高效的处理，可以减轻处理器的负担，提高系统的效率．

处理器的典型代表是 CPU，CPU 作为通用的处理器是为了解决各种任务而设计的．因此，它具有良好的通用性，可以处理用户的各种指令，处理灵活、准确．但它的灵活性和普遍性导致了它的局限性．GPU 是图形处理器．一幅图像包含了大量的像素，随着各种图像属性的复杂化，图像中包含的数据量越来越大，CPU 在处理这些数据时显得力不从心．对于这个问题，GPU 依赖于其比 CPU 更细的粒度和并行处理性能．GPU 比 CPU 更有针对性，但适用性也相对较低，这没关系．CPU 延伸出来的 GPU 能很好地进行图像处理，这也是硬件加速的应用．而且随着科技的发展，GPU 已经不仅仅局限于图像处理，凭借其强大的浮点数据处理能力和高度的并行性，逐渐在其他领域有了长远的发展．GPU 的发展提升了人们的思维，我们是否可以设计更有针对性的处理器来处理一些特殊的任务，从而降低系统的效率？FPGA 是可编程逻辑门阵列，具有丰富的计算资源和强大的计算能力．由于其在数据处理方面的强大性能，人们开始尝试使用 FPGA 来定制处理器，以适应特定的方向，提高系统的效率．综上所述，FPGA 在硬件加速中的应用是技术发展的结果，是处理器个性化和专业化的需要．

由上可知，硬件加速实质上是将数据转移到专用硬件上进行处理．那么如何选择将哪部分代码传输到硬件中呢？我们的第一个想法是将最耗时、最耗费资源的部分转移出去．我们把这个代码叫作热点代码．在硬件加速的初始阶段，我们需要先找到热点代码．有很多方法，可以找到热点代码．插桩在程序代码的某一点插入标记作为木桩，通过多次运行程序来分析相邻两堆之间的代码，花费大部分时间的代码都是热点代码．热点代码必须适合我们所选择的硬件加速结构．

在找到热点代码之后，我们可以进行第二步，分析代码结构以找到合适的加速比．硬件加速方法很多，需要选择合适的结构．常用的方法有并行计算、流水线处理[26]、存储结构优化等．并行计算是一种常用的加速方法，可以为数据处理节省大量的并行计算处理时间，例如在我们的字符串匹配算法中，源串和模式串之间的相关性．每个处理模块可以看作一个独立的进程，通过并行，我们可以高效地执行源字串和模式字串，以节省时间开销．流水线技术是一种经典的加速方法和高效率的方法．流水线广泛应用于各个领域，通过将一个完整的生产过程划分为不同的流水段，每个段独立运行相同的段，以实现高效．以三阶段流水为例，假设处理时间为1，在第一个过程的第一个流程之后开始我们的第二个过程，可以显著提高效率,流水线数量的增加,以及流水线的细化可以提高效率,但会增加对资源的占用.存储结构优化也是提高运营效率的一种方式.经典的一种是处理器选择存储位置和存储结构,调用数据通过处理器查找和读取,在与处理器的交互上花费了大量时间.同时可以合理规划数据的存储,减少与内存的交互频率也可以提高程序的运行效率.

最后,可以构建加速系统,以便为热点代码选择适当的代码加速方法,这将在后面详细介绍.

11.3　加速器的设计

11.3.1　系统分析

该系统设计为基因测序串匹配算法的硬件加速系统.系统的总体框架如下:首先我们的设计是面向用户的系统设计.用户直接操作应用程序加速两个算法,系统为底层硬件加速系统,为了完成用户的需求,我们需要增加一层中间阶段的支持,主要包含一些库函数,API 和与我们的底层设计对应的驱动程序[28].我们设计的主要内容如下:

(1) 串匹配算法的设计:符串算法采用 KMP、BWA 算法.首先,我们要完成两种算法的设计,这两种算法都是一种优秀的字符串算法,相比传统的字符串算法有了相当大的改进.

(2) 算法的板上实现:本章使用基于 ZedBoard 的开发板.

(3) IP 核:算法的封装需要 Xilinx 的工具,使用 Vivado 设计套件. Vivado 是 Xilinx2012 发布的集成设计环境,包括高度集成的设计环境和新一代从系统到 IC 的工具. Vivado Design Suite 可以快速综合和验证 C 语言,并生成用于封装的 IP 核.

(4) 实施软件支持:随着 IP 核的实现,我们需要编写相应的驱动程序来支持它的运行.这主要包括我们的两个 IP 核,KMP BWA 的驱动和 DMA 的相关驱动.

11.3.2　IP 核心

IP 核的生成需要相应的工具,主要使用的是 Vivado 的 HLS 功能. HLS 是一个高层次的综合,是指从计算描述到寄存器传输层描述的过程. HLS 的任务目标是找到满足约束条件和目标且成本最小的硬件结构.它具有提高设计速度、缩短设计周期,同时易于理解的优点. HLS 通常由以下步骤组成:

(1) 计算说明的编制与转换;

(2) 调度(将操作留在控制步骤中);

(3) 数据路径的分配(将每个操作分配给相应的功能单元);

(4) 控制器合成(数据驱动路由驱动器的集成控制器);

(5) 生成(生成低级物理实现).

经过上述步骤,我们就可以得到一个硬件 IP 核(图 11.4).

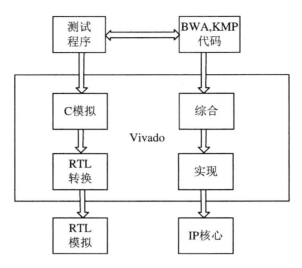

图 11.4 HLS 和 IP 核心

11.3.3 加速器的实施

我们的设计框架是建立在上面的开发板上的,采用软硬件协同设计的设计框架.根据上面的描述,我们可以看到本系统的整体设计分为多个模块,算法设计层面的软件模块设计,以及加速器模块的硬件设计.传统的系统设计方法往往是将整个模块分为软件设计和硬件设计,并以底层硬件设计为主,再在硬件平台上进行软件开发.在软件模块设计的基础上,这两个过程是独立的,虽然关系并不紧密.很多情况下很难满足软件模块的设计,由于独立设计导致在设计初期对软件需求的粗略分析,缺乏对整体结构机理和软件运行分析的了解,导致出现问题.图 11.5 是传统设计流程的方法.

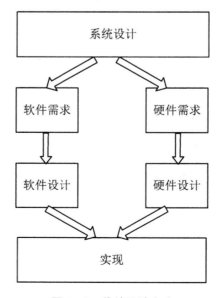

图 11.5 传统设计方法

从上面的设计过程可以看出,整个系统的设计周期会很长.由于软硬件系统设计矛盾的解决会有大量的时间消耗,很多的改动延长了整体的设计时间,还有一些意想不到的问题,这些事情都需要大量的时间来解决.软硬件协同设计是针对这一问题对系统设计的改进.软硬件协同设计将整个系统设计作为一个整体,进行软件设计和硬件设计的并行设计,找到两者之间的最佳接触点,从而达到设计的高效率.其设计周期与传统设计不同,如图 11.6 所示.

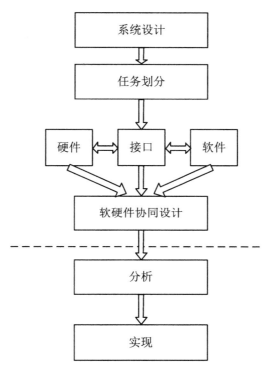

图 11.6　协同设计过程

我们可以看到,软硬件协同设计的主要优势是在开发之初就把软件和硬件联系起来,早期关注软硬件资源可以让我们大大减少后期的时间投入,在设计时就可以发现问题,解决问题.接下来我们将按照软硬件协同设计的流程详细描述设计过程.

首先是整体的系统设计.这个过程主要是利用系统级描述语言将系统的设计转化为系统的功能、性能等方面的描述.然后根据描述,组织功能模块,建立系统模型.在完成系统建模后,我们开始设计硬件和软件模块.开始时,我们要清楚地了解硬件模块和软件模块.硬件模块效率高、可编程性强,主要用于固化一些比较固定的通用计算部分,软件模块主要负责其他部分的计算,整个设计具有灵活、易修改、易维护的优点.在设计中,硬件实现也可以是软件实现,因此需要进一步分析,找到最适合的方式.我们可以看到这部分设计会占据我们设计周期的主要时间段,在这个阶段,我们对软硬件功能进行了详细的划分,之后的功能模块设计都是在此基础上进行的.所以在这个阶段,需要非常小心.在完成系统模块划分后,还要进行接口设计,完成整个系统的映射.这主要是布局的过程.具体包括各硬件模块的选择、数据传输路径、通信方式等.最终完成软硬件协同设计.在完成系统功能设计后,需要对系统进行分析和验证,修改系统的性能,完善系统.这不仅是对系统准确性的验证,也是对我们设计系统的整体提升.在这个过程中,我们发现了软硬件结合的问题并进行修改,避免最终系统遇到各种问题.当完成上述过程后,我们可以得到一个成型设计.对于本章的系统设计,我们按照软硬件协同设计来组织整个设计过程,具体如下:

(1) 建立了系统的基本模型,并对系统进行了分析;

(2) 加速算法的选择及热点代码分析;

(3) 将需要加速的硬件代码设计到硬件电路的设计中,包括硬件资源的选择,硬件资源之间的数据传输路径;

(4) 综合硬件代码,判断其功能是否正确,并分析其性能;

(5) 根据设计的硬件模块生成了 IP 核,并对该加速器的版图布线进行了仿真验证;

(6) 生成硬件码流文件并转换到单板;

(7) 完成了以上的工作,我们开始对整个系统进行封装,做系统和硬件加速器之间的支撑.

整个软硬件协同设计系统框架分为 PS(Program System)、PL(Program Logic)两部分.如图 11.7 所示的协同设计框架,PS 作为整个系统的控制端位于主机内,包括处理器和存储单元,完成服务器端软件代码的运行和对硬件部分的控制.PL 是 FPGA 部分的可编程逻辑单元,是整个系统的硬件加速部分,可以加载不同的 IP 核设计,并固化了相应的 IP 核来实现我们的任务,使得 PL 中的 IP 核可以高度并行工作.

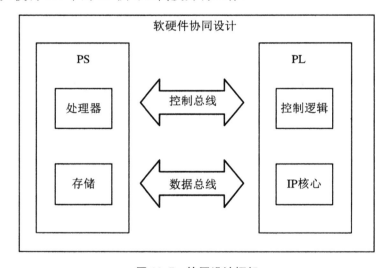

图 11.7 协同设计框架

本章小结

在本章中,我们提出了一种基于 FPGA 平台的加速器来加速基因测序的算法,提出了两种基因测序的算法——KMP 算法和 BWA 算法.在此过程中,我们设计了这两种算法,并在数字电路中实现了这两种算法.

实验结果表明,该加速器具有较高的加速比.对于 KMP,加速比可以达到 5.1,并且随着数据量的增加而增加.对于 BWA,它也可以达到 3.2 的加速比,并且如果模式串的数量较大,则将达到更高的加速比.更重要的是,加速器的功耗更低,只需要 0.1 W 就可以支持加速器.

参考文献

[1] Owens J D，Houston M，Luebke D，et al. GPU computing[J]. Proceedings of the IEEE，2008，96 (5)：879-899.

[2] Armbrust M，Fox A，Griffith R，et al. A view of cloud computing[J]. Communications of the ACM，2010，53(4)：50-58.

[3] Mahajan A，Soewito B，Parsi S K，et al. Implementing high-speed string matching hardware for network intrusion detection systems[C]. Proceedings of the ACM/SIGPA International Sympocium on Field Programmable Gate Arrays，2008.

[4] Schatz M C. CloudBurst：Highly sensitive read mapping with MapReduce[J]. Bioinformatics，2009，25(11)：1363-1369.

[5] Wang C，Li X，Chen P，et al. Heterogeneous cloud framework for big data genome sequencing[J]. IEEE/ACM Transactions on Computational Biology and Bioinformatics，2014，12(1)：166-178.

[6] Dharmapurikar S，Krishnamurthy P，Sproull T，et al. Deep packet inspection using parallel bloom filters[C]//11th Symposium on High Performance Interconnects，2003，Proceedings，IEEE，2003：44-51.

[7] Guo X，Wang H，Devabhaktuni V. A systolic array-based FPGA parallel architecture for the BLAST algorithm[J]. International Scholarly Research Notices，2012.

[8] Manavski S A，Valle G. CUDA compatible GPU cards as efficient hardware accelerators for Smith-Waterman sequence alignment[J]. BMC Bioinformatics，2008，9：1-9.

[9] Thambawita D，Ragel R，Elkaduwe D. To use or not to use：Graphics processing units (GPUs) for pattern matching algorithms[C]//7th International Conference on Information and Automation for Sustainability，IEEE，2014：1-4.

[10] Huang N F，Hung H W，Lai S H，et al. A gpu-based multiple-pattern matching algorithm for network intrusion detection systems[C]//22nd International Conference on Advanced Information Networking and Applications-Workshops (aina workshops 2008)，IEEE，2008：62-67.

[11] Lin C H，Liu C H，Chien L S，et al. Accelerating pattern matching using a novel parallel algorithm on GPUs[J]. IEEE Transactions on Computers，2012，62(10)：1906-1916.

[12] Cho Y H，Navab S，Mangione-Smith W H. Specialized hardware for deep network packet filtering [C]//International Conference on Field Programmable Logic and Applications，Berlin，Heidelberg：Springer Berlin Heidelberg，2002：452-461.

[13] Ahmed G F，Khare N. Hardware based string matching algorithms：A survey[J]. International Journal of Computer Applications，2014，88(11)：16-19.

[14] Brown S. FPGA architectural research：A survey[J]. IEEE Design & Test of Computers，1996，13 (4)：9-15.

[15] Kuon I，Tessier R，Rose J. FPGA architecture：Survey and challenges[J]. Foundations and Trends in Electronic Design Automation，2008，2(2)：135-253.

[16] Chen P，Wang C，Li X，et al. A FPGA-based high performance acceleration platform for the next generation long read mapping[C]//2013 IEEE 10th International Conference on High Performance Computing and Communications & 2013 IEEE International Conference on Embedded and Ubiquitous Computing，IEEE，2013：308-315.

[17] Chen P，Wang C，Li X，et al. Accelerating the next generation long read mapping with the FPGA-based system[J]. IEEE/ACM Transactions on Computational Biology and Bioinformatics，2014，11

(5): 840-852.

[18] Chen P, Wang C, Li X, et al. Acceleration of the long read mapping on a PC-FPGA architecture [C]//Proceedings of the ACM/SIGDA International Symposium on Field Programmable Gate Arrays, 2013: 271.

[19] Wang C, Li X, Zhou X, et al. Big data genome sequencing on zynq based clusters[C]//Proceedings of the ACM/SIGDA International Symposium on Field Programmable Gate Arrays, 2014: 247.

[20] Schatz M C, Trapnell C, Delcher A L, et al. High-throughput sequence alignment using graphics processing units[J]. BMC Bioinformatics, 2007, 8(1): 1-10.

[21] Homer N, Merriman B, Nelson S F. BFAST: An alignment tool for large scale genome resequencing[J]. PloS One, 2009, 4(11): e7767.

[22] Langmead B, Trapnell C, Pop M, et al. Ultrafast and memory-efficient alignment of short DNA sequences to the human genome[J]. Genome Biology, 2009, 10(3): 1-10.

[23] Tang W, Wang W, Duan B, et al. Accelerating millions of short reads mapping on a heterogeneous architecture with FPGA accelerator[C]//2012 IEEE 20th International Symposium on Field-Programmable Custom Computing Machines, IEEE, 2012: 184-187.

[24] Lippert R A. Space-efficient whole genome comparisons with Burrows-Wheeler transforms[J]. Journal of Computational Biology, 2005, 12(4): 407-415.

[25] Li H, Durbin R. Fast and accurate short read alignment with Burrows-Wheeler transform[J]. Bioinformatics, 2009, 25(14): 1754-1760.

[26] Pao D, Lin W, Liu B. A memory-efficient pipelined implementation of the aho-corasick string-matching algorithm[J]. ACM Transactions on Architecture and Code Optimization (TACO), 2010, 7(2): 1-27.

[27] Mahram A, Herbordt M C. FMSA: FPGA-accelerated ClustalW-based multiple sequence alignment through pipelined prefiltering [C]//2012 IEEE 20th International Symposium on Field-Programmable Custom Computing Machines, IEEE, 2012: 177-183.

[28] Lei S, Wang C, Fang H, et al. SCADIS: A scalable accelerator for data-intensive string set matching on FPGAs[C]//2016 IEEE Trustcom/BigDataSE/ISPA, IEEE, 2016: 1190-1197.

第 12 章　RISC-V 开源指令集与体系结构

12.1　RISC-V 体系结构原理

本节中,我们首先对 RISC-V 架构进行简介,然后详细介绍 RISC-V 架构相比于传统指令集架构的特点.最后,我们对目前工业界与学术界关于 RISC-V 的研究现状进行调研与总结.

12.1.1　RISC-V 简介

RISC-V("RISC five")——第五代精简指令集架构,是一个开源的通用处理器指令集,其开源性允许全世界任何公司、大学、研究机构与个人都可以开发兼容 RISC-V 指令集的处理器,都可以融入基于 RISC-V 构建的软硬件生态系统,而不需要为指令集付一分钱.这与几乎所有旧架构不同,它的未来不受任何单一公司的浮沉或一时兴起影响,它属于一个开放的、非营利性质的基金会.RISC-V 基金会的目标是保持 RISC-V 的稳定性,仅仅出于技术原因缓慢而谨慎地发展它,并力图让它之于硬件如同 Linux 之于操作系统一样受欢迎.

RISC-V 之所以会作为一种新的 ISA 被开发,而不是继承自成熟的 x86 或 ARM,是因为这些指令集架构经过多年的发展而变得复杂和冗余,而且存在高昂的专利和架构授权问题.由于 RISC-V 不同于传统 ISA 具有简洁、开源、模块化的特点,越来越多的公司和项目都开始采用 RISC-V 架构的处理器,我们有理由相信 RISC-V 的软件生态也会逐渐壮大,从而能够流行开来.

12.1.2　RISC-V 指令集特点

RISC-V 架构的设计充分吸取了 ARM、MIPS、x86 等指令集设计经验教训.因此,相比于传统指令集,RISC-V 具有简洁的架构、模块化的指令集构成、可配置的通用寄存器、规整的指令编码、简单的存储器访问、高效的分支跳转、专门的预留指令空间等鲜明特点.

12.1.2.1　基础架构简洁

RISC-V 整数指令级数目仅有 40 多条,是所有兼容 RISC-V 处理器必须支持的指令集,即便加上其他标准的模块化扩展指令,也不过百条指令.相较于 x86 动辄数千页的架构文档,RISC-V 仅有 200 页左右,足见其简洁性.

12.1.2.2 模块化的指令集

RISC-V 采用了模块化的架构,允许不同的部分能以模块化的方式组织在一起,从而可以让一套统一的架构来适合不同的领域,而这种模块化是 x86 与 ARM 架构所不具备的.

RISC-V 的每一个模块使用一个英文字母来表示.RISC-V 最基本也是唯一强制要求实现的指令集部分是由字母 I 表示的基本整数指令子集,使用该整数指令子集,便能够实现完整的软件编译器.其他的指令子集部分均为可选的模块,具有代表性的模块包括 M,A,F,D,C,如表 12.1 所示.

表 12.1　模块化的指令集构成

基础指令集/ 标准扩展指令集	指令数	描　　　　　述
RV32I	47	整数指令,32 位地址空间,支持 32 个通用寄存器
RV32E	47	RV32I 子集,仅支持 16 个通用整数寄存器
RV64I	59	整数指令,64 位地址空间,支持部分 32 位整数指令
RV1281	71	整数指令,128 位地址空间,支持部分 64/32 位整数指令
M	8	整数乘法与除法指令
F	26	单精度浮点指令(32bit)
D	26	双精度浮点指令(64bit)且必须支持 F 扩展
C	46	压缩指令,指令长度为 16 位
A	11	存储器原子操作指令和 Load-Reserved/Store-Conditional 指令

为了提高代码密度,RISC-V 架构也提供可选的“压缩”指令子集,由英文字母 C 表示.压缩指令的指令编码长度为 16 比特,而普通的非压缩指令的长度为 32 比特.RISC-V 架构还提供一种“嵌入式”架构,由英文字母 E 表示.该架构主要用于追求极低面积与功耗的深嵌入式场景.该架构仅需要支持 16 个通用整数寄存器,而非嵌入式的普通架构则需要支持 32 个通用整数寄存器.

除了上述的模块,还有若干的模块包括 L,B,P,V 和 T 等.这些扩展目前大多数还在不断完善和定义中,尚未最终确定,因此本书在此不做详细论述.

12.1.2.3 可配置的通用寄存器组

RISC-V 架构支持 32 位或者 64 位的架构,分别用 RV32 和 RV64 表示.

RISC-V 架构的整数通用寄存器组,包含 32 个(I 架构)或者 16 个(E 架构)通用整数寄存器,其中整数寄存器 0 被预留为常数 0,其他的 31 个(I 架构)或者 15 个(E 架构)为普通的通用整数寄存器.

如果使用了浮点模块(F 或者 D),则需要另外一个独立的浮点寄存器组,包含 32 个通用浮点寄存器.如果仅使用 F 模块的浮点指令子集,则每个通用浮点寄存器的宽度为 32 比特;如果使用了 D 模块的浮点指令子集,则每个通用浮点寄存器的宽度为 64 比特.

12.1.2.4　规整的指令编码

RISC-V 的指令集编码非常规整,指令所需的通用寄存器的索引(Index)都被放在固定的位置(如图 12.1 所示).因此指令译码器(Instruction Decoder)可以非常便捷地译码出寄存器索引,然后读取通用寄存器组(Register File,Regfile).

31	30	25	24	21	20	19	15	14	12	11	8	7	6	0	
funct7			rs2			rs1		funct3		rd			opcode		R-type
Imm[11:0]						rs1		funct3		rd			opcode		I-type
Imm[11:5]			rs2			rs1		funct3		Imm[4:0]			opcode		S-type
Imm[12]	Imm[10:5]		rs2			rs1		funct3		Imm[4:1]		Imm[11]	opcode		B-type
Imm[31:12]										rd			opcode		U-type
Imm[20]	Imm[10:1]			Imm[11]		Imm[19:12]				rd			opcode		J-type

图 12.1　基础指令格式[1]

12.1.2.5　简单的存储器访问

与所有的 RISC 处理器架构一样,RISC-V 架构使用专用的存储器读(Load)指令和存储器写(Store)指令访问存储器(Memory),其他的普通指令无法访问存储器.RISC-V 的存储器读和存储器写指令支持一个以字节(8 位)、半字(16 位)、单字(32 位)为单位的存储器读写操作,如果是 64 位架构还可以支持一个以双字(64 位)为单位的存储器读写操作.

RISC-V 架构的存储器访问指令还有如下显著特点:

(1) 为了提高存储器读写的性能,RISC-V 架构推荐使用地址对齐的存储器读写操作,但是地址非对齐的存储器操作 RISC-V 架构也支持(通过软件或硬件的方式).

(2) 由于现在的主流应用是小端格式(Little-Endian),RISC-V 架构仅支持小端格式.

(3) RISC-V 架构的存储器读和存储器写指令不支持地址自增自减的模式.

(4) RISC-V 架构采用松散存储器模型(Relaxed Memory Model),松散存储器模型对于访问不同地址的存储器读写指令的执行顺序不做要求,除非使用明确的存储器屏障(Fence)指令加以屏蔽.

12.1.2.6　高效的分支跳转

RISC-V 架构有 6 条带条件跳转指令(Conditional Branch),该类指令跟普通运算指令一样直接使用 2 个整数操作数,然后对其进行比较,如果比较的条件满足,则进行跳转.因此,此类指令将比较与跳转两个操作放到一条指令里完成,减少了指令的条数.

对于没有配备硬件分支预测器的低端 CPU,为了保证其性能,RISC-V 的架构明确要求其采用默认的静态分支预测机制,即如果是向后跳转的条件跳转指令,则预测为"跳";如果是向前跳转的条件跳转指令,则预测为"不跳",并且 RISC-V 架构要求编译器也按照这种默认的静态分支预测机制来编译生成汇编代码,从而让低端的 CPU 也能得到不错的性能.

12.1.2.7 支持第三方扩展

RISC-V 给更定制化的加速器预留了专用的指令空间，可以实现自定制指令. 任何 RISC-V 处理器都必须支持一个基本整数 ISA（RV32I 或者 RV64I），可选择地支持标准扩展（MAFD）. 我们将基本整数 ISA 指令空间与标准指令空间称为 G，其预留的自定义指令空间如表 12.2 所示. 扩展的指令可以是标准的、非标准的，前者并不与任何标准扩展冲突，后者则是一个高度特殊化的扩展，可能与其他标准扩展冲突，但不能与基础整数指令空间冲突.

表 12.2　RISC-V 基本操作码映射表，inst[1 : 0] = 11

Inst[4 : 2] Inst[6 : 5]	000	001	010	011	100	101	110	111 （>32b）
00	LOAD	LOAD-FP	*custom*-0	MISC-MEM	OP-IMM	AUIPC	OP-IMM-32	48b
01	STORE	STORE-FP	*custom*-1	AMO	OP	LUI	OP-32	64b
10	MADD	MSUB	NMSUB	NMADD	OP-FP	*reserved*	*custom*-2/*rv*128	48b
11	BRANCH	JALR	*reserved*	JAL	SYSTEM	*reserved*	*custom*-3/*rv*128	⩾80b

12.1.3 RISC-V 研究现状

12.1.3.1 学术界

UCB（Berkeley）是 RISC-V 的发起地. 为了推广 RISC-V 同时方便用户学习，UCB 在 GitHub 上建立了 Rocket-Chip Generator 的项目[2]，其中包括了 Chisel（UCB 设计的敏捷开源硬件编程语言）、GCC、Rocket 处理器，以及围绕 Rocket 的一系列总线单元、外设、缓存等，并且采用了参数化的配置方法，从而可以方便地创建不同性能要求的基于 Rocket 处理器的 SoC. 其中 Rocket 是一款 64 位、5 级流水线、单发射顺序执行的处理器. 其支持基于页面的虚拟内存的 MMU、一个非阻塞数据缓存和一个具有分支预测的前端. 分支预测是可配置的，由分支目标缓冲区（BTB）、分支历史表（BHT）和返回地址堆栈（RAS）提供. Rocket 也可以被看作一个处理器组件库. 最初为 Rocket 设计的几个模块被其他设计重用，包括功能单元、缓存、TLBs、页表 walker 和特权体系结构实现（即控件和状态寄存器文件）. 另外，Rocket 设计了自定义协处理器接口（RoCC）用于促进处理器和附属协处理器之间的解耦通信.

除此之外，UCB 还实现了超标量乱序处理器 BOOM（The Berkeley Out-of-Order Machine）[3]、向量处理器 Hwacha[4]、针对嵌入式环境的 Z-scale/V-scale[5]，以及用于教学目的的 Sodor[6].

中国科学院计算所包云岗研究员，提出了一种标签化冯·诺依曼体系结构 LvNA，该团队已经实现了一个基于 RISC-V 的 FPGA 原型，并且提出了标签化的 RISC-V[7]. 中国科学院计算所王元陶研究员与张磊副研究员团队在基于 RISC-V 研制智能 IoT 芯片，并取得了突破，先后两次在 RISC-V 研讨会上介绍进展与发布成果. Yanpeng Wang 等人使用 RISC-

V 处理器设计了一个快速的网络包处理系统. 该处理系统的目标是使用更低的功耗和更少的价格为上层的 SDN 和 NFV 应用提供更强的网络包处理能力.

苏黎世联邦理工学院（ETHzurich）设计和实现了低功耗、高性能 IoT 边缘计算设备 PULpino[8]，其旨在让下一代的边缘设备可以处理信息更丰富的传感器（图像、视频、音频和多方向的移动）的数据. PULpino 是一款开源单核微控制器系统，基于苏黎世联邦理工学院的 32 位 RISC-V 内核 PULP 开发. PULpino 具有功耗低、面积小的特点，可配置为使用 RISCY 或 zero-riscy 核心. 其中，RISCY 是一个有序的单一核心，具有 4 个流水线阶段，其 IPC（Instructions Per Clock）接近 1，完全支持基本整数指令集（RV32I）、压缩指令（RV32C）和乘法指令集扩展（RV32M）. 它可以配置为具有单精度浮点指令集扩展（RV32F）. 它实现了几个 ISA 扩展，例如，硬件循环，后递增加载和存储指令，位操作指令，MAC（Multiply Accumulate）操作，支持定点操作，打包 SIMD 指令和点积. 它的设计旨在提高超低功耗信号处理应用的能效. RISCY 实现了 1.9 特权规范的一个子集.

Clarvi[9] 是基于 SystemVerilog 的简单 RISC-V 实现的. 在保持良好表现的同时，旨在清晰易懂，可用于教学，实现的是 RV32I 指令子集. 它提供 v1.9 RISC-V 特权规范的最低实现，包括对中断和异常的完全支持. 仅实现了机器模式，并且仅部分支持捕获无效指令. 还支持完整的 v2.1 用户级规范. 它通过了所有 RV32I 用户级测试和相关的 RV32I 机器模式测试（但不包括那些假设支持用户模式、虚拟内存等）.

f32c[10] 是一个可重定向的、标量、使用流水线的 32 位处理器内核，支持 RISC-V 和 MIPS 指令集. 它通过参数化硬件描述语言（VHDL）实现，可在综合（synthesis）时对空间和速度进行权衡. 除此之外，f32c 还包括分支预测器、异常处理控制块和可选的直接映射高速缓存. RTL 代码还包括 SoC 模块，如多端口 SDRAM 和 SRAM 控制器，具有复合（PAL）、HDMI、DVI 和 VGA 输出的视频帧缓冲器，具有用于窗口的简单 2D 加速，浮点矢量处理器，SPI，UART，PCM 音频，GPIO，PWM 输出和定时器，以及为各种制造商的众多流行 FPGA 开发板量身定制的胶合逻辑.

12.1.3.2　工业界

1. 微处理器

晶心科技（Andes Technology Corporation）是 RISC-V 基金会的创始成员，于 2016 年加入该联盟，该公司致力于开发创新之 32/64 位处理器核心以及相关开发环境. 该公司推出可用于设计 64 位架构之嵌入式微处理器的 V5 架构，成为业界第一个采用 RISC-V 32/64 位技术的主流架构，在 2017 年第四季正式推出基于 V5 的 32 位 N25 及 64 位 NX25. 晶心科技正在积极推动 RISC-V 生态系统的发展，在 2017 年第四季度正式推出了基于 V5 的 32 位 N25 及 64 位的 NX25 处理器.

2. SoC

SiFive 是基于 RISC-V 指令集架构提供快速开发式处理器核心 IP 的领先供应商. SiFive 由 RISC-V 的研发团队创立，通过定制化的开放式架构处理器核心及自主式开发基于 RISC-V 架构之硅芯片来帮助 SoC 设计人员缩短上市时间并且节省成本. HiFive1 是由 SiFive 公司推出的全球首款基于开源指令集 RISC-V 架构的商用 SoC Freedom E310-G000

的开发板.2018 年 6 月推出其为嵌入式设备使用设计的可配置的小面积、低功耗微控制器(MCU)核心 E2 Core IP 系列.

3. ASIC

Codasip 提供领先的处理器 IP 和高级设计工具,为 ASIC 设计人员提供 RISC-V 开放标准指令集架构的所有优势,以及自动优化处理器 IP 的独特功能.Codasip 是 RISC-V 处理器 IP 的领先供应商,于 2015 年 11 月推出其首款 RISC-V 处理器.Codasip 在为其处理器提供高级工具方面是独一无二的,这些工具使用户能够修改 RISC-V 内核,自动创建设计套件以及配置软件.Codasip 提供的验证环境可确保正确性并符合 RISC-V ISA 规范.

目前,学术界和工业界不断涌现基于 RISC-V 的研究工作,我们这里对具有代表性的RISC-V 处理器核进行了总结,如表 12.3 所示.

表 12.3　典型开源 RISC-V 处理器核对比

核	Rocket	BOOM	Sodor	Clarvi	PULPino	f32c	蜂鸟
开发语言	Chisel	Chisel	Chisel	SV	SV	VHDL	Verilog
研究机构	UCB	UCB	UCB	剑桥	ETH	Zagreb	芯来
支持的标准指令集	RV64G	RV64G	RV32I	RV32I	RV32 ICMF	RISC-V/ MIPS	RV32I/E/A/ M/C/F/D
Cache	包含	包含	无	无	无	包含	无
分支预测机制	BTB BHT RAS	NLP BPD	–	–	–	有	Simple-BPU
有序/乱序	有序	乱序	有序	有序	有序	有序	有序
DMIPS /MHZ	1.72	3.91	–	–	2.6~2.7	1.63/1.81	1.352
支持 FPGA 型号	Xilinx ZC706 ZC702	Xilinx zc706	Xilinx pynq-z1	–	Xilinx ZC702	Spartan6 Cyclone4 Artix-7	Xilinx Artix-7
对标产品	Cortex-A5	Cortex-A9	–	–	Cortex-M4	–	Cortex-M0
开源协议	BSD	BSD	–	BSD	SolderPad	BSD	Apache License 2.0
是否流片	成功流片	成功流片	–	–	成功流片		成功流片

12.2　基于 RISC-V 的加速器定制方案

本节中,我们首先对基于 RISC-V 架构并通过设计扩展指令进行定制计算加速的相关工作进行介绍.然后,通过对相关工作进行分析,引出我们设计面向卷积神经网络扩展指令集的设计原则与具体实例.

12.2.1　相关工作

苏黎世联邦理工学院的 Luca Benini 研究团队于 2017 年提出了面向具有超低功耗的多核集群设计的开源 RISC-V 处理器内核,并引入了一系列指令扩展和微体系结构优化[11].该内核实现了 RV32 IM 标准指令集并扩展了位操作、MAC、点积等指令.微体系结构上增加了预取、硬件循环、紧耦合数据存储等优化.在低功耗 65 nm CMOS 工艺下,包含了 4 个上述计算内核的计算簇的峰值性能可达 67 MOPS/mW.扩展指令中 dotp 和 shuttle 指令可有效加速 2D 卷积操作.通过在 64×64 输入图片上分别测试 3×3,5×5,7×7 卷积核,结果显示扩展 dopt 和 shuttle 指令平均可带来 2.2～6.9 倍的性能提升.2018 年,该团队在 4 核版本的基础上提出了针对物联网终端智能应用的 SoC,GAP-8[12],如图 12.2 所示.该款芯片中包含了 8 个经过指令扩展的 RISC-V 核,并在 L1 共享内存中加入了硬件卷积引擎(HWCE)加速器.实验表明,该芯片在 90 MHz,1.0 V 下执行 4-bit CNN 推理过程时,计算峰值可达10 GMAC/s.

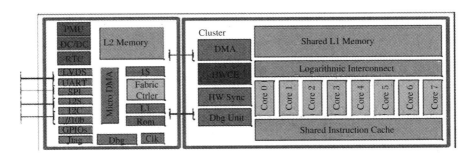

图 12.2　GAP-8 体系结构

北京大学梁云研究团队针对嵌入式环境下 LSTM 推理过程提出了加速的异构系统 E-LSTM[13],该系统包含了 Rocket 通用 CPU 和 LSTM 加速器,两者之间通过 ROCC 接口进行指令和数据传输(共享 DCache),如图 12.3 所示.由于 ROCC 的数据带宽有限,该工作中提出了新型稀疏压缩方式 eSELL,并运用了层融合方式有效增大了数据计算效率.实验基于 RISC-V 工具链和 Spike 模拟器(RISC-V 生态链中周期级模拟器),通过在三组 Benchmark 测试,稀疏处理和层融合的结合平均可以带来 1.4～2.2 倍的性能提升.

伦敦帝国理工学院 Wayne Luk 等人提出了为自定义的 SIMD 指令扩展优化的 RISC-V 软核-Simodense[14].为了最大限度地提高 SIMD 指令的性能,Simodense 的内存系统专为流

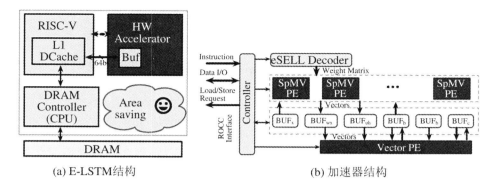

(a) E-LSTM结构　　　　　　　　　　　(b) 加速器结构

图 12.3　E-LSTM 结构

式带宽进行了优化,为最后一级缓存配备了超宽块,如图 12.4 所示.该 LLC 结构可在每周期提供 256-bit 的带宽,与其设立的向量寄存器宽度匹配.该软核的基础指令实现为单周期,向量指令有单独的流水线以及冲突检测机制.该方法在具有自定义指令的内存密集型应用程序示例中进行了测试,取得了不错的加速效果. 另外,该研究提出了以可重构 SIMD 指令形式在通用处理器中添加 FPGA 资源的有效性见解.

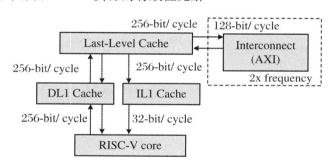

图 12.4　数据缓冲优化

12.2.2　RISC-V 扩展指令设计

通过相关工作可以看出,为特定计算设计专用硬件并封装为指令可以有效提高 CPU 的处理速度.但是,设计扩展指令粒度的不同,扩展指令与 CPU 的耦合方式也有所不同.下面,我们针对计算、访存密集的 CNN 应用介绍我们的设计准则.

12.2.2.1　RISC-V 扩展

以往 CNN 硬件加速器通常以外设的方式工作,主机端通过驱动对加速器进行读写.考虑到大量数据在用户空间与内核空间的拷贝,这一过程中操作系统层面的时间以及资源开销显然是不可避免的.然而,RISC-V 架构的出现给加速器的工作模式带来了更多选择.该指令集架构由基础指令集和其他可选指令集组成,具有开源性和指令可定制性,为用户提供了定制处理器微架构的可能与设计专用指令的空间.因此,基于 RISC-V 架构设计专用指令控制加速单元的执行也更简洁、更高效.基于以上两点分析,我们最终选择 RISC-V 作为目标 ISA,并在保持基本内核和每个标准扩展不变的前提下使用 CNN 专用指令对其进行扩展. 最终专用指令可以配合 RV32 具有的标量和逻辑控制指令完成 CNN 的推理过程.

12.2.2.2　数据级并行

设计 CNN 专用指令集涉及很多因素, 其中涉及性能瓶颈部分是关注的重点. 考虑到 CNN 逐层堆叠的拓扑结构和不同层权重数据的独立性, 设计矩阵指令以利用其操作中的数据级并行性而非挖掘其指令级并行性是更有效的. 研究表明, 在 Intel Xeon 处理器核中用于计算的消耗仅占整个核能量消耗的 37%, 其余的能量消耗为体系结构成本, 并不是计算必需的[15]. 因此, 在设计专用指令时, 增加指令的粒度, 将指令取指、译码和控制的开销平摊到多个元素的计算上, 可以有效提升执行效率. 此外, 当处理涉及大量数据的计算时, 与传统的标量指令相比, 矩阵指令可以显式地指定数据块之间的独立性, 减少数据依赖检测逻辑的大小, 并且矩阵指令还具有较高的代码密度, 因此我们这里主要关注数据级并行.

12.2.2.3　便签存储器 (scratchpad memory)

向量寄存器组通常出现在向量体系结构中, 其中每个向量寄存器都包含了一个长度固定的向量, 并且允许处理器一次操作向量中的所有元素. 便签存储器是在片上用于存储临时计算数据的高速内部存储器, 其具有直接寻址访问、代价低以及可变长度数据访问的特性. 由于实现便签存储器的代价较低, 通常部署较大尺寸的便签存储器并集成直接内存访问 (DMA) 控制器, 以便进行快速的数据传输. 此外, 考虑到密集、连续、可变长度的数据访问经常发生在 CNN 中, 我们这里选择使用便签存储器来替代传统的向量寄存器组.

12.2.3　RISC-V 指令集扩展

基于以上设计原则, 我们设计了面向 CNN 的扩展指令集 RV-CNN[16]. 本小节首先对其指令格式以及生成流程进行介绍, 之后阐述其与典型指令集的对比.

12.2.3.1　扩展指令集介绍

RV-CNN 指令集的构成见表 12.4, 包含数据传输指令、逻辑类指令和计算类指令. 配合部分基础的 RV-32I 指令集 (这里不再描述), 该指令集可以完成典型的 CNN 类计算. RV-CNN 指令集架构仍然和 RISC-V 架构保持一致, 属于 load-store 架构, 仅通过专用的指令进行数据传输, 并且该指令集仍使用 RV-32 中的 32 个 32 位通用寄存器, 用于存储标量值以及便签存储器的寄存器间接寻址. 另外, 我们设置了一个向量长度寄存器 (Vector-Length Register, VLR) 来指定运行时实际处理的向量长度. 下面对指令进行详细介绍.

表 12.4　RV-CNN 指令集构成

指令类型	示　　　　　例
数据传输指令	MLOAD/MSTORE
计算类指令	MMM/MMA/MMS/MMSA
逻辑类指令	MXPOOL/MNPOOL/APOOL/MACT

为了灵活地支持矩阵运算, 数据传输指令可以完成片外主存储器和片上便签存储器之

间可变大小的数据块传输.图 12.5 展示了矩阵加载指令(MLOAD)的格式.

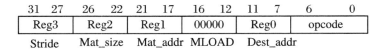

图 12.5 矩阵加载指令格式

图 12.5 中,Reg0 指定片上目标地址.Reg1,Reg2 和 Reg3 分别指定矩阵的源地址、矩阵的大小和相邻元素的跨度.具体而言,该指令完成数据从主存向便签存储器的传输,其中,指令的步幅字段可以指定相邻元素的跨度,从而避免了内存中"昂贵的"矩阵转置操作.相对应地,矩阵存储指令(MSTORE)完成便签存储器向主存储器方向的数据传输,其指令格式与 MLOAD 相似,不过经常会忽略步幅字段以避免不连续的片外访问.

将 2D 卷积映射到矩阵乘法操作后,可以很自然地使用 MMM(Matrix-Multiply-Matrix)指令执行该操作.其指令格式如图 12.6 所示,其中,Reg0 指定矩阵输出的便签存储器中的目的地址;16～12 位是指令的功能字段,指示矩阵乘运算.Reg1 和 Reg2 分别指定矩阵 1 和矩阵 2 在便签存储器中的源地址.Reg3 中的 4 个字节分别代表矩阵的高(H)、宽(W)、卷积核大小(K)、卷积步长(S).考虑到实际执行中分片技术的使用,这里使用单个字节存储相应的信息是足够的.因此,卷积操作执行时的参数信息被打包成由 H,W,K,S 组成的 32 位指令,并由 Reg3 指定.同时,由于数据分片载入,其产生的中间结果往往需要累加.这里不设置特定的矩阵加法指令而是设计 MMS 指令.该指令在完成矩阵乘法计算后,将部分结果写入目标地址时与该地址原有的值累加后再存储,使得在完成累加的同时减少数据的重新载入.该指令的格式和各字段含义均与 MMM 指令一致,由功能字段指定该指令,故不再展示.此外,为了更大限度地利用数据局部性并减少对同一地址的并发读/写请求,我们选择采用专用的 MMM 指令执行矩阵乘法,而不是将其分解为更细粒度的指令(例如,矩阵向量乘和矢量点积).

31 27	26 22	21 17	16 12	11 7	6 0
Reg3	Reg2	Reg1	00010	Reg0	opcode
H|W|K|S	Mat2_addr	Mat1_addr	MMM	Dest_addr	

图 12.6 矩阵乘矩阵指令格式

全连接层通常在整个卷积神经网络的尾部以对之前各层学得的特征进行映射达到分类效果.全连接层的计算可以用矩阵向量乘法表示,而 MMM 指令在不同的参数下同样可以表示全连接层的计算,因此卷积层和全连接层可以复用相同的计算单元.

融合(fusion)作为目前 DNN 加速器设计中常用的技术,通过将部分层加以融合,从而以一次数据的加载、存储替代单独层的数据输入输出操作来最小化带宽限制.融合操作的优势以及目前 CNN 中激活层通常紧接在卷积层或全连接层之后的特点,使得设计相应的粗粒度指令将两者融合执行是非常适合的.而且激励层不改变输入张量的尺寸且激活函数逐元素进行激活操作,其需要的参数较少.因此,我们设计了 MMMA 指令,使矩阵相乘得到卷积层或全连接层的部分最终结果后可经过激活操作后输出,其指令格式与各字段含义均和 MMM 指令一致,由功能字段指定该指令.不过,我们仍然保留了激活指令,以完成对输入的数据进行激活操作,其指令格式如图 12.7 所示,其指令中的 31～27 位用来决定激活函数的选择,如 ReLU()/sigmoid()/tanh().

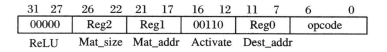

图 12.7　矩阵激活指令格式

池化层通过降采样将输入数据的每个窗口子采样到单个池输出以减小输入图片的尺寸.实际上,卷积神经网络中相较于卷积层和全连接层,其余层包含了很少的计算且被数据访问时间限制.在某些 CNN 模型中,对池化层和相邻层采用融合技术同样是有效的.但是,不同于激活层在 CNN 中的位置相对固定且按元素操作,池化层仍具有一定的灵活度,如 3 个卷积层堆叠后池化.于是,这里我们仍将池化层当作单独的层来处理,用于进行最大值池化的 MXPOOL 的指令格式如图 12.8 所示.其中,Reg0,Reg1,Reg2 分别表示输出数据的目标地址、输入数据的源地址和输入数据的长度.借鉴设计 MMM 指令的思想,观察到池化窗口通常为 $2 \times 2, 3 \times 3, 5 \times 5$ 等小尺寸而且通常采用分片技术处理输入数据,所以使用单个字节分别表示一次分片可处理的输入矩阵的高(H)、宽(W)、池化窗口大小(K)和步长(S)是足够的.这些必要信息进而被打包为 32 位值,由 Reg3 指定.

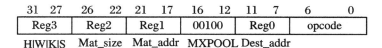

图 12.8　矩阵池化指令格式

12.2.3.2　扩展指令生成流程

RV-CNN 指令生成流程如图 12.9 所示.其中,CNN 模型描述文件可以是深度学习工程师熟悉的 Caffe、TensorFlow 或 Pytorch 等流行框架下的描述文件.由模型分析器对该描述文件进行解析以生成用于模型构建的参数信息和重排后的权重信息.在此基础上,应根据网络参数信息构建数据流图并提取算子,然后在不同的融合策略下将提取出的算子映射至指令池(RV-CNN 指令集)中的不同指令.由于我们设计的指令均为粗粒度指令,这里应提取粒度适合的算子才能映射至目标指令集.在专用指令提取后,应根据硬件的参数信息,如片上便签存储器的大小和硬件计算资源规模来决定分片大小.同时根据复用策略,如输入复用或权值复用等对指令进行编排以生成最终的代码.其中,应使用 RV32 基础指令集将参数信息加载至寄存器并完成循环控制.

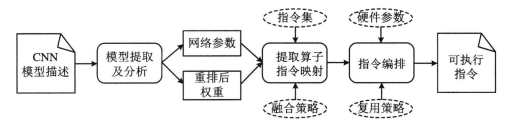

图 12.9　RV-CNN 指令生成流程

12.2.3.3　RV-CNN 和专用指令集对比

1．适用范围

RV-V 指令集的建立旨在利用应用中的数据级并行，其可广泛应用于科学计算、数据信号处理以及机器学习等领域．Cambricon[17]指令集则是面向神经网络领域，如 CNN、循环神经网络（RNN）以及长短期记忆网络（LSTM）等 10 余种网络模型而设计的指令集．相比之下，RV-CNN 指令集着重针对神经网络领域中的 CNN 而设计，其中涉及的运算类型较少．因此，前两者针对的领域更广泛，设计的难度也更大，这在指令集包含的指令类型和数目上也有所体现．RV-V 指令集已经包含了超过 60 条指令（草稿版本 0.8），Cambricon 指令集中包含了 47 条指令，而 RV-CNN 指令集仅包含了 10 条指令．

2．粗细粒度

RV-V 和 RV-CNN 指令集中分别包含了向量和矩阵指令，而 Cambricon 指令集中则包含了标量、向量以及矩阵 3 类不同的指令．Cambricon 之所以包含标量指令是因为其在概念上是一个完备的神经网络指令集，但其中用于加速计算的仍是向量和矩阵指令．因此，在指令粒度层面上，RV-CNN 指令集是三者中指令粒度最大的，Cambricon 指令集其次，由于 RV-V 指令集中均是向量指令，相比之下粒度最小．这也与指令集的适用范围相关，由于在设计 RV-V 指令集时针对的应用领域最为广泛，因此需要从多种计算操作中提取共性部分．考虑到硬件规模及能耗限制，这一过程往往需要结合算法特性，将不同的计算过程不断地向下拆分以寻求计算共性，提高指令集的表达能力，因此相较于前两者 RV-V 指令集的指令粒度最小．

3．代码映射机制

Cambricon 指令集的代码映射是基于框架的，其为流行的编程框架提供适配的机器学习高性能库与软件运行时支持，向上为框架提供丰富的算子和计算图方法以构造整个网络，向下通过调用内置驱动产生指令以控制硬件．RV-CNN 指令集的代码映射过程以基于框架的模型描述文件开始，不同于 Cambricon 对框架进行修改，RV-CNN 仅对框架下的模型描述文件进行分析，从而提取模型结构及权重信息，进而配合融合策略建立模型中算子和指令间的映射关系，之后根据复用策略进行指令编排，最终经汇编形成可执行文件．RV-V 指令集目前处于正在进行的状态，还未提供可使用的编译器来完成对代码的自动矢量化过程，仍需要用户手写汇编指令．但其中涉及大量细粒度的向量指令，这给编程过程中寄存器分配以及指令编排增加了难度．

12.2.4　实例

本小节对 RV-CNN 的使用进行了样例介绍并阐述了相应的硬件设计支持与最终的加速效果．

12.2.4.1　汇编代码示例

为了阐述提出的专用指令集的用法，我们列举了使用 RV-CNN 构建的 CNN 中两个具有代表性的部分,即卷积层和池化层.其中,卷积层的实现通过融合指令包含了激励层的操作.而全连接层的代码实现与卷积层代码类似,仅在配置参数上略有不同,故不一一列举.

　　RV-CNN 实现的卷积层代码如图 12.10 所示,其中,左侧是在 Caffe 框架中编写的卷积层代码(用以示意),其完成对输入特征图(14×14×512),使用 512 组尺寸为 3×3,步幅为 1 的卷积核进行特征提取的过程.图中右侧则是使用专用指令完成相同功能的示意代码,其中假设硬件片上资源充足且数据排列顺序合适.

```
layer{                        // $1:输入 mat1 地址, $2:输入 ma12 地址
    type: "data"              // $3:临时变量地址, $4:输出尺寸
    name: "data"             // $6:mat1 地址, $7:mat1 大小, $8:mat2 地址
    top: "data"              // $9:mat2 大小, $10:输出矩阵地址
    input_param: {           // $11, $12:循环计数器
        shape: {
            dim: 512          LI      $5,0x0E0E-0301  //H=14,W=14,K=3,S=1
            dim: 14           LI      $VLR,0x10       //设置 vlr=16
            dim: 14}          LI      $6,0x30000
        }                     LI      $8,0x50000
    }                         LI      $10,0x70000
                              LI      $11,0x1E        //设置计数器为 30
    layers {                  LI      $12,0x20
    bottom: "data"       L0: MLOAD  $1, $6, $7       //加载分片权重
    top: "conv1"             MLOAD  $2, $8, $9       //加载分片激活
    name: "conv1"            MMM    $3, $2, $1, $5   //mat1 x mat2
    type: CONVOLUTION        ADD    $8, $8, $9       //更新 mat2 地址
    convolution_param {  L1: MLOAD  $2, $8, $9
        num_output: 512      MMMS   $3, $2, $1, $5  //mat2 x mat2 & accumulate
        pad: 1               ADD    $8, $8, $9       //更新 mat2 地址
        kernel_ size: 3}     SUB    $11, $11, #1
    }                         BGE    $11, #0, L1     //if(loop counter>0) goto labell
                              MLOAD  $2, $8, $9
    layers {                  MMSA   $3, $2, $1, $5  //mat2 x mat2 & accumulate&relu
    bottom: "conv1"          MSTORE $3, $10, $4       //结果送至地址($10)处
    top: "conv2"             SUB    $12 $12, #1
    name: "relul"            ADD    $6, $6, $7       //更新 matl 地址
    type: RELU               ADD    $10, $10, $4     //更新输出地址
    }                         BGE    $12, #0, L0     //if(loop counter>0) goto label0
```

图 12.10　RV-CNN 实现的卷积层代码示例

　　由于指令从寄存器中获取参数信息,因此我们首先需要向寄存器中加载必要的信息.这里首先加载立即数 0x0E0E0301 至 $5 寄存器,根据前一小节对指令格式的描述,该 32 位数据中由高至低的 4 个字节分别代表了输入数据的高度(14)、宽度(14)、卷积核尺寸(3)以及步幅(1).之后设置向量寄存器 VLR 为 16,代表一次处理的向量长度为 16.由于采用分片技术,这里设置循环计数器 $11、$12 来完成深度方向和不同卷积核的遍历.随后,通过在寄存器 $6、$8、$10 中加载数据在片外 DDR 中的实际地址,以便通过 MLOAD/MSTORE 完成数据传输.以上寄存器中的信息应由指令生成器或者用户根据网络模型以及硬件参数信息生成.在此基础上,开始实际计算过程.首先分别将数据从片外 0x30000 和 0x50000 处加载至由 $1 和 $2 指定的片上目的地址.数据加载完毕后,通过执行 MMM 指令完成计算.计算过程中的中间结果保存在片上便签存储器中.之后的计算通过使用 MMMS 指令完成计

算与片上中间结果累加,以减少不必要的片外访存.最终,通过执行 MMMSA 指令完成部分最终结果的激活,并由 MSTORE 指令将结果传输至片外.

RV-CNN 实现的池化层代码如图 12.11 所示,左侧仍以 Caffe 框架中编写池化层代码作功能示意,其表示对输入特征图(14×14×512),使用 2×2、步幅为 2 的池化窗口进行最大值采样.图右侧则是使用专用指令完成相同功能的示意代码,其中仍假设硬件片上资源充足且数据排列顺序合适.

由于池化层不包含权重数据且不在深度方向上累积,在输入图片大小合适的情况下,其 RV-CNN 实现的代码比卷积层代码要简洁.在向相应寄存器中加载完参数后,利用 MLOAD 指令将待处理数据从片外 0x10000($6)处加载至片上目的地址 $1 处.输入数据加载完毕后,使用 MXPOOL 指令进行降采样并将结果存储在片上临时地址 $5 处,采样结束后,则由 MSTORE 将结果传输至片外地址 0x40000($7)处,该过程中输出并不会在片上累加.代码中的循环计数器是为了在输入数据深度方向上遍历,一次载入、池化、载出完成一次分片数据的采样,之后更新载入、载出地址以及计数器值.

```
                      // $1:输入 mat 地址, $2:特征图尺寸
                      // $3:循环计数器, $5:临时变量地址
                      // $6:mat 地址, $7:输出 mat 地址, $8:输出大小

layers {
  name: "pool"       LI        $4,    0x0E0E-0202   //H = 14, W = 14, K = 2, S = 2
  type: POOLING      LI        $VLR, 0x10           //设置 vlr = 16
  bottom: "data"     LI        $3,    0x20          //设置循环计数器为 32
  top: "pool"        LI        $6,    0x10000
  pooling_param {    LI        $7,    0x40000
    pool: MAX    L0: MLOAD     $1, $6, $2           //加载部分特征图
    kernel-size: 2     MXPOOL  $5, $1, $2, $4       //降采样
    stride: 2          MSTORE  $5, $7, $8           //存储结果至地址($7)处
  }                    ADD     $7, $7, $8
}                      ADD     $6, $6, $2           //更新输出地址
                       SUB     $3, $3, #1
                       BGE     $3, #0, L0           // if(loop counter>0) goto label0
```

图 12.11　RV-CNN 实现的池化层代码示例

12.2.4.2　整体架构

在 CPU 中添加不同指令,其硬件逻辑与处理器核的选择方式可以有多种,我们这里列举了紧耦合与松耦合的两种方式,如图 12.12 所示.设计 SIMD 指令向量采取紧耦合方式,通常需要在处理器核中增加向量寄存器页、向量功能部件,其加载/存储部件和标量共享.因此紧耦合的方式,加速单元与处理器核的通信直接,但会对处理器核的时序造成影响.而采取松耦合的方式,加速单元通常使用 SPM 来替代 Cache,并在其中集成 DMA 以从 DDR 中获取数据,数据之间的同步和管理由用户编程显示控制.采用 SPM 的好处是可以进行变长数据访问,并且比 Cache 的功耗低,控制简单,但是特定于加速单元的 SPM 仍会增加面积开销.

通过对以上两种方式进行分析,我们设计了介于紧耦合与松耦合之间的方式,即矩阵单元拥有自己的 SPM 并集成了 DMA 用于快速片外访问,其配置信息仍由 CPU 核控制,但不

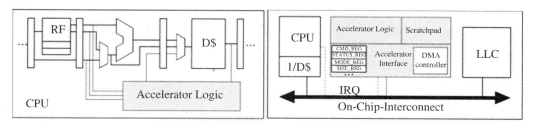

图 12.12　加速逻辑与 CPU 核的紧耦合、松耦合方式

通过总线而是直接嵌入流水线架构中.图 12.13 展示了包含 RV-CNN 扩展的 RISC-V 处理器核的主要功能部件以及简化的流水线结构.可见,其包含了基本的 5 个流水线阶段——取指、译码、执行、访存和写回.其中,矩阵计算单元处于流水线的执行阶段,用于完成矩阵指令的执行.在取指、译码阶段之后,基础指令集中的指令将进入 ALU,然后进入下一个阶段.当译码阶段解析出当前指令是矩阵指令后,译码器从寄存器中获得相应信息并保存,待下一个周期送入矩阵单元.矩阵单元根据接受的指令信息并检测相应功能部件的状态以确定是否执行.由于片上便签寄存器的地址空间用户可见,矩阵单元可以通过矩阵数据传输指令和内存进行交互,因此,矩阵指令进入矩阵单元后不会经过访存和写回两个阶段,而其余指令不通过矩阵单元,其访存仍通过高速缓存(Cache).这样可以避免不必要的数据依赖性检测和硬件自动的数据换入换出.此外,由于矩阵单元包含了大量的计算单元,其内部有自己的流水线结构,译码器根据矩阵单元能否接受矩阵指令信息来决定是否停止流水线.鉴于矩阵指令连续、大量的数据访问,我们在便签存储器外集成了 DMA 控制器,以便满足矩阵单元的数据访问需求.需要注意的是,矩阵单元完成计算和逻辑类指令所涉及的数据已经存在于片上,这需要程序的严格控制.

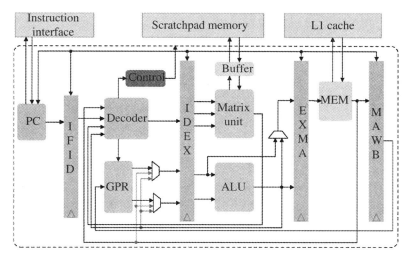

图 12.13　包含 RV-CNN 扩展的处理器核简化框图

12.2.4.3　矩阵单元设计

　　矩阵单元的整体结构如图 12.14 所示,其内部主要包含了输入输出单元、矩阵乘法单元、激活单元、池化单元以及内部控制器,其中,黑色和灰色箭头分别表示控制流和数据流.矩阵单元接收传入的指令信息以及寄存器信息后存储到队列中.内部控制器(作为有限状态机)是矩阵单元的控制中心,其根据控制信息将唤醒子组件(如果可用)以完成相应任务.否则,它将生成一个反馈信号以指示相应的功能单元正忙.缓冲模块本质上是一个片上存储器,矩阵单元中的计算核心从中获取数据并将产生的结果写入.除融合指令会同时启动多个计算核心外,计算单元大致上与粗粒度指令一一对应.最后,输入输出模块则负责根据有效地址在矩阵单元与片上便签存储器之间进行数据传输.

由于矩阵乘法单元被卷积层和全连接层共用,其承担了大部分计算,因此该单元的实现对性能至关重要.这里我们采用了脉动阵列结构实现的矩阵乘法,其结构如图 12.14(b)所示.脉动阵列是一种高效且简单的矩阵乘法实现方式,其通过二维网格将 MAC(multiply-accumulate)单元绑定在一起,除阵列的最外侧层(这里是最左侧和最上侧)的计算单元直接与片上缓冲相连以获取数据外,其余计算单元均从其邻居中获得输入.这种方式在 MAC 阵列规模变大时将显著减少片上缓冲的扇入扇出.同时,数据在 MAC 单元之间流动性地传递也增加了数据复用.例如,当 MAC 阵列为 12×16 时,矩阵 B 中的元素按行于不同时刻由左至右在阵列中传递,数据输出时复用了 16 次;类似地,矩阵 A 中的元素按列于不同时刻由上至下在阵列中传递,输出时复用了 12 次.在这一过程中,配合流水线优化,每周期只需要向阵列输入 28 个数,就可以进行 192 个 MAC 操作.此外,短的局部互连也降低了布局布线的难度,因此,这里我们选择使用脉动阵列作为矩阵乘法的实现方式.

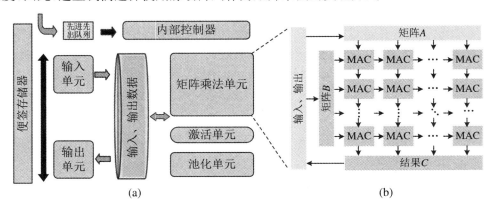

图 12.14 矩阵单元的结构示意图

12.2.4.4 优化细节

1. 指令级并行

尽管我们这里设计的扩展指令是主要探索数据级并行的粗粒度指令,但指令间的并行仍然是必需的.由于矩阵指令往往耗费上千个周期完成,我们这里对子部件进行闲、忙以及冲突检测以便将计算和访存并行,以达到如图 12.15 所示效果.

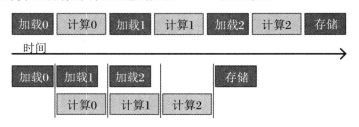

图 12.15 执行、计算指令执行重叠

2. 数据量化

CNN 对有限的数值精度具有固有的鲁棒性, 在预测阶段使用浮点计算并不是必需的. 而权重和激活的低位宽表示形式有助于避免昂贵的浮点计算, 同时显著减少带宽需求和内存占用. 通过重训练和特定的微调手段, 采用定点数进行预测造成的精度损失可以忽略不计 (小于 1%). 因此矩阵单元的数据类型都采用 INT16 数据类型.

12.2.4.5　实验评估

为了验证所提出的专用指令的有效性, 我们在 FPGA 平台上构建了包含该指令集扩展的基于 RISC-V 架构的处理器核. 其资源消耗如表 12.5 所示.

表 12.5　**Xilinx ZC702 平台上部署的硬件资源利用率**

Resource	DSP	BRAM	LUT	FF	Power（W）
Total amount	220	280	53200	106400	
Used	200	181	26177	30665	
Utilization	91%	65%	49%	29%	2.12

可以看出, 该资源消耗远大于一般的 RISC-V 基础核的资源消耗, 由于我们这里主要关心扩展指令对 CNN 的加速效果, 主要资源消耗都在矩阵单元. Vivado 功耗报告为 2.12 W. 在此基础上, 通过编写汇编指令, 并使用 AlexNet、VGG16 两种不同规模的卷积神经网络进行仿真评测. 该原型系统的峰值性能可分别达到 10.27 GOPS/w 与 16.96 GOPS/w, 相比于通用 CPU 有明显能效提升.

本章小结

RISC-V 架构的简洁性、高效性、开源性吸引了工业界与学术界的广泛关注. 由于 RISC-V 的开源特性, 设计低功耗以及高性能的芯片将不再收取高昂的授权费用. 因此, 工业界主要面向嵌入式芯片架构设计、物联网 AI 芯片和开发执行环境, 以摆脱 ARM 与 Intel 芯片授权费用与设计的制约. 其中嵌入式芯片架构设计主要包括微处理器、SoC 和 ASIC 的结构设计, 物联网 AI 芯片主要面向低功耗、可穿戴和端测等领域, 开发执行环境主要有处理器跟踪技术、模拟器、软件工具链和可信执行环境等. 学术界的研究则更加广泛, 涉及基于 RISC-V 做通用处理器核的低功耗与高性能的优化的工作, 或面向特定场景或特定应用的扩展指令设计的工作等. 通过对基于 RISC-V 的加速器定制方案的相关工作进行分析, 以目前流行的 CNN 应用加速为例, 阐述了扩展指令的设计思想并基于此设计了粗粒度指令集. 该指令集旨在利用数据级并行来加速 CNN 中的卷积运算, 因此加速单元与处理器采用了松耦合的方式. 通过在 FPGA 上进行原型验证, 相较于通用处理器取得了不错的能效比.

参考文献

［1］ "The RISC-V Instruction Set Manual, Volume I: User-Level ISA, Document Version 20191213", Editors Andrew Waterman and Krste Asanović, RISC-V Foundation, December 2019.

［2］ Asanović K, Avižienis R, Bachrach J, Beamer S, Biancolin D, Celio C, Cook H, Dabbelt P, Hauser J, Izraelevitz A, Karandikar S, Keller B, Kim D, Koenig J, Lee Y, Love E, Maas M,

Magyar A, Mao H, Moreto M, Ou A, Patterson D, Richards B, Schmidt C, Twigg S, Vo H, Waterman A. The Rocket Chip Generator[C]. Technical Report UCB/EECS-2016-17, EECS Department, University of California, Berkeley, April 2016.

[3] Zhao J, Korpan B, Gonzalez A, et al. Sonicboom: The 3rd generation berkeley out-of-order machine[C]//Fourth Workshop on Computer Architecture Research with RISC-V, 2020: 5.

[4] Lee Y, Schmidt C, Ou A, et al. The Hwacha vector-fetch architecture manual, version 3.8. 1[J]. EECS Department, University of California, Berkeley, Tech. Rep. UCB/EECS-2015-262, 2015.

[5] Lee Y, Ou A, Magyar A. Z-scale: Tiny 32-bit RISC-V systems[C]//2nd RISC-V Workshop, 2015.

[6] Ucb-Bar (2023a) UCB-Bar/RISCV-sodor: Educational microarchitectures for RISC-V ISA, GitHub. Available at: https://github.com/ucb-bar/riscv-sodor (Accessed: 14 August 2023).

[7] Bao Y G, Wang S. Labeled von Neumann architecture for software-defined cloud[J]. Journal of Computer Science and Technology, 2017, 32: 219-223.

[8] Traber A, Zaruba F, Stucki S, et al. PULPino: A small single-core RISC-V SoC[C]//3rd RISCV Workshop, 2016.

[9] Ucam-Comparch (2017) Ucam-comparch/clarvi: Clarvi simple RISC-V processor for teaching, GitHub. Available at: https://github.com/ucam-comparch/clarvi.

[10] f32c (2023) F32C/F32c: A 32-bit RISC-V / MIPS ISA retargetable CPU Core & SOC, 1. 62 DMIPS/MHz, GitHub. Available at: https://github.com/f32c/f32c (Accessed: 14 August 2023).

[11] Kurth A, Vogel P, Capotondi A, et al. HERO: Heterogeneous embedded research platform for exploring RISC-V manycore accelerators on FPGA[J]. arXiv preprint arXiv:1712.06497, 2017.

[12] Flamand E, Rossi D, Conti F, et al. GAP-8: A RISC-V SoC for AI at the Edge of the IoT[C]// 2018 IEEE 29th International Conference on Application-Specific Systems, Architectures and Processors (ASAP), IEEE, 2018: 1-4.

[13] Shi R, Liu J, So H K H, et al. E-LSTM: Efficient inference of sparse LSTM on embedded heterogeneous system[C]//Proceedings of the 56th Annual Design Automation Conference 2019, 2019: 1-6.

[14] Papaphilippou P, Paul H J K, Luk W. Simodense: A RISC-V softcore optimised for exploring custom SIMD instructions[C]//2021 31st International Conference on Field-Programmable Logic and Applications (FPL), IEEE, 2021: 391-397.

[15] Cong J, Ghodrat M A, Gill M, et al. Accelerator-rich architectures: Opportunities and progresses [C]//Proceedings of the 51st Annual Design Automation Conference, 2014: 1-6.

[16] Lou W, Wang C, Gong L, et al. RV-CNN: Flexible and efficient instruction set for CNNs based on RISC-V processors[C]//Advanced Parallel Processing Technologies: 13th International Symposium, APPT 2019, Tianjin, China, August 15-16, 2019, Proceedings 13. Springer International Publishing, 2019: 3-14.

[17] Liu S, Du Z, Tao J, et al. Cambricon: An instruction set architecture for neural networks[J]. ACM SIGARCH Computer Architecture News, 2016, 44(3): 393-405.

第 13 章 可重构加速器定制中的编译优化方法

随着后摩尔时代的到来,计算机体系结构的发展面临着新的挑战.传统的 CPU 已经无法满足对计算资源的需求,而 FPGA 作为一种可重构硬件,因灵活性和高性能而备受关注.然而,FPGA 的设计与编程门槛较高,且常常需要大量的时间和精力进行优化,因此需要有效的工具链来加速这一过程.高层次综合工具是 FPGA 设计和编程的重要工具之一,其可以将高级语言(C/C++)转化为硬件描述语言,并进行优化.虽然这种方法简化了 FPGA 设计的过程,但复杂的优化原语仍然是使用者的负担.为了进一步降低编程门槛和提升代码效率,人们尝试从编译角度入手对工具链进行优化.例如,Merlin 编译器和多面体模型的推广,可以大大提高工具链的效率.此外,领域定制编程语言和中间语言的发展也给 FPGA 设计和编程带来了革命性的影响.这些简洁而高效的语言,如 Halide 和 HeteroCL,可以极大地提高相关领域的开发和优化效率.这些语言可以根据特定的应用场景和硬件结构进行优化,从而实现更高效的 FPGA 设计.最后,通过将经过优化的中间语言映射到对应的硬件模板上,我们可以实现完整的全自动化的加速器设计流程.这种流程大大简化了 FPGA 设计和编程的过程,并提高了设计的效率和准确率.

13.1 高层次综合工具与硬件定制

在过去的几十年里,对计算能力的需求一直在增长.然而,推动摩尔定律的技术发展的速度一直在显著放缓[1],散热造成的"电源墙"一直在限制并行计算的发展.另一个重要的限制因素是"内存墙"[2],这是由于内存性能的扩展速度比处理器慢.计算单元和内存系统之间的通信成为许多应用领域的性能瓶颈.因此,特定领域的定制因其高度可定制的微架构以及定制带来的高能效和内存利用率而被越来越多的领域采用.现场可编程门阵列(FPGA)由于可重构性在数据中心的定制加速器采用方面发挥了关键作用.与此同时,最新进展和采用基于 C 语言的高层次综合技术(HLS)极大地提高了 FPGA 加速器的开发效率,将"难以编程"的 FPGA 加速器带到更广泛的社区.

然而,创建高效的加速器对于程序员来说仍然不是一件容易的事.当前基于 C 的 HLS 高度依赖于程序员插入的编译器指令("pragmas")来实现良好的结果质量(QoR).学习使用这些编译器指令需要底层微架构的背景知识,这对于每个应用程序领域的专家来说都需要很长时间.更糟糕的是,即使对于经验丰富的 FPGA 程序员来说,与高级软件语言相比,基于 C 语言的 HLS 的生产力通常也较低,特别是对于需要设计空间探索和优化超出编译器指令所提供的内存限制的应用程序.

本章将首先介绍基于 HLS 进行 FPGA 加速器设计的背景,而后从四个方面介绍基于 HLS 的编译优化技术来进行 FPGA 加速器设计和优化的探索,包括源代码到 RTL 优化、源代码到源代码优化、领域定制语言与中间表达以及加速器模板映射.

13.2　源代码到 RTL 优化

13.2.1　高层次综合(HLS)原理

现场可编程门阵列(FPGA)是一块包含可重新编程构建块的集成电路.通常,此类构建块包括查找表(LUT)、触发器(FF)、数字信号处理器(DSP)和块随机存取存储器(BRAM).每个模块的功能以及它们的互连都是可重新编程的,因此可以将单个电路定制为针对不同应用的加速器.这种硬件重新配置功能可以完全控制计算和数据路径,而不会产生通用指令的开销,从而降低了广泛应用内核的"电源墙"和"内存墙".

然而,FPGA 加速器有一个显著缺点,即可编程性差,几十年来一直阻碍其广泛采用.FPGA 器件的常规编程抽象是寄存器传输级(RTL)描述,它不仅要求程序员设计和优化程序的功能,而且迫使程序员手动将功能分解和调度到几个流水线阶段.相比之下,软件程序员只需要指定程序的行为,很少有硬件抽象的细节,这使得软件程序的开发和迭代周期明显短于硬件加速器.因此,FPGA 研究人员和供应商在过去十年中一直在采用高级综合(HLS)技术[8],这使程序员不必手动规划和优化电路设计的时序.典型的 HLS 编译流程如图 13.1 所示.首先,将用户输入程序编译为 LLVM 中间表示(IR),同时构建其控制数据流图(CDFG).然后,执行 IR 到 HDL(硬件描述语言)代码转换,以将 IR 映射到具有调度优化的 RTL 设计.这完成了将设计的行为描述映射到其 RTL 描述的 HLS 过程.随后,启动传统的 FPGA 设计自动化流程以生成设计的比特流文件,其中包含 FPGA 逻辑和 RAM 块的配置数据.包含资源消耗和性能估计的报告通常与 RTL 代码一起生成,为结果质量(QoR)评估和优化提供指导.

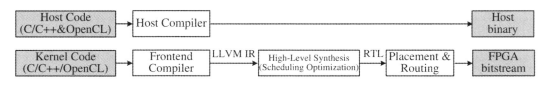

图 13.1　典型的 HLS 编译流程

与传统的 RTL 范式(图 13.2(a))程序员经常花费数十分钟来验证代码修改的正确性相比,使用 HLS 的程序员可以实现更短的开发周期(图 13.2(b)).程序员可以用 C 语言编写代码,并利用快速软件仿真来验证功能的正确性.这样的正确性验证周期可能只需 1 秒,从而可以快速迭代功能.一旦 HLS 代码功能正确,程序员就可以生成 RTL 代码,根据生成的性能和资源报告评估结果质量(QoR),并相应地修改 HLS 代码.这样的 QoR 调整周期通常只需要几分钟.得益于 HLS 调度算法[9-13]、时序优化[7,14,15]以及最近的时钟频率[7]的进步,HLS 不仅可以缩短开发周期,而且可以生成在周期数上往往具有竞争力的程序[16].此外,

FPGA 供应商为 HLS[17,18] 中设计的内核提供主机驱动程序和通信接口,进一步减轻了程序员将工作负载集成和卸载到 FPGA 加速器的负担.

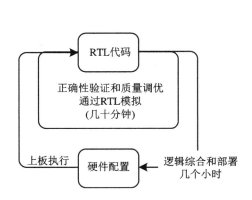

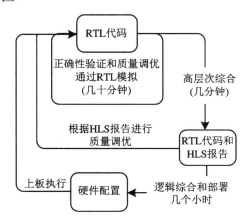

(a) 不带 HLS 的 FPGA 加速器开发流程。
程序员通常会花费几分钟的时间来评估
代码修改后的正确性和结果质量

(b) HLS 下的 FPGA 加速器开发流程。
程序员在代码修改后只需花费几秒钟
来验证其正确性。结果的质量通常可
以在不到 10 分钟的时间内从 HLS 报告
中获得

图 13.2　使用和不使用 HLS 的情况下 FPGA 加速器的部署流程

经过多年的发展,已经实现了 30 多种 HLS 工具[19],如表 13.1 所示.但是由于各种原因(例如,被社区遗弃或被商业公司购买),其中一些不再使用.

LegUp[20] 于 2011 年首次在多伦多大学发布,现已更新到最新版本 4.0.该软件专门针对 Altera FPGA 系列,支持 Pthreads 和 OpenMP,自动将软件线程合成到并行操作的硬件模块中.除内存分配和递归外,LegUp 支持大部分 C 语言语法.基于位掩码分析和静态编译时的可变范围,LegUp 可以自动缩小数据路径宽度以减少位宽,并支持寄存器移除和多周期路径分析.寄存器移除可消除某些路径上多个周期内的寄存器,生成符合工具流程后端的约束.

GAUT[21] 是一个开源 HLS 工具,专为数字信号处理(DSP)应用而设计.在调度、分配和绑定任务之前首先提取应用程序的潜在并行性.然后生成一个潜在的流水线架构,包括处理和内存模块,以及带有 GALS/LIS 接口的通信单元.在综合过程中,吞吐量和时钟周期是强制性的,I/O 时序图和内存映射是可选的.

Vivado HLS 最初由 AutoESL 开发,命名为 AutoPilot[8]. Xilinx 于 2011 年收购 AutoPilot,并于 2013 年发布了第一款基于 LLVM 的 Vivado HLS. Vivado HLS 以 C、C++ 和 System-C 作为输入,并以 Verilog、VHDL 和 System-C 生成 HDL 描述.通过集成的设计环境和 Vivado HLS 提供的丰富功能,可以微调生成过程. Vivado HLS 提出了多种优化选项,例如循环流水线、循环展开、操作链接和内存映射,支持流式和共享内存类型接口,以简化加速器之间的集成.

表 13.1 现存 HLS 工具

许可证	应用领域	编译器	所有者	输入	输出	年份	测试集	浮点	定点
商用	All	Vivado HLS	Xilinx	C/C++ / SystemC	VHDL/ Verilog/ SystemC	2013	Yes	Yes	Yes
		FPGA SDK for OpenCL	Intel	C	VHDL/Verilog/ System-Verilog	2013	Yes	Yes	Yes
		LegUp	LegUp Computing Inc.	C	Verilog	2015	Yes	Yes	No
		Cyber-WorkBench	NEC	BDL	VHDL/Verilog	2011	Cycle/ Formal	Yes	Yes
		eXCite	Y Explorations	C	VHDL/Verilog	2001	Yes	No	Yes
		Catapult-C	Calypto Design Systems	C/C++ / SystemC	VHDL/Verilog/ SystemC	2004	Yes	No	Yes
		Stratus	Cadence	C/C++ / SystemC	Verilog	2004	Yes	Yes	Yes
		Bluespec	BluSpec Inc.	BSV	System-Verilog	2007	No	No	No
	Dataflow	MaxCompiler	Maxeler	MaxJ	RTL	2010	No	Yes	No
	DSP	Synphony	Synopsys	C/C++ / SystemC	VHDL/Verilog/ SystemC	2010	Yes	No	Yes
	Streaming	DK Design Suite	Mentor Graphics	Handel-C	VHDL/Verilog	2009	No	Yes	No
学术	DSP	GAUT	U. Bretagne	C/C++	VHDL	2008	Yes	No	Yes
	Streaming	ROCCC	UC. Riverside	C subset	VHDL	2010	No	Yes	No
	All	LegUp	U. Toronto	C	Verilog	2011	Yes	Yes	No
		Bambu	PoliMi	C	Verilog	2012	Yes	Yes	No
		DWARV	TU. Delft	C subset	VHDL	2012	Yes	Yes	Yes

用于 OpenCL 的 FPGA SDK 最初由 Altera 发布.它提供了一个基于增强的 OpenCL 标准的异构并行编程环境[22].2018 年 10 月,英特尔发布 Intel FPGA SDK for OpenCL™ Pro Edition 3.用于 OpenCL 的 FPGA SDK 将应用程序分为两个主要部分——管理应用程序和 FPGA 加速器的主机程序,以及 FPGA 编程比特流[23].在编译过程中,OpenCL 编译器将 OpenCL 内核编译成主机程序用于对 FPGA 进行编程的映像文件.主机端 C 编译器编译主机程序并将其链接到英特尔 FPGA SDK for OpenCL 运行时库.FPGA 编译器自动展开循环,如果自动展开结果不满足,也可以通过指令手动展开.

Catapult-C 是一款商用 HLS 工具,可灵活选择目标技术和库、设置循环频率以及将函数参数映射到流接口、寄存器、RAM 或 ROM.现在,它主要专注于低功耗 FPGA 解决方案.

Max Compiler 是一个面向数据流的工具,它接受基于 Java 的语言 MaxJ 作为输入.它为在 Maxeler 硬件平台上运行的数据流引擎生成可综合的 HDL 描述.Max Compiler 将应用程序分为三个组件——内核、管理器配置和 CPU 应用程序.第一个组件负责 FPGA 上应用程序的计算部分.第二个组件通过 MaxRing 将内核连接到 CPU、引擎 RAM、其他内核和其他数据流引擎.最后一个组件与数据流引擎通信以将数据传输到内核和引擎 RAM.

DK Design Suite 使用 Handel-C 作为输入语言.Handel-C 是 C 语言的一个子集,并扩展了特定于硬件的结构.但是,设计人员需要明确指定时序规范并对并发和同步组件进行编码.此外,用户还必须手动将数据映射到不同的存储元素.因此,由于这些附加功能,设计人员需要高级硬件知识.

ROCCC 主要关注高计算密度和少控制的应用程序的并行化.这限制了将其应用于流应用程序.而且只有 C 语言的一个子集被接受为设计语言.例如,只允许整数数组操作和具有固定步幅的完美嵌套循环.

13.2.2　总结

在通用处理器(如 CPU 和 GPU)编程领域,随着软件规模和复杂性的增长,高级语言逐渐取代汇编语言.以此为参考,FPGA 社区认为 HLS 是解决 FPGA 设计问题的一种很有前途的方法.然而,仍然存在研究挑战.

第一,高级语言是针对带有指令系统的处理器的过程描述而设计的,而 FPGA 设计是对电路结构的描述.这使得设计人员仍然需要了解硬件设计的规则,学习如何用高级语言描述硬件结构.大部分设计人员都是从学习高级语言进行程序描述开始的,他们的思维习惯很难改变.

第二,与普通处理器的编译器不同,HLS 的编译器不能完全接管设计的优化.大多数 HLS 工具都为用户提供了手动指导优化过程的指令,这使得优化过程耗时且高度依赖设计人员的硬件经验.更糟糕的是,设计人员必须重构程序以匹配重新调度规则,这有助于合成器在特征提取期间表现得更好.由于缺少规则文件,程序重构再次转化为 DSE 问题.

根据我们对文献的调查,HLS 社区在 HLS 工具的性能优化方面做出了很多贡献,例如,使设计空间的探索更快、更自动化,建立库以改进代码重用,提高验证和调试的效率,探索更好的并行方法,并提供预定义的编程模板.

基于对 HLS 和 FPGA 设计的研究,HLS 工具还有一些工作待未来优化.

第一,HLS 工具的性能优化不仅要关注生成电路的性能,如面积、时延、吞吐量等,还要考虑 HLS 工具的易用性,例如自动代码生成、自动测试框架生成、调试更直观.毕竟,编程占据了 HLS 设计的大部分内容.

第二,为了降低设计人员对硬件知识的要求,最好将 HLS 设计过程与嵌入式系统设计过程进行类比.嵌入式系统设计工具通常将硬件操作集成到开源应用程序编程接口(API)包中.设计人员通过 API 指定功能而不考虑硬件结构,以便他们可以专注于算法.对于细粒度的操作,设计人员可以直接通过指令操作硬件,或者修改库的源代码以匹配功能和性能要求.在下一代 HLS 工具中,可以提供类似的想法.API 包是通过开源库提供的.硬件知识较少的设计人员可以以较低的时间成本完成 FPGA 设计.API 应以 RTL 语言实现保证性能.如果需要进行性能优化,设计人员可以通过库的开源进行底层操作和资源管理.这样,将提供更具弹性的 HLS 工具.

第三,可以提供 FPGAs 虚拟机,提供统一的编程模型.虚拟机应该是 FPGA 处理能力的更高层次的抽象,由可定制的并行化或流水线处理单元组成.借助虚拟机,设计人员将注意力转向统一的编程模型,并从并行计算或异构计算的角度实现算法.FPGA模板映射被认为是一种FPGA虚拟机.但是,抽象级别还不够.内核仍然必须由设计人员预先设计.

13.3　源代码到源代码优化

13.3.1　Merlin 编译器

为了在改进HLSC程序时减轻繁重的代码重构工作,Merlin编译器[24]是一种基于CMOST[25]编译流程的FPGA加速源到源转换工具.Merlin编译器提供了一组带有前缀"♯pragma ACCEL"的pragma,以从架构设计的角度表示优化.根据用户指定的Merlin pragma,编译器通过调用抽象语法树(AST)分析、供应商pragma插入和源代码到源代码转换,将相应的体系结构应用于程序.

图13.3展示了Merlin编译器的执行流程.它利用ROSE编译器基础设施[26]和多面体框架[27]进行抽象语法树(AST)分析和转换.前端阶段分析用户程序并分离主机和计算内核.然后,内核代码转换阶段根据用户指定的pragma应用多个代码转换.而Merlin编译器将执行所有必要的代码重构以使转换有效.例如,在执行循环展开时,Merlin编译器不仅展开循环,还进行内存分区以避免存储库冲突[28].最后,后端阶段采用转换后的内核并使用HLS工具生成FPGA比特流.

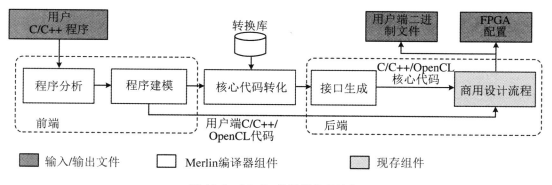

图13.3　Merlin 编译器执行流程

尽管Merlin pragma消除了手动代码重构,但设计人员仍然必须手动搜索每个pragma的最佳选项,包括位置、类型和因素.而且这也只是针对源程序本身实现的定制设计,并没有在应用并行、数据并行维度以及上层调度上进行更深入的优化设计,同时也没有针对计算兼容性做出进一步工作.

13.3.2　多面体模型

13.3.2.1　概念

多面体模型是循环嵌套优化的数学框架. 满足多面体模型要求的循环嵌套称为静态控制部分(SCoP)[29]. SCoP 被定义为一组具有循环边界和条件的语句, 作为封闭循环迭代器的仿射函数和在 SCoP 执行期间保持不变的变量. 多面体模型中的程序通常由四个部分表示——实体/状态、迭代域、访问关系和调度.

1. Statement/Instance: 代表一行代码. 而在循环中的代码, 每被执行一次, 就会对应到一个 Instance.

2. Domain: 对于一个 N 重循环, 每个 Instance 对应的循环可以被表示成一个长度为 N 的 Vector. 而所有可能的 Vector 的集合就是 Domain.

3. Dependency: 程序的语句之间会有数据依赖(读写依赖、写写依赖、写读依赖), 用一个仿射变换的不等式表达.

4. Schedule: 语句 S 定义一个调度(顺序), 这个调度用映射表示, 即 $\{S[i,j] \rightarrow [i,j]\}$, 表示语句 $S[i,j]$ 先按 i 的顺序迭代再按照 j 的顺序迭代.

下面使用矩阵乘法(MM)的运行示例来说明这些概念. 图 13.4 显示了示例代码. 迭代域包含程序中语句的循环实例. 示例程序中语句 $S0$ 的迭代域具有形式 $\{S0[i,j,k]: 0 \leqslant i < M \wedge 0 \leqslant j < N \wedge 0 \leqslant k < K\}$. 访问关系将语句实例映射到数组索引. 例如, 语句 $S0$ 中读取访问的访问关系具有形式 $\{S0[i,j,k] \rightarrow A[i,k]; S0[i,j,k] \rightarrow B[k,j]; S0[i,j,k] \rightarrow C[i,j]\}$. 最后, 时间表将实例集映射到多维时间.

语句实例按照多维时间的字典顺序执行. 例如, 语句 $S0$ 的时间表具有形式 $\{S1[i,j,k] \rightarrow [i,j,k]\}$. SCoP 程序的时间表可以用调度树来表示[30]. 图 13.5 显示了示例程序的调度树. 对部分调度进行编码形成叶节点. ISL 库操纵程序的调度树来执行循环转换. 为了生成最终代码, 从调度树中获得一个 AST, 然后将其降低到目标代码(例如, C).

```
for (int i = 0; i < M; ++i)
    for (int j = 0; j < N; ++j)
        for (int k = 0; k < K; ++k)
S0:         C[i][j] += A[i][k] * B[k][j];
```

图 13.4　MM 示例代码

```
DOMAIN : {S0[i,j,k]: 0 ≤ i < M ∧ 0 ≤ j < N ∧ 0 ≤ k < K}
BAND : {S0[i,j,k] → [i,j,k]}
```

图 13.5　用调度树形式展示的 MM 的初始调度

13.3.2.2　多面体优化

当把程序(源代码)转换成多面体模型后, 就可以通过数学上的分析将代码做优化. 整个多面体优化有各种各样的研究针对于运用这些数据提升代码性能.

例如对于图 13.6 的代码可以很轻易地提取出它的 Domain 和 Dependency. 因为是二维的(两重循环),我们可以直观地把它的 Domain 和 Dependency 画出来.

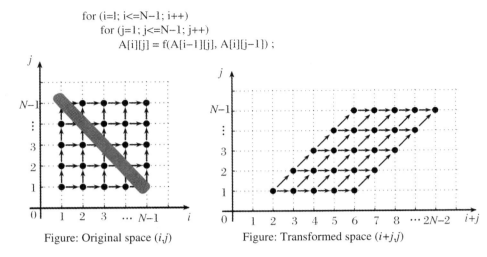

```
for (i=1; i<=N-1; i++)
    for (j=1; j<=N-1; j++)
        A[i][j] = f(A[i-1][j], A[i][j-1]) ;
```

j
N-1
3
2
1
0
1 2 3 … N-1 i
Figure: Original space (i,j)
j
N-1
3
2
1
0 1 2 3 4 5 6 7 8 …2N-2 i+j
Figure: Transformed space (i+j,j)

图 13.6 示例程序及其对应的域和依赖关系

Domain 就是左图上面的一个个黑点,黑点之间的箭头就表示依赖关系. 我们可以发现图中粗线条覆盖的五个节点之间没有依赖关系,因此是可以并行的(确切地说任何位于同一条 45°的线上面的节点都是没有依赖的). 然而如果用 OpenMP 的话,那我们只能并行两个循环,也就是说只能让一排或者一列的节点并行. 显然斜线是不能并行的.

多面体模型对程序的表示都是用集合和映射来完成的. 当我们把语句实例之间的依赖关系用细箭头表示在迭代空间内时,就可以得到如左图所示的形式. 根据依赖的基本定理,没有依赖关系的语句实例之间是可以并行执行的,而图中粗线条内(对角线上)的所有点之间没有依赖关系,所以这些点之间可以并行执行. 但是我们发现这个二维空间的基是(i,j),即对应 i 和 j 两层循环,无法标记可以并行的循环,因为这个粗线条与任何一根轴都不平行. 所以多面体模型利用仿射变换把基(i,j)进行变换,使粗线条与空间基的某根轴能够平行,这样轴对应的循环就能并行,所以我们可以将左图所示的空间转化成右图所示的形式.

此时,语句 S 的调度就可以表示成$\{S[i,j]\rightarrow[i+j,j]\}$的形式. 所以多面体模型的变换过程也称为调度变换过程,而调度变换的过程就是变基过程、实现循环变换的过程[31].

图 13.7 也展示了多面体模型针对各种情形的优化手段,此处就不再一一介绍.

13.3.3 总结

针对定制硬件加速器领域的源到源优化的主要目标是减轻用户负担,并提供部分贴合场景的自动化优化手段.

Merlin 编译器利用 ROSE 编译器基本结构和多面体模型进行抽象语法树(AST)分析和转换,可自动分割主机和计算内核,并进行重构. 但是还是需要用户手动指定并行系数等硬件实现的关键参数.

而多面体模型本身更针对于代码中的循环计算部分有着深入的优化,但是对于计算控制部分和底层硬件搜索并没有显著的优化.

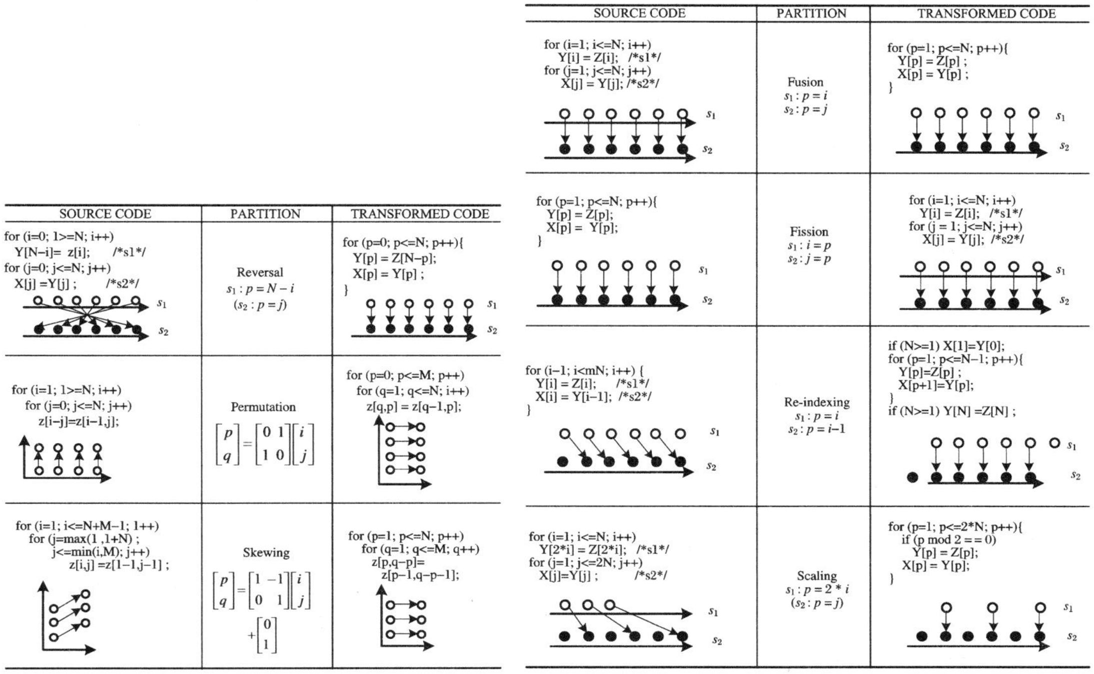

图 13.7 多面体模型针对不同情形的优化手段

这种源到源的转换结果只能说可以让下一级的工具更轻松地进行硬件设计上的实现,相较于源程序肯定有性能上的优势,但是对比手工分析后重构并优化的硬件结构来说并没有更好的体现.

13.4 领域定制语言与中间表达

13.4.1 领域定制语言

领域特定语言(DSL)是为特定应用程序领域创建的迷你语言.由于它们是特定领域的,DSL 通常比具有许多方便语言结构的通用语言具有更简单的语法,因此更容易学习和使用.

13.4.1.1 Halide

Halide[32]是一种开源 DSL,用于对图像和张量进行快速和便携的计算.它旨在帮助程序员在现代机器上轻松编写高性能图像处理代码.Halide 的最大优势之一是它将程序的算法描述与调度——它的执行策略——分离.在尝试优化 Halide 代码时,程序员可以简单地修改调度部分代码,而不需要改变算法部分来改变程序的执行方式.算法 13.1 显示了一段 Halide 程序的示例,程序员可以使用 reorder 轻松更改遍历顺序.对于等效的 C 或 C++ 代码,程序员必须更改其代码的整个循环.Halide 目前的目标是 CPU 和 GPU,它们都是没有硬件定制能力的软件平台.

算法 13.1　一段 Halide 程序的示例

```
1.    // Algori thm
2.    Var x("x"), y("y");
3.    Func B("B");
4.    B(x,y) = (A(x, y) + A(x +1,y) + A(x + 2, y)) / 3;
5.
6.    // Schedule
7.    B.reorder(y, x);
```

13.4.1.2　HeteroCL

HeteroCL[33]是一种基于 Python 的 DSL,用于软件定义的可重构加速器.与 Halide 类似,HeteroCL 将算法和调度分开,算法 13.2 所示.HeteroCL 和 Halide 之间的一个主要区别是 HeteroCL 支持针对具有多个后端的 FPGA 的编译流程,包括 SODA[34]、PolySA[35] 和 Merlin Compiler[36].因此,可以在后续生成的 HLS/RTL 代码中将定制的时间表移植到硬件设计中.HeteroCL 将硬件定制分为三种类型——计算、数据类型和内存架构,这允许程序员探索性能、面积、精度的权衡.

算法 13.2　一段 HeteroCL 程序的示例

```
1.    # Algorithm
2.    A = heterocl. placeholder((height, weight), name = 'A')
3.    B = heterocl. compute(A. shape,
4.                      lambdax,y:(A[x,y] + A[x + 1,y] + A[x + 2,y]) / 3,
5.                      name = 'B' )
6.
7.    # Schedule
8.    s = heterocl . create. .schedule([A, B])
9.    s. reorder(B. axis[1], B.axis[0])
```

HeteroCL 支持的异构后端生成 HLS 代码,然后使用供应商工具将其合成为 RTL 代码.这些后端针对不同类型的程序并实现了不错的性能.PolySA[35]针对脉动阵列,这是一种由一组相同的处理元件(PE)组成的架构.这种架构有广泛的应用,包括卷积计算和矩阵乘法.除此之外,Merlin Compiler[36]是一个更通用的后端,可以为 Intel 和 Xilinx 平台生成优化的 HLS 代码,大大增强了 HeteroCL 的通用性.

13.4.1.3　HeteroFlow

HeteroFlow[37]是最近刚提出的一种 FPGA 加速器编程模型,支持与算法描述和其他硬件定制分离的数据放置规范.HeteroFlow 提供了一个用于定制的统一编程接口:① 主机加速器数据放置,程序员可以以简洁、便携的方式指定 CPU 主机内存和 FPGA 加速器(或与加速器相关的设备内存)之间的数据方案;② 内核间数据放置,可以在加速器内的不同计算内核之间轻松实现高效的片上数据流（通过 FIFO 和多缓冲区）；③ 内核内数据放置，允许对空间体系结构（如脉动阵列）中常用的各种细粒度数据流模式进行高效而富有表现力的规范.

如图 13.8 所示，其展示了 HeteroFlow 的工作流程和样例，HeteroFlow 编译器后端会发出 OpenCL 或 HLS C/C++ 代码，这些代码可以在主流 FPGA 平台上编译和部署. 该后端为具有特定于供应商的库和 pragma 的通信通道生成高性能代码，并进一步利用现有的 HeteroCL 编译器，根据其他用户指定的硬件定制实现优化的加速器. 算法 13.3 显示了由 HeteroFlow 生成的 HLS 代码片段，其中包括不同级别的数据放置规范. 在映射到脉动数组的计算内核函数中，HeteroFlow 生成由 FIFO 连接的并行 PE，用于内核内数据移动（L3～L9）. 在 FPGA 加速器的顶层功能中，HeteroFlow 根据内存访问模式分配不同的内存接口，以最小的硬件开销实现最佳内存带宽（L13～L14）. 此外，HeteroFlow 自动在数据加载环路中应用内存聚合，以饱和片外内存带宽（L15～L18）. 片内 FIFO 和双缓冲区自动生成，以满足内核间数据放置（L20～L25）的要求.

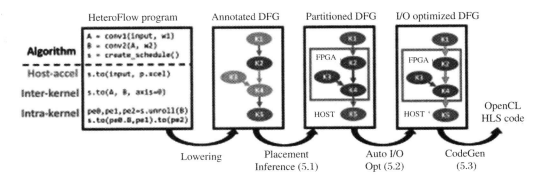

图 13.8　HeteroFlow 的编译流程

算法 13.3　由 HeteroFlow 生成的 HLS 代码示例

```
1.   // intra-kernel data placement with FIFOs
2.   void conv_ systolic_ array(stream<DTYPE>& fifo inter0,
         stream<DTYPE>& fifo_inter1) {
3.     # pragma HLS dataflow
4.     stream<DTYPE> fifo_in[M],fifo_out[N];
5.     # pragma HLS stream var = fifo_in [0]
6.     data_loader(fifo_inter0, fifo_in);
7.     PE<0,0>(fifo_in[0],fifo_out [0]);
8.     …
9.     PE<M,N>(fifo_in[M-1],fifo_out[N-1]);
10.     data_drainer(fifo_in[M-1], fifo_inter1);}
11.   // top-level function on accelerator
12.   void fpga(DTYPE * dma_mm,stream<DTYPE>& dma_fifo, int iter) {
13.     # pragma HLS interface m_axi port = dma_mm burst = factor
14.     # pragma HLS interface axis port = dma_fifo burst = factor
```

```
15.    for (i = 0; i<K; i++){
16.      DTYPE in1 = dma_fifo. read();
17.      DTYPE in2= dma_mm[INDEX[i]];
18.      compute1 (in1.range(31,0),in2.range(63,32), ...);}
19.    // inter-kernel FIFOs and double buffer
20.    stream<DTYPE> fifo_inter[N];
21.    ♯pragma HLS stream var = fifo_inter[0]
22.    DTYPE double_buf [2][SIZE];
23.    conv_systolic_array(fifo_inter[0], fifo_inter[1]);
24.    compute2(fifo_inter[1], double_buf [iter%2]);
25.    compute3(double_buf [1−iter%2]);}
```

13.4.1.4 总结

DSL 领域定制语言的目标是希望程序员可以远离硬件部分的实现,专注于算法的设计和上层的调度模式,由编程模型底层来进行更加深入的优化. 但是现在的工作依然有不少的挑战存在. 表 13.2 展示了大部分 DSL 相关工作所做出的努力.

表 13.2 **HeteroFlow 与其他编程框架的对比**

	设计语言	计算解耦	DP 解耦	统一 DP 接口	设计复杂度
HLS	C++	No	No	No	完全设计
Spatial [23]	DSL	No	No	No	完全设计
SODA [9]	DSL	No	No	No	单核心(模板)
AutoSA [43]	C++	No	No	No	单核心(脉动阵列)
HeteroHalide [27]	DSL	Yes	No	No	完全设计
T2S [40]. SuSy [25]	DSL	Yes	Partially	No	单核心(脉动阵列)
HeteroCL [24]	DSL	Yes	No	No	单核心
HeteroFlow	DSL	Yes	Yes	Yes	完全设计

Halide 面向用于对图像和张量进行快速和便携的计算. Halide 较早将程序的算法描述与调度——它的执行策略——分离. 但由于其主要面对的计算设备是 CPU 和 GPU,因此并没有针对性的硬件结构级别的优化.

而 HeteroCL 受 Halide 和 TVM 的启发,将算法规范与时间计算调度(如循环重新排序和平铺)分离. HeteroCL 进一步将算法与片上内存定制和数据量化方案分离. 但是,它没有为数据放置的显式管理提供编程支持.

HeteroFlow 提供了一个解耦和统一的编程接口,用于在不同级别的内存层次结构中表达数据放置,从而形成模块化和可组合的设计规范. 并且以 FPGA 为主要支持设备,支持完全解耦的数据放置和与其他硬件定制(如平铺和数据量化)的协同优化. 但是底层的硬件实现仍然以计算部分全映射为目标,对于大型计算应用比如目前各种深度学习应用的支持可能不尽如人意,同时也没有针对任务级并行和数据级并行的优化,搜索的目标也是最小化延迟.

13.4.2　中间表达

Halide IR[1]的基本原理是计算和调度的分离.与其直接给出具体方案,更好的做法是在各种的调度方案中找到最优解.手写调度的模板,例如 Halide 和 TVM,它们的思想是将每个算子(conv2d)的计算分为计算和调度.计算不需要考虑底层硬件架构来写计算规则,调度是优化底层的计算,包括如何访存、如何并行.而且可以实现数据的加载和算法计算的覆盖,掩盖数据加载导致的延迟.Halide 的调度可以由程序员来指定一些策略,指定硬件的缓冲区大小、缓存线的相关设置,这样可以根据不同的计算硬件的特性来实现高效率的计算单元的调度,而图像算法的计算实现却不需要修改.缺点是描述优化的空间有限,也就是可以应用的原语有限.

SARA[38]则是针对 CGRA 设备的特点设计了 cmmc 数据流映射结构.将整体的计算部分展开为 CFG 来进行映射和优化.如图 13.9 所示.

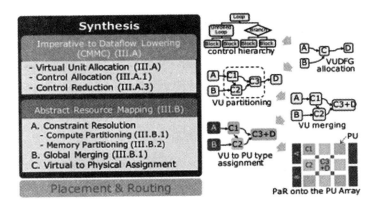

图 13.9　SARA 的编译流程

为了最大化整个管道的吞吐量,在进行 CFG 划分之后,对于每一级粗粒度管道来说,平衡管道阶段延迟至关重要.SARA 为 CFG 中的每个循环嵌套捕获了一个独立的并行化因子.当用户并行最内部的循环时,SARA 会沿着 Plasticine 的 SIMD 数据路径对计算进行矢量化.当并行化外部循环时,SARA 将循环体在分布式计算单元之间展开,形成一个更大的计算图.通过在任意嵌套的 CFG 中结合多个级别的流水线并行和循环级并行,SARA 可以有效地在大量资源上扩展小型计算内核的性能.与跨分布式单元利用线程级并行的多处理器不同,SARA 跨计算和内存单元利用多级管道并行,这显著提高了总体计算吞吐量.但是这样的设计由于保留源程序的计算调度,没能充分挖掘计算的数据重用以及潜在的并行特征.

MAESTRO[39]面向 DNN 应用的特征,设计了一种以数据为中心的优化策略,估计不同数据流对运行时间和功耗的影响.如图 13.10 所示,通过其特殊的表达之后,将计算过程分配到不同的 PE 中进行调度.

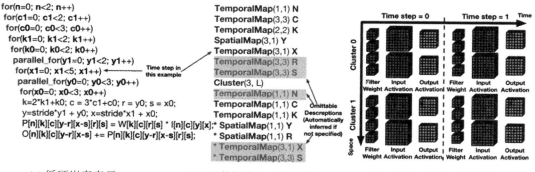

<table>
(a) 循环嵌套表示   (b) 以数据为中心的表示   (c) 随时间变化的可视化数据映射
</table>

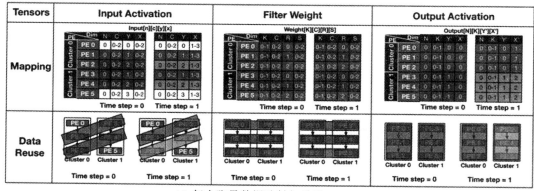

(d) 每个张量数据映射与重用

图 13.10 MAESTRO 以数据为中心的映射与数据重用策略

但是这种以数据为中心的表示方法不够精确,且限制过多.缺乏对复杂数据流和倾斜数据访问的支持.这种扭曲的数据访问需要引入一个新的维度,通过使用仿射变换组合张量维度 i 和 j.图 13.11(a)的样例中非规整的数据调度会极大影响数据复用的探测,图 13.11(c)中张量 A 的实际重用是 6,而 MAESTRO 的结果是 8.

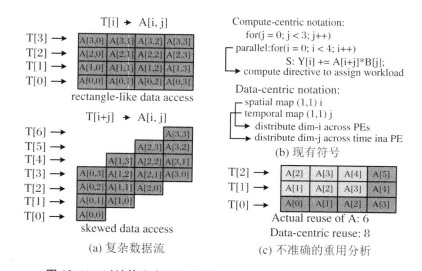

(a) 复杂数据流   (b) 现有符号   (c) 不准确的重用分析

图 13.11 以计算为中心和以数据为中心的两种表示方法的限制

TENET[40] 则是设计了一种以关系为中心的符号来建模张量计算的硬件数据流. 以关系为中心的表示法比以计算为中心和以数据为中心的表示法更具表现力. 通过将数据流、数据分配和互连统一表示为关系, 以关系为中心的表示法形成了硬件数据流的完整设计空间, 提供了更多的优化机会.

如图 13.12 所示的样例, 以关系为中心的设计不仅表达了计算的数据流, 而且表达了在空间计算架构中, 各 PE 的分配及其互连情况. 但是其只针对空间计算架构, 比较局限.

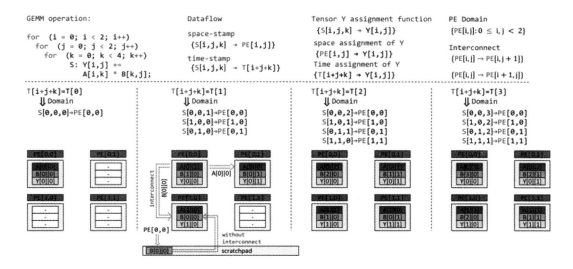

图 13.12　TENET 提出的以关系为中心的表示方法中对数据重用的分析

13.5　加速器模板映射

13.5.1　流式架构(stream dataflow)

流式应用程序是一种特殊类型的任务并行应用程序, 它不需要对任务间通信进行复杂的控制, 并且除了任务并行性之外, 还经常暴露出海量数据并行性. 以前有一些专门针对此类应用的工作.

ST-Accel[41] 是一个用于流式应用程序的高级编程平台, 具有作为虚拟文件系统(VFS)公开的高效主机-内核通信接口. 它使用 Vivado HLS 作为其硬件生成的后端, 其软件仿真是通过顺序执行完成的.

Fleet[42] 是一个用于 FPGA 的大规模并行流框架, 具有用于并行处理元素的大量实例的高效内存接口. 程序员使用基于 Chisel[43] 的特定领域 RTL 语言编写 Fleet 程序. 这些程序可以在 Scala 中模拟(其中嵌入了 Chisel).

总之, 虽然这些框架专门用于流模式, 但它们都没有在内核中提供窥视和事务接口. 两者都按顺序运行软件模拟，这对于流式应用程序没有正确性问题，但对于一般任务并行程序会有所限制.

FPDeep 是采用 Stream 方式来进行 CNN 单层和跨层的流水线结构映射[44]. 如图 13.13 所示，它为每一层分配一个单独的处理单元，可直接在 FPGA 集群上应用和部署. FPDeep 利用层间映射和层内划分以及权重负载平衡策略，能够合理分配各个 FPGA 的任务使得算法的实现深度流水化，相较于单 FPGA 的实现，该方法的计算性能获得了约 5 倍的提升.

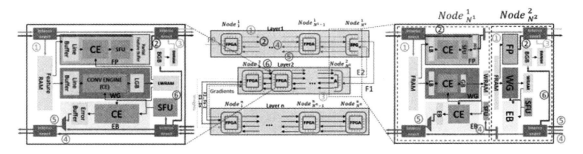

图 13.13　FPDeep 的映射策略

Auto CodeGen 包括层级的参数化硬件块，支持 CONV，POOL，NORM 和 FC 层[45]. CONV 块由卷积单元组成，它们以完全展开的方式执行点积运算. 实例化的卷积单元进一步包含在可调数量的 Group 中，输入特征映射在所有 Group 之间共享. 每个 Group 使用不同的权重集处理输入特征图，以计算独立的输出特征图. FC 层映射到名为 FCcores 的计算单元，可以可调节地利用输入神经元并行性并且可以进行时间复用. NORM 层映射到固定硬件块，该块采用分段线性逼近方案进行指数运算，单精度浮点算法则最小化精度损失. 与生成流体系结构的其余工具流的数据驱动控制机制相反，Auto CodeGen 以分布式方式执行每个硬件块的调度和控制，其中由专用的本地 FSM 协调每个块的操作.

流式架构设计清晰，优点是每个块被单独优化以利用其层的并行性，并使所有异构块都被链接以形成管道. 数据通过流传输时完成计算. 因此，这种设计方法通过流水线技术利用层之间的并行性，并使它们能够并发执行，从而完成极高的计算性能. 但是缺点就是对于大型计算应用来说，无论是数据依赖还是控制依赖，都让纯粹的线性流映射方式难以实现，就算勉强实现，大型应用整体映射带来的资源开销平台也不一定能满足.

13.5.2　脉动阵列(spatial dataflow)

脉动阵列这一术语由 Kung 和 Leiserson 于 1978 年首次提出[46]. 该架构由通过本地互连的常规和简单处理单元(PE)网格组成. 名称 systolic 源自脉动阵列中的计算模式，即输入和输出数据以有节奏的方式流过 PE 网络.

脉动阵列有两个主要的架构优势：① 简单而规则的设计；② 计算和通信之间的平衡. 如图 13.14 所示，脉动阵列通过具有本地互连的相同 PE 的网格实现并行. 这样一个简单的架构可以以最小的额外开发成本轻松扩展. 此外，脉动阵列通过本地互连重用数据来利用数据局部性. 此功能有助于生成更平衡的设计，并有可能实现高性能和能源效率.

有了这些好处，在引入脉动阵列之后，在接下来的 20 年里，对该架构进行了深入研究.

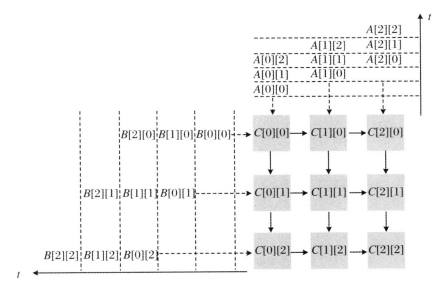

图 13.14　2D 脉动阵列的矩阵乘样例

针对不同的应用提出了许多脉动阵列设计,例如为不同领域设计的脉动阵列——线性代数[47]、信号处理[48,49]、图像处理[50]和动态规划[51].

尽管学术界一直对此感兴趣,但脉动阵列还没有进入现实世界.重要的里程碑之一是 iWarp 机器[52],它是卡内基梅隆大学和英特尔的研究人员在 20 世纪 90 年代设计的通用脉动阵列处理器.然而,在机器首次发布几年后,这项工作就停止了.

造成这种困境的原因是多方面的.首先,出版物中的大多数脉动阵列设计仍然是"纸上设计",仅关注计算阵列的设计,而忽略了存储系统与主机处理器的集成.考虑存储系统和集成的脉动阵列设计主要针对 VLSI 电路,并且需要大量开发成本.最后一个也是最重要的原因是,这种架构的性能提升很容易被利用摩尔定律的通用处理器的指数级性能提升所掩盖.

然而,随着当今计算机架构社区面临的新挑战和多项技术进步,脉动阵列架构重新获得发展的机会:

对更高能效架构的需求.电源墙的挑战催生了对节能架构的强烈需求.脉动阵列被证明是满足此要求的架构之一.它通过简单的锁步执行模型降低了控制逻辑的能量,并通过本地通信最大限度地减少了内存访问的能量.图 13.15 比较了广播架构与用于矩阵乘法的脉动阵列.在广播设计中,矩阵 A 和 B 的数据通过片上交叉开关广播到 PE.矩阵 C 的结果通过另一个交叉开关收集到片上全局缓冲区.相比之下,在脉动阵列中,矩阵 A,B,C 的数据在阵列边界发送或收集,并通过本地互连在 PE 之间传输.

根据调研,PE 间通信消耗的能量是全局缓冲区访问能量的 1/3,这表明与广播设计相比,在脉动阵列上有实现更高能效的潜力.基于这一观察,文献[53]的作者为深度学习应用实现了一种名为 Eyeriss 的类似收缩阵列的架构,与其他硬件设计相比,它实现了更高的能效.近年来,收缩阵列已被广泛用于加速深度学习应用.几个具有代表性的例子包括来自 Google[54]的张量处理单元(TPU)、来自 Tesla[55]的神经网络加速器和 Xilinx ML 加速器[57].

异构平台的进步.异构硬件,如现场可编程门阵列(FPGA),在现代计算系统中发挥着

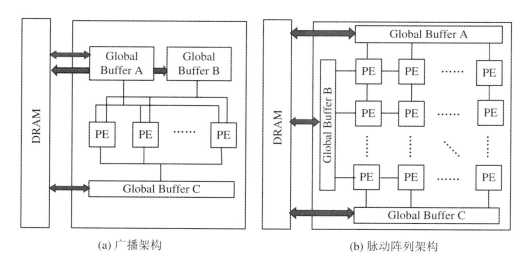

(a) 广播架构　　　　　　　　　　　　　(b) 脉动阵列架构

图 13.15　使用广播和脉动阵列架构进行矩阵乘法的对比

越来越重要的作用.这些平台通常提供比 CPU 高几个数量级的性能和能效,并实现比 VLSI 电路低得多的开发成本.FPGA 是实现脉动阵列的自然目标.岛式架构与脉动阵列的网格结构完美匹配.我们可以从将一个 PE 映射到 FPGA 开始,然后通过复制 PE 来轻松扩展以占据整个芯片.此外,脉动阵列的本地互连有利于 FPGA 上的布线过程,从而使设计具有高资源利用率和频率.

编译工具的成熟.进入脉动阵列的门槛非常高,因为设计人员需要彻底了解应用程序特性和硬件架构.自脉动阵列诞生以来,自动化这样的设计过程一直是一个重要的话题.这些工作使用一种名为时空变换[59]的技术将算法转换为脉动阵列,并生成针对 VLSI 电路或 FPGA 的 RTL 代码.尽管以前的工作较为完整,但手工设计过程仍然是常态.这是因为之前的自动脉动阵列合成工作未能在通用性、性能和生产力这三个指标之间取得平衡,而这三个指标对于设计过程都是至关重要的.例如,以前的几项工作需要使用定制的输入,例如递归方程[60],这需要普通程序员付出巨大的努力来实现,从而降低了生产力.有一些框架[61]将 C 程序作为输入,但是这些工作在其他因素方面受到限制,例如框架在它们支持的程序类型或生成设计的性能方面的通用性.

然而,随着编译器社区的不断进步,尤其是近十年来两项显著的技术改进,有了再次接受自动脉动阵列合成理念的新机会:

第一个改进是多面体编译工具的成熟.多面体编译框架是一个循环变换框架,与脉动阵列合成有很强的关系.它可用于进行精确的依赖性分析和应用时空变换来生成收缩阵列.多面体模型曾经因受支持程序的有限范围和不成熟的编译工具而被"指责".然而,多年来,多面体模型已扩展为支持涵盖大多数高性能计算应用程序[29],并已与 LLVM、MLIR 和 Halide 等现代编译基础架构集成[62-64].

第二个改进来自高级综合(HLS)技术.HLS 工具将硬件编程模型的抽象级别从传统的 RTL 提升到 C/C++ 等高级编程语言.它大大缩短了开发周期,并生成了性能可与手动设计相媲美的设计.Xilinx HLS、Intel OpenCL 和 LegUp 等商业工具正以越来越快的速度被学术界和工业界采用.

因此 AutoSA[65]应运而生,图 13.16 展示了 AutoSA 的整体编译流程.首先是模型提取,这一步从输入的 C 程序中提取由迭代域、访问关系、调度和数据依赖组成的多面体模型. 之后是合法性检查, 此步骤检查输入程序是否可以合法地映射到脉动数组. 一共有三个约束: ① 变换应保持语义; ② 所有依赖都应该是一致的(依赖距离恒定); ③ 空间环路的依赖距离不应大于 1, 以便数据通信仅发生在相邻 PE 之间. 如果新计划未能满足任何这些限制, AutoSA 将跳过以下步骤并从当前计划中转储 CPU 代码.

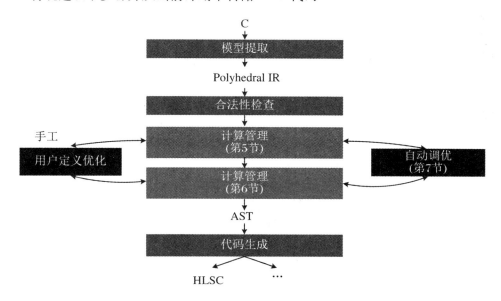

图 13.16　AutoSA 的编译流程

接下来的工作流程是计算和通信管理, 一个完整的脉动阵列架构由 PE 阵列和片上 I/O 网络组成. AutoSA 将构建这两个组件的过程分为两个阶段——计算和通信管理. 计算管理阶段构建 PE 并优化其微架构. 之后, 通信管理阶段建立 I/O 网络, 用于 PE 与外部存储器之间的数据传输. 然后是代码生成, 在前面的阶段之后, AutoSA 从优化的程序中生成 AST. 接着遍历 AST 以生成目标硬件的最终设计. 最后是优化器, 由于计算和通信管理阶段涉及多种优化技术, 每一种都引入了几个调整选项. AutoSA 为这些技术实现了可调旋钮, 用户可以手动设置或通过自动调优器进行调整.

算法 13.4 则给出了一个 MM 计算的映射的样例, AutoSA 能够为 MM 生成六种不同的脉动阵列. 这是通过选择循环❶ i、❷ j 和❸ k 作为一维数组的空间循环, 循环❹ (i,j)、❺ (i,k) 和❻ (j,k) 作为二维数组的空间循环来实现的. 我们将这六个阵列依次表示为设计 1～6. 在这六种设计中, 设计 1 和 2、设计 5 和 6 是对称的. 最后, 为简单起见, 我们选择对设计 1, 4 和 5 进行实验. 图 13.17(a)、图 13.17(b)和图 13.17(c)描绘了这三种设计的架构.

算法 13.4　矩阵乘法的示例代码

```
1.  for (int i = 0; i<M; ++i)
2.    for (int j = 0; j<N; ++j)
3.      for (int k = 0; k<K; ++k)
4.  S0:    C[i][j] += A[i][k] * B[k][j];
```

如图 13.17(a)所示, 在设计 1 中, 循环 S 被指定为空间循环. 因此, 矩阵 A 与内部 I/O

相关联,并直接馈送到每个 PE.矩阵 B 的元素沿 i 轴重复使用.每个 PE 在本地累积矩阵 C 的元素.因此,我们在 PE 中为矩阵 C 分配一个本地缓冲区来存储中间结果.计算完成后,矩阵 C 的最终结果被排出并发送到 DRAM.这样的架构可以在以前的工作中找到,如文献 [55,62].

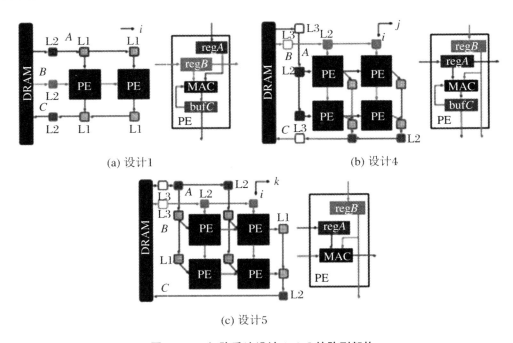

(a) 设计1 (b) 设计4

(c) 设计5

图 13.17　矩阵乘法设计 1,4,5 的阵列架构

如图 13.17(b)所示,设计 4 是通过选择循环 i 和 j 作为空间循环生成的.矩阵 A 和 B 的元素分别沿 j 轴和 i 轴重复使用.矩阵 C 的数据在 PE 内部累积,计算完成后会被排出.这种架构可以在以前的作品中找到[52].

如图 13.17(c)所示,设计 5 是通过选择循环 i 和 k 作为空间循环生成的.设计 5 和设计 4 之间的主要区别在于矩阵 C 的元素现在沿 k 轴累积.因此,保存了本地缓冲区(buf$C$).然而,来自矩阵 A 的数据需要直接发送到每个 PE.矩阵 C 的数据沿 S 轴重复使用.这种架构可以在以前的作品中看到[54,66].

设计 1 与设计 4:一维脉动阵列限制了设计空间,需要探索的空间维度少了一个.AutoSA 发现的最佳一维脉动阵列有 128 个 PE,SIMD 因子为 8.放置更多 PE 将导致路由失败或浪费周期来计算降低有效 GFLOP 的填充元素.然而,1D 脉动阵列比 2D 对应的频率更高,这是由更规则的架构和更少的资源共同促成的.

设计 4 与设计 5:与设计 5 相比,AutoSA 能够为设计 4 放置更多的 PE,尽管这需要更多资源.这是由于它有更简单的 I/O 网络.如图 13.17(b)所示,设计 4 同时利用矩阵 A 和 B 的数据重用,因此仅在 PE 边界生成 L2 I/O 模块.然而,设计 5(如图 13.17(c)所示)仅利用矩阵 B 的重用.矩阵 A 的数据元素需要通过 L1 I/O 模块分别发送到每个 PE.这增加了布线的复杂性并限制了我们可以探索的设计规模.

设计 4 在资源和布线复杂性方面实现了平衡,因此在这些设计中实现了最高性能(表 13.3).

表 13.3　不同矩阵乘法设计的性能比较

设计	规格	频率(MHz)	GFLOPs	LUT	FF	BRAM	DSP
1	128×8	346	555	38%	31%	10%	42%
4	13×16×8	300	934	52%	42%	41%	68%
5	13×12×8	300	660	46%	37%	10%	51%

表 13.4 展示了最近几年的脉动阵列结构映射的工作.虽然脉动阵列结构在计算规整的情况下能获得极高的计算性能和 DSP 效率,但是由于其结构和尺寸在编译后便已经固定,因此在实际工作过程中,峰值性能难以到达.同时每个 PE 仅能运行很固定的计算,针对计算过程中的分支问题难以解决.同时,目前最新的脉动阵列工作 AutoSA 依旧需要计算程序满足三个约束条件才能生成相应的结构,限制依旧很大.

表 13.4　不同框架的比较

特　征	AutoSA	MMAIpha	PolySA	SuSy
不完美嵌套循环	是	否	否	否
多语句	是	是	否	是
数组划分	自动	否	自动	半自动
延迟隐藏	自动	否	自动	半自动
SIMD 向量化	自动	否	有限	半自动
双缓冲	自动	否	自动	半自动
数据打包	自动	否	有限	半自动
输入	C	DSL	C	DSL
自动调优	是	否	是	否
时空转换	自动	半自动	自动	半自动

本章小结

FPGA 是一种可重构硬件,在后摩尔时代备受瞩目.为了让 FPGA 更易用且效率更高,人们致力于优化 FPGA 工具链,特别是高层次综合工具,将高级语言转化为硬件描述语言.然而,复杂的优化原语仍是使用者的负担.为此,人们转向编译优化,如 Merlin 编译器和多面体模型.这些优化技术能够使代码更易编写、更高效.此外,领域定制编程语言和中间语言(如 Halide、HeteroCL)的出现极大地提升了开发和优化效率.最终,优化的中间语言能够映射到对应的硬件模板上,实现全自动化的加速器设计流程.这一设计流程使 FPGA 的设计和编程更加简化、高效,使得 FPGA 在更多领域的应用变成可能.

参考文献

［1］　Dennard R H，Gaensslen F H，Yu H N，et al. Design of ion-implanted MOSFET's with very small physical dimensions[J]. IEEE Journal of Solid-State Circuits, 1974, 9(5): 256-268.

[2] Wulf W A, McKee S A. Hitting the memory wall: Implications of the obvious[J]. ACM SIGARCH Computer Architecture News, 1995, 23(1): 20-24.

[3] Cong J, Huang M, Wu D, et al. Heterogeneous datacenters: Options and opportunities[C]// Proceedings of the 53rd Annual Design Automation Conference, 2016: 1-6.

[4] Huang M, Wu D, Yu C H, et al. Programming and runtime support to blaze FPGA accelerator deployment at datacenter scale[C]//Proceedings of the Seventh ACM Symposium on Cloud Computing, 2016: 456-469.

[5] Putnam A, Caulfield A M, Chung E S, et al. A reconfigurable fabric for accelerating large-scale datacenter services[J]. ACM SIGARCH Computer Architecture News, 2014, 42(3): 13-24.

[6] Guo L, Chi Y, Wang J, et al. AutoBridge: Coupling coarse-grained floorplanning and pipelining for high-frequency HLS design on multi-die FPGAs[C]//The 2021 ACM/SIGDA International Symposium on Field-Programmable Gate Arrays, 2021: 81-92.

[7] Guo L, Lau J, Chi Y, et al. Analysis and optimization of the implicit broadcasts in FPGA HLS to improve maximum frequency[C]//2020 57th ACM/IEEE Design Automation Conference (DAC), IEEE, 2020: 1-6.

[8] Cong J, Liu B, Neuendorffer S, et al. High-level synthesis for FPGAs: From prototyping to deployment[J]. IEEE Transactions on Computer-Aided Design of Integrated Circuits and Systems, 2011, 30(4): 473-491.

[9] Cong J, Zhang Z. An efficient and versatile scheduling algorithm based on SDC formulation[C]// Proceedings of the 43rd Annual Design Automation Conference, 2006: 433-438.

[10] Cheng J, Fleming S T, Chen Y T, et al. EASY: Efficient Arbiter SYnthesis from multi-threaded code[C]//Proceedings of the 2019 ACM/SIGDA International Symposium on Field-Programmable Gate Arrays, 2019: 142-151.

[11] Cheng J, Josipovic L, Constantinides G A, et al. Combining dynamic & static scheduling in high-level synthesis[C]//Proceedings of the 2020 ACM/SIGDA International Symposium on Field-Programmable Gate Arrays, 2020: 288-298.

[12] Haj-Ali A, Huang Q J, Xiang J, et al. Autophase: Juggling hls phase orderings in random forests with deep reinforcement learning[J]. Proceedings of Machine Learning and Systems, 2020, 2: 70-81.

[13] Hsiao H, Anderson J. Thread weaving: Static resource scheduling for multithreaded high-level synthesis[C]//Proceedings of the 56th Annual Design Automation Conference 2019, 2019: 1-6.

[14] Chen Y T, Kim J H, Li K, et al. High-level synthesis techniques to generate deeply pipelined circuits for FPGAs with registered routing[C]//2019 International Conference on Field-Programmable Technology (ICFPT), IEEE, 2019: 375-378.

[15] Josipović L, Sheikhha S, Guerrieri A, et al. Buffer placement and sizing for high-performance dataflow circuits[J]. ACM Transactions on Reconfigurable Technology and Systems (TRETS), 2021, 15(1): 1-32.

[16] Cong J, Wei P, Yu C H, et al. Automated accelerator generation and optimization with composable, parallel and pipeline architecture[C]//Proceedings of the 55th Annual Design Automation Conference, 2018: 1-6.

[17] Intel. Intel FPGA SDK for OpenCL Pro Edition: Programming Guide (2021)[EB/OL]. (2021-10-04)[2023-08-14]. https://www.intel.com/content/www/us/en/docs/programmable/683846/21-3/programming-multiple-fpga-devices.html.

［18］　Xilinx. Vivado Design Suite User Guide：High-Level Synthesis（UG902）［EB/OL］.（2021-05-04）
　　　　［2023-08-14］. https：//www. amd. com/content/dam/xilinx/support/documents/sw ＿ manuals/
　　　　xilinx2020_2/ug902-vivado-high-level-synthesis. pdf.

［19］　Nane R，Sima V M，Pilato C，et al. A survey and evaluation of FPGA high-level synthesis tools［J］.
　　　　IEEE Transactions on Computer-Aided Design of Integrated Circuits and Systems，2015，35（10）：
　　　　1591-1604.

［20］　Najjar W A，Bohm W，Draper B A，et al. High-level language abstraction for reconfigurable
　　　　computing［J］. Computer，2003，36（8）：63-69.

［21］　Coussy P，Chavet C，Bomel P，et al. GAUT：A high-level synthesis tool for DSP applications：
　　　　From C algorithm to RTL architecture［J］. High-level Synthesis：From Algorithm to Digital Circuit，
　　　　2008：147-169.

［22］　Muslim F B，Ma L，Roozmeh M，et al. Efficient FPGA implementation of OpenCL high-
　　　　performance computing applications via high-level synthesis［J］. IEEE Access，2017，5：2747-2762.

［23］　Kobayashi R，Oobata Y，Fujita N，et al. OpenCL-ready high speed FPGA network for
　　　　reconfigurable high performance computing［C］//Proceedings of the International Conference on
　　　　High Performance Computing in Asia-Pacific Region，2018：192-201.

［24］　Falcon Computing. Merlin Compiler［EB/OL］.（2020-07-13）［2023-08-14］. https：//github. com/
　　　　falconcomputing/merlin-compiler.

［25］　Zhang P，Huang M，Xiao B，et al. CMOST：A system-level FPGA compilation framework［C］//
　　　　Proceedings of the 52nd Annual Design Automation Conference，2015：1-6.

［26］　Quinlan D，Liao C. The ROSE source-to-source compiler infrastructure［C］//Cetus Users and
　　　　Compiler Infrastructure Workshop，in Conjunction with PACT，Citeseer，2011，2011：1.

［27］　Zuo W，Li P，Chen D，et al. Improving polyhedral code generation for high-level synthesis［C］//
　　　　2013 International Conference on Hardware/Software Codesign and System Synthesis（CODES +
　　　　ISSS），IEEE，2013：1-10.

［28］　Cong J，Jiang W，Liu B，et al. Automatic memory partitioning and scheduling for throughput and
　　　　power optimization［J］. ACM Transactions on Design Automation of Electronic Systems
　　　　（TODAES），2011，16（2）：1-25.

［29］　Benabderrahmane M W，Pouchet L N，Cohen A，et al. The polyhedral model is more widely
　　　　applicable than you think［C］//International Conference on Compiler Construction. Berlin，
　　　　Heidelberg：Springer Berlin Heidelberg，2010：283-303.

［30］　Verdoolaege S，Guelton S，Grosser T，et al. Schedule trees［C］//International Workshop on
　　　　Polyhedral Compilation Techniques， Date： 2014/01/20-2014/01/20， Location： Vienna，
　　　　Austria，2014.

［31］　CSA IISc. Uday-polyhedral-opt［EB/OL］.［2023-08-14］. https：//www. csa. iisc. ac. in/～udayb/
　　　　slides/uday-polyhedral-opt. pdf.

［32］　Ragan-Kelley J，Adams A，Paris S，et al. Decoupling algorithms from schedules for easy
　　　　optimization of image processing pipelines［J］. ACM Transactions on Graphics（TOG），2012，31
　　　　（4）：1-12.

［33］　Lai Y H，Chi Y，Hu Y，et al. HeteroCL：A multi-paradigm programming infrastructure for
　　　　software-defined reconfigurable computing ［ C ］//Proceedings of the 2019 ACM/SIGDA
　　　　International Symposium on Field-Programmable Gate Arrays，2019：242-251.

［34］　Chi Y，Cong J，Wei P，et al. SODA：Stencil with optimized dataflow architecture［C］//2018 IEEE/
　　　　ACM International Conference on Computer-Aided Design（ICCAD），IEEE，2018：1-8.

[35] Cong J, Wang J. PolySA: Polyhedral-based systolic array auto-compilation[C]//2018 IEEE/ACM International Conference on Computer-Aided Design (ICCAD), IEEE, 2018: 1-8.

[36] Cong J, Huang M, Pan P, et al. Software infrastructure for enabling FPGA-based accelerations in data centers[C]//Proceedings of the 2016 International Symposium on Low Power Electronics and Design, 2016: 154-155.

[37] Xiang S, Lai Y H, Zhou Y, et al. HeteroFlow: An accelerator programming model with decoupled data placement for software-defined FPGAs [C]//Proceedings of the 2022 ACM/SIGDA International Symposium on Field-Programmable Gate Arrays, 2022: 78-88.

[38] Zhang Y, Zhang N, Zhao T, et al. Sara: Scaling a reconfigurable dataflow accelerator[C]//2021 ACM/IEEE 48th Annual International Symposium on Computer Architecture (ISCA), IEEE, 2021: 1041-1054.

[39] Kwon H, Chatarasi P, Pellauer M, et al. Understanding reuse, performance, and hardware cost of dnn dataflow: A data-centric approach [C]//Proceedings of the 52nd Annual IEEE/ACM International Symposium on Microarchitecture, 2019: 754-768.

[40] Lu L, Guan N, Wang Y, et al. TENET: A framework for modeling tensor dataflow based on relation-centric notation[C]//2021 ACM/IEEE 48th Annual International Symposium on Computer Architecture (ISCA), IEEE, 2021: 720-733.

[41] Ruan Z, He T, Li B, et al. ST-Accel: A high-level programming platform for streaming applications on FPGA [C]//2018 IEEE 26th Annual International Symposium on Field-Programmable Custom Computing Machines (FCCM), IEEE, 2018: 9-16.

[42] Thomas J, Hanrahan P, Zaharia M. Fleet: A framework for massively parallel streaming on FPGAs [C]//Proceedings of the Twenty-Fifth International Conference on Architectural Support for Programming Languages and Operating Systems, 2020: 639-651.

[43] Bachrach J, Vo H, Richards B, et al. Chisel: Constructing hardware in a scala embedded language [C]//Proceedings of the 49th Annual Design Automation Conference, 2012: 1216-1225.

[44] Geng T, Wang T, Sanaullah A, et al. A framework for acceleration of CNN training on deeply-pipelined FPGA clusters with work and weight load balancing [C]//2018 28th International Conference on Field Programmable Logic and Applications (FPL), IEEE, 2018: 394.

[45] Liu Z, Dou Y, Jiang J, et al. Automatic code generation of convolutional neural networks in FPGA implementation[C]//2016 International Conference on Field-Programmable Technology (FPT), IEEE, 2016: 61-68.

[46] Kung H T, Leiserson C E. Systolic arrays (for VLSI)[C]//Sparse Matrix Proceedings 1978. Philadelphia, PA, USA: Society for Industrial and Applied Mathematics, 1979, 1: 256-282.

[47] Gentleman W M, Kung H T. Matrix triangularization by systolic arrays[C]//Real-time Signal Processing IV, SPIE, 1982, 298: 19-26.

[48] Kung S Y. VLSI array processors[J]. IEEE ASSP Magazine, 1985, 2(3): 4-22.

[49] Kalson S, Yao K. A systolic array for linearly constrained least squares filtering[C]//ICASSP'85. IEEE International Conference on Acoustics, Speech, and Signal Processing, IEEE, 1985, 10: 977-980.

[50] Kulkarni, Yen. Systolic processing and an implementation for signal and image processing[J]. IEEE Transactions on Computers, 1982, 100(10): 1000-1009.

[51] Lipton R J, Lopresti D. A systolic array for rapid string comparison[C]//Proceedings of the Chapel Hill Conference on VLSI, NC: Chapel Hill, 1985: 363-376.

[52] Peterson C, Sutton J, Wiley P. iWarp: A 100-MOPS, LIW microprocessor for multicomputers[J]. IEEE Micro, 1991, 11(3): 26-29.

［53］　Chen Y H，Emer J，Sze V. Eyeriss：A spatial architecture for energy-efficient dataflow for convolutional neural networks［J］. ACM SIGARCH Computer Architecture News，2016，44(3)：367-379.

［54］　Jouppi N P，Young C，Patil N，et al. In-datacenter performance analysis of a tensor processing unit ［C］//Proceedings of the 44th Aannual International Symposium on Computer Architecture，2017：1-12.

［55］　Tesla. FSD Chip-Tesla［EB/OL］. (2021-09-27)［2023-08-14］. https：//en. wikichip. org/wiki/tesla_ (car_company)/fsd_chip.

［56］　Kung H T，McDanel B，Zhang S Q. Packing sparse convolutional neural networks for efficient systolic array implementations：Column combining under joint optimization［C］//Proceedings of the Twenty-Fourth International Conference on Architectural Support for Programming Languages and Operating Systems，2019：821-834.

［57］　Xilinx. Vitis AI［EB/OL］.［2023-08-14］. https：//www. xilinx. com/products/design-tools/vitis/ vitis-ai. html.

［58］　Sohrabizadeh A，Wang J，Cong J. End-to-end optimization of deep learning applications［C］// Proceedings of the 2020 ACM/SIGDA International Symposium on Field-Programmable Gate Arrays，2020：133-139.

［59］　Kung S Y. VLSI array processors［J］. IEEE ASSP Magazine，1985，2(3)：4-22.

［60］　Bednara M，Teich J. Automatic synthesis of FPGA processor arrays from loop algorithms［J］. The Journal of Supercomputing，2003，26：149-165.

［61］　Bondhugula U，Ramanujam J，Sadayappan P. Automatic mapping of nested loops to FPGAs［C］// Proceedings of the 12th ACM SIGPLAN Symposium on Principles and Practice of Parallel Programming，2007：101-111.

［62］　Grosser T，Zheng H，Aloor R，et al. Polly-Polyhedral optimization in LLVM［C］//Proceedings of the First International Workshop on Polyhedral Compilation Techniques（IMPACT），2011，2011：1.

［63］　Vasilache N，Zinenko O，Theodoridis T，et al. The next 700 accelerated layers：From mathematical expressions of network computation graphs to accelerated gpu kernels，automatically ［J］. ACM Transactions on Architecture and Code Optimization（TACO），2019，16(4)：1-26.

［64］　Lattner C，Amini M，Bondhugula U，et al. MLIR：A compiler infrastructure for the end of Moore's law［J］. arXiv preprint arXiv：2002.11054，2020.

［65］　Wang J，Guo L，Cong J. AutoSA：A polyhedral compiler for high-performance systolic arrays on FPGA［C］//The 2021 ACM/SIGDA International Symposium on Field-Programmable Gate Arrays，2021：93-104.

［66］　Genc H，Haj-Ali A，Iyer V，et al. Gemmini：An agile systolic array generator enabling systematic evaluations of deep-learning architectures［J］. arXiv preprint arXiv：1911.09925，2019，3：25.